"十三五"国家重点出版物出版规划项目

岩石力学与工程研究著作丛书

深部岩石热力学及热控技术

何满潮　郭平业　著

国家重点研发计划重点专项(2016YFC0600900)

国家自然科学基金重点项目(51134005)

国家基础研究计划(973计划)项目(2006CB202206)

科学出版社

北　京

内 容 简 介

本书是一部介绍矿井高温热害及次生灾害研究控制的专著。全书共10章,第1章和第2章介绍矿井高温热害研究现状及煤田地温场分布特征;第3~6章以热力学为基础,介绍深部岩石在高温高湿环境作用下的热力学效应,开展高温热害控制技术研究,包括冷负荷的计算到热控技术分类、评价,以及适合中国煤矿特色的热控技术 HEMS 系统的研发;第7~10章介绍不同的冷源条件下具体应用工程案例。

本书可作为学习深部岩石热力学的参考用书,要求读者有一定的热力学基础。本书不仅适合作为岩土工程、地下工程等工科专业本科高年级及研究生灵活掌握深部岩石热力学及热控技术的参考书,而且还可以作为热害控制工程现场的技术人员及相关人员的参考用书。

图书在版编目(CIP)数据

深部岩石热力学及热控技术/何满潮,郭平业著.—北京:科学出版社,2017.2

(岩石力学与工程研究著作丛书)

"十三五"国家重点出版物出版规划项目

ISBN 978-7-03-051801-9

Ⅰ.①深… Ⅱ.①何…②郭… Ⅲ.①煤矿开采-岩石力学-热力学-研究②煤矿开采-热控制-研究 Ⅳ.①TD82

中国版本图书馆 CIP 数据核字(2017)第 029829 号

责任编辑:刘宝莉　张晓娟 / 责任校对:桂伟利
责任印制:张　倩 / 封面设计:陈　敬

科 学 出 版 社 出版
北京东黄城根北街 16 号
邮政编码:100717
http://www.sciencep.com

中国科学院印刷厂 印刷
科学出版社发行　各地新华书店经销
*
2017 年 2 月第 一 版　开本:720×1000　1/16
2017 年 2 月第一次印刷　印张:18
字数:363 000

定价:180.00 元
(如有印装质量问题,我社负责调换)

《岩石力学与工程研究著作丛书》编委会

《岩石力学与工程研究著作丛书》序

随着西部大开发等相关战略的实施,国家重大基础设施建设正以前所未有的速度在全国展开:在建、拟建水电工程达 30 多项,大多以地下硐室(群)为其主要水工建筑物,如龙滩、小湾、三板溪、水布垭、虎跳峡、向家坝等,其中白鹤滩水电站的地下厂房高达 90m、宽达 35m、长 400 多米;锦屏二级水电站 4 条引水隧道,单洞长 16.67km,最大埋深 2525m,是世界上埋深与规模均为最大的水工引水隧洞;规划中的南水北调西线工程的隧洞埋深大多在 400~900m,最大埋深 1150m。矿产资源与石油开采向深部延伸,许多矿山采深已达 1200m 以上。高应力的作用使得地下工程冲击地压显现剧烈,岩爆危险性增加,巷(隧)道变形速度加快、持续时间长。城镇建设与地下空间开发、高速公路与高速铁路建设日新月异。海洋工程(如深海石油与矿产资源的开发等)也出现方兴未艾的发展势头。能源地下储存、高放核废物的深地质处置、天然气水合物的勘探与安全开采、CO_2 地下隔离等已引起政府的高度重视,有的已列入国家发展规划。这些工程建设提出了许多前所未有的岩石力学前沿课题和亟待解决的工程技术难题。例如,深部高应力下地下工程安全性评价与设计优化问题,高山峡谷地区高陡边坡的稳定性问题,地下油气储库、高放核废物深地质处置库以及地下 CO_2 隔离层的安全性问题,深部岩体的分区碎裂化的演化机制与规律,等等,这些难题的解决迫切需要岩石力学理论的发展与相关技术的突破。

近几年来,国家 863 计划、国家 973 计划、"十一五"国家科技支撑计划、国家自然科学基金重大研究计划以及人才和面上项目、中国科学院知识创新工程项目、教育部重点(重大)与人才项目等,对攻克上述科学与工程技术难题陆续给予了有力资助,并针对重大工程在设计和施工过程中遇到的技术难题组织了一些专项科研,吸收国内外的优势力量进行攻关。在各方面的支持下,这些课题已经取得了很多很好的研究成果,并在国家重点工程建设中发挥了重要的作用。目前组织国内同行将上述领域所研究的成果进行了系统的总结,并出版《岩石力学与工程研究著作丛书》,值得钦佩、支持与鼓励。

该研究丛书涉及近几年来我国围绕岩石力学学科的国际前沿、国家重大工程建设中所遇到的工程技术难题的攻克等方面所取得的主要创新性研究成果,包括深部及其复杂条件下的岩体力学的室内、原位实验方法和技术,考虑复杂条件与过程(如高应力、高渗透压、高应变速率、温度-水流-应力-化学耦合)的岩体力学特性、变形破裂过程规律及其数学模型、分析方法与理论,地质超前预报方法与技术,工程地质灾害预测预报与防治措施,断续节理岩体的加固止裂机理与设计方法,灾害环境下重大工程的安全性,岩石工程实时监测技术与应用,岩石工程施工过程仿真、动态反馈分析与设计优化,典型与特殊岩石工程(海底隧道、深埋长隧洞、高陡边坡、膨胀岩工程等)超规范的设计与实践实例,等等。

岩石力学是一门应用性很强的学科。岩石力学课题来自于工程建设,岩石力学理论以解决复杂的岩石工程技术难题为生命力,在工程实践中检验、完善和发展。该研究丛书较好地体现了这一岩石力学学科的属性与特色。

我深信《岩石力学与工程研究著作丛书》的出版,必将推动我国岩石力学与工程研究工作的深入开展,在人才培养、岩石工程建设难题的攻克以及推动技术进步方面将会发挥显著的作用。

2007 年 12 月 8 日

《岩石力学与工程研究著作丛书》编者的话

近二十年来,随着我国许多举世瞩目的岩石工程不断兴建,岩石力学与工程学科各领域的理论研究和工程实践得到较广泛的发展,科研水平与工程技术能力得到大幅度提高。在岩石力学与工程基本特性、理论与建模、智能分析与计算、设计与虚拟仿真、施工控制与信息化、测试与监测、灾害性防治、工程建设与环境协调等诸多学科方向与领域都取得了辉煌成绩。特别是解决岩石工程建设中的关键性复杂技术疑难问题的方法,973、863、国家自然科学基金等重大、重点课题研究成果,为我国岩石力学与工程学科的发展发挥了重大的推动作用。

应科学出版社诚邀,由国际岩石力学学会副主席、岩石力学与工程国家重点实验室主任冯夏庭教授和黄理兴研究员策划,先后在武汉与葫芦岛市召开《岩石力学与工程研究著作丛书》编写研讨会,组织我国岩石力学工程界的精英们参与本丛书的撰写,以反映我国近期在岩石力学与工程领域研究取得的最新成果。本丛书内容涵盖岩石力学与工程的理论研究、试验方法、实验技术、计算仿真、工程实践等各个方面。

本丛书编委会编委由 58 位来自全国水利水电、煤炭石油、能源矿山、铁道交通、资源环境、市镇建设、国防科研、大专院校、工矿企业等单位与部门的岩石力学与工程界精英组成。编委会负责选题的审查,科学出版社负责稿件的审定与出版。

在本套丛书的策划、组织与出版过程中,得到了各专著作者与编委的积极响应;得到了各界领导的关怀与支持,中国岩石力学与工程学会理事长钱七虎院士特为丛书作序;中国科学院武汉岩土力学研究所冯夏庭、黄理兴研究员与科学出版社刘宝莉、沈建等编辑做了许多繁琐而有成效的工作,在此一并表示感谢。

"21 世纪岩土力学与工程研究中心在中国",这一理念已得到世人的共识。我们生长在这个年代里,感到无限的幸福与骄傲,同时我们也感觉到肩上的责任重大。我们组织编写这套丛书,希望能真实反映我国岩石力学与工程的现状与成果,希望对读者有所帮助,希望能为我国岩石力学学科发展与工程建设贡献一份力量。

《岩石力学与工程研究著作丛书》

编辑委员会

2007 年 11 月 28 日

前　言

我国一次能源的主体是煤炭,随着开采强度的加大,浅部资源越来越少,深部煤炭资源成为我国未来主体能源的主要保障。随着开采深度的加深,岩温升高,高温热害问题不可必免。高温热害不仅影响工人身心健康,使其劳动力下降,而且还会诱发深部工程岩体塌方事故和瓦斯爆炸事故,对矿井安全造成巨大威胁。目前,矿井高温热害已经成为继煤矿顶板、瓦斯、水、火、粉尘五大灾害之后的第六大灾害,但其危害程度超过其他五大灾害。

近年来,国内外学者针对围岩与风流的传热机理、工作面温度场分布、高温热害防治技术等方面开展了大量的研究工作,取得了丰富的成果。但是在深部工程中,在温度场、应力场和渗流场的耦合作用下,各种灾害相互耦合作用,机理十分复杂,需要系统地开展深部高温度场作用下各种灾害致灾机理及防治技术。为此,深部岩土力学与地下工程国家重点实验室(北京)在国家重点研发计划"深地资源勘查开采"重点专项"煤矿深井建设与提升基础理论及关键技术"(项目编号:2016YFC0600900)、国家自然科学基金重点项目"深井热害防治与矿井热能利用"(项目编号:51134005)、国家基础研究计划(973计划)项目"深部煤岩体温度场特征及热害防治对策"(项目编号:2006CB202206)的资助下,系统开展高温环境下岩石物理力学性质变化和成灾机理以及灾害防治技术,本书主要内容为以上研究成果。

本书主要围绕煤矿高温热害及次生灾害开展研究,首先通过我国地温场资料分析总结我国煤田主要地温场纵向和横向分布特征,然后通过试验分析深部岩石在高温高湿环境作用下的热力学效应,揭示深部岩石高温软化和吸附瓦斯逸出效应,在此基础上,开展高温热害控制技术研究,从冷负荷的计算到热控技术分类、评价,再到适合中国煤矿特色的热控技术研发以及现场试验结果分析,以期为我国矿井热害控制提供科学依据和理论指导。

全书共10章,第1章介绍矿井高温热害的现状和研究意义,以及该领域的国内外动态和发展趋势;第2章分析总结我国主要煤田地温场纵向和横向分布特征;第3章通过自主研发的试验设备研究深部岩石在高温高湿作用下的热力学效应;第4章主要针对矿井冷负荷计算的复杂性和不准确性提出反分析计算方法;第5章主要介绍矿井降温系统的构成以及现有降温技术和评价指标体系;第6章主要介绍HEMS降温系统原理及其关键技术;第7~10章为不同冷源条件下的具体应用工程案例。

　　另外，本书的研究成果主要参与人员为深部岩土力学与地下工程国家重点实验室（北京）热害防治与热能利用研究团队，主要成员如下：李启民、徐敏、杨生彬、张毅、郭平业、曹秀玲、王春光、王晓蕾、陈学谦、韩巧云、蒋正君、孟丽、田景、齐平、杨清、朱艳艳、闫玉彪、陈晨、吴军银、刘达、朱国龙、张鹤、庞坤亮、刘宇卿、庞冬阳、秦新展等。

　　限于作者水平，书中难免存在疏漏和不足之处，敬请读者批评指正。

何满潮

2016年10月28日 于北京

目　　录

《岩石力学与工程研究著作丛书》序

《岩石力学与工程研究著作丛书》编者的话

前言

第1章　绪论 ………………………………………………………………… 1

1.1　高温热害的普遍性 …………………………………………………… 1

1.2　高温热害的严重性 …………………………………………………… 2

1.2.1　高温热害与人身健康 …………………………………………… 2

1.2.2　高温热害与劳动效率 …………………………………………… 3

1.2.3　高温热害与瓦斯事故 …………………………………………… 4

1.2.4　高温热害与塌方事故 …………………………………………… 5

1.3　与热害相关的法律法规 ……………………………………………… 6

1.4　高温热害研究现状 …………………………………………………… 7

1.4.1　高温热害成灾机理研究现状 …………………………………… 7

1.4.2　矿内热环境评价研究现状 ……………………………………… 9

1.4.3　矿井热害治理技术研究现状 …………………………………… 10

1.5　本书主要内容 ………………………………………………………… 12

参考文献 …………………………………………………………………… 12

第2章　我国煤矿的地温场特征 …………………………………………… 18

2.1　我国煤矿地温场纵向分布特征 ……………………………………… 18

2.1.1　线性模式 ………………………………………………………… 18

2.1.2　非线性模式 ……………………………………………………… 18

2.1.3　异常模式 ………………………………………………………… 20

2.2　我国煤矿地温场横向分布特征 ……………………………………… 21

2.2.1　地温梯度横向分布特征 ………………………………………… 22

2.2.2　$-1000m$ 深地温场横向特征 …………………………………… 24

2.2.3　$-1250m$ 深地温场横向特征 …………………………………… 25

2.2.4　$-1500m$ 深地温场横向特征 …………………………………… 26

2.2.5 −2000m 深地温场横向特征 ·· 27

2.3 我国主要热害矿井分布特征 ··· 28

参考文献 ··· 31

第3章 深部岩石热力学效应 ··· 32

3.1 深部岩石热效应试验系统 ·· 32

3.1.1 系统结构 ··· 32

3.1.2 系统设计原理 ·· 32

3.2 高温软化效应 ··· 33

3.2.1 均值岩石高温软化效应 ·· 33

3.2.2 静荷载作用下温度-结构层理耦合效应 ···································· 35

3.2.3 循环荷载作用下温度-结构层理耦合效应 ·································· 48

3.3 高温吸附气体逸出效应 ·· 66

3.3.1 温度-吸附气体逸出效应 ·· 66

3.3.2 T-P 耦合吸附气体逸出效应 ·· 68

参考文献 ··· 73

第4章 热害控制冷负荷计算方法 ·· 74

4.1 深部围岩导热过程分析 ·· 74

4.1.1 热传导微分方程 ··· 75

4.1.2 对流传热微分方程 ··· 76

4.1.3 辐射传热微分方程 ··· 77

4.2 矿井降温冷负荷传统算法 ·· 78

4.2.1 围岩散热 ··· 78

4.2.2 热水的散热 ·· 80

4.2.3 氧化放热 ··· 81

4.2.4 压缩放热 ··· 81

4.2.5 机电设备散热 ·· 82

4.2.6 采落矿岩的冷却散热量 ·· 82

4.2.7 采落矿岩在运输过程中的散热 ·· 83

4.2.8 人体散热 ··· 83

4.3 矿井降温冷负荷计算反分析法 ·· 83

4.3.1 反分析算法原理 ··· 84

　　　4.3.2　反分析算法的推导思路 ·· 84

　　　4.3.3　反分析算法的公式推导及其参数确定 ······························· 85

　　　4.3.4　工作面热荷载反分析计算 ·· 88

　　　4.3.5　制冷工作站冷负荷计算 ·· 89

　　　4.3.6　反分析算法计算程序设计 ·· 89

　　参考文献 ·· 90

第5章　矿井降温系统的构成、分类和评价 ··· 91

　5.1　矿井降温系统的构成 ·· 91

　5.2　矿井降温系统的分类 ·· 92

　　　5.2.1　压缩空气制冷降温系统 ·· 92

　　　5.2.2　冰制冷降温系统 ··· 93

　　　5.2.3　地面集中制冷降温系统 ·· 93

　　　5.2.4　地面排热井下集中降温系统 ·· 94

　　　5.2.5　回风排热井下集中降温系统 ·· 94

　　　5.2.6　地面热电联产制冷降温系统 ·· 95

　　　5.2.7　矿井涌水为冷源的降温系统 ·· 95

　5.3　矿井降温系统有效性评价方法 ·· 96

　　　5.3.1　降温系统合格指标 ·· 96

　　　5.3.2　降温有效性评价指标体系 ·· 98

　　　5.3.3　除湿有效性评价指标体系 ·· 98

　5.4　矿井降温系统设计步序 ·· 100

　　参考文献 ·· 100

第6章　HEMS热害控制模式及技术 ··· 102

　6.1　HEMS介绍 ·· 102

　6.2　HEMS热控模式 ·· 104

　　　6.2.1　矿井涌水丰富型 ··· 104

　　　6.2.2　矿井涌水适中型 ··· 105

　　　6.2.3　矿井涌水冷源缺乏型Ⅰ ··· 106

　　　6.2.4　矿井涌水冷源缺乏型Ⅱ ··· 107

　6.3　HEMS关键技术 ·· 108

　　　6.3.1　"三防"换热技术 ·· 108

6.3.2 采掘工作面全风降温技术 ·· 111

6.3.3 高差循环冷源获取技术 ·· 112

6.3.4 水平循环冷源技术原理 ·· 113

6.3.5 模块化组装移动式降温技术 ·· 113

6.3.6 HEMS-Ⅲ 热能利用技术 ·· 114

6.3.7 循环冷（热）源利用技术 ·· 115

6.3.8 地热异常利用技术 ·· 115

6.3.9 井口防冻供热技术 ·· 116

6.3.10 地面洗浴供热技术 ··· 118

6.3.11 工业广场建筑物空调技术 ··· 119

6.4 热控系统自动化监控技术 ··· 119

6.4.1 现场数据采集技术 ·· 119

6.4.2 现场数据传输技术 ·· 119

6.4.3 现场数据接收分析技术 ·· 120

6.4.4 工程效果演示技术 ·· 120

参考文献 ··· 121

第7章 现场试验Ⅰ——张双楼煤矿 ··· 122

7.1 热害特征及冷源分析 ··· 122

7.1.1 热害特征 ·· 122

7.1.2 冷源分析 ·· 125

7.2 热害控制方案 ··· 127

7.2.1 系统工艺设计 ·· 127

7.2.2 冷源工程设计 ·· 129

7.2.3 高效制冷系统设计 ·· 130

7.2.4 全风降温系统设计 ·· 131

7.3 热能利用方案 ··· 132

7.3.1 深井热能梯级开发利用系统 ·· 132

7.3.2 井口防冻系统 ·· 133

7.3.3 工人洗浴系统 ·· 144

7.3.4 自动控制系统 ·· 144

7.4 现场试验参数分析 ··· 146

7.5　效果评价 ………………………………………………………… 157

　　7.5.1　热害治理效果 ……………………………………………… 157

　　7.5.2　热能利用效果 ……………………………………………… 158

参考文献 ………………………………………………………………… 163

第8章　现场试验Ⅱ——三河尖煤矿 …………………………………… 164

8.1　热害特征及冷源分析 …………………………………………… 164

　　8.1.1　热害特征 …………………………………………………… 164

　　8.1.2　冷源分析 …………………………………………………… 166

8.2　热害治理方案设计 ……………………………………………… 167

8.3　现场试验参数分析 ……………………………………………… 169

8.4　热力平衡参数分析 ……………………………………………… 176

　　8.4.1　运行参数测试 ……………………………………………… 176

　　8.4.2　系统热力平衡参数分析 …………………………………… 176

　　8.4.3　工作面降温效果分析 ……………………………………… 180

8.5　降温系统热排放对生态环境影响评估 ………………………… 182

　　8.5.1　热水排放对河流生态影响的分析 ………………………… 182

　　8.5.2　数学模型 …………………………………………………… 184

　　8.5.3　物理模型 …………………………………………………… 185

　　8.5.4　结果分析 …………………………………………………… 186

参考文献 ………………………………………………………………… 194

第9章　现场试验Ⅲ——夹河煤矿 …………………………………… 196

9.1　热害特征及冷源分析 …………………………………………… 196

　　9.1.1　热害特征 …………………………………………………… 196

　　9.1.2　冷源分析 …………………………………………………… 199

9.2　热害治理方案设计 ……………………………………………… 200

9.3　高差冷却效果分析方法 ………………………………………… 203

　　9.3.1　计算模型的建立 …………………………………………… 203

　　9.3.2　求解模型的建立 …………………………………………… 206

　　9.3.3　边界条件 …………………………………………………… 208

　　9.3.4　计算参数的确定 …………………………………………… 209

　　9.3.5　数值计算方法 ……………………………………………… 209

9.4 冷却效果分析 ·· 209

    9.4.1 700m 管道冷却效果分析 ·· 209

    9.4.2 1200m 水沟冷却效果分析 ·· 216

    9.4.3 1900m 管道冷却效果分析 ·· 227

9.5 效果评价 ·· 231

    9.5.1 系统运行状态分析 ·· 231

    9.5.2 生产效果 ··· 234

参考文献 ·· 237

第 10 章 现场试验Ⅳ——张小楼矿 ·· 238

10.1 热害特征及冷源分析 ·· 238

    10.1.1 热害特征 ··· 238

    10.1.2 冷源分析 ··· 244

10.2 热害治理方案 ··· 245

    10.2.1 系统工艺总设计 ·· 245

    10.2.2 回风冷源计算方法 ·· 246

10.3 现场试验参数分析 ·· 251

10.4 效果评价 ·· 269

参考文献 ·· 270

第1章　绪　　论

我国一次能源的主体是煤炭,随着开采强度的加大,浅部资源越来越少,深部煤炭资源成为我国未来主体能源的主要保障。随着开采深度的加深,岩温逐渐升高,高温热害问题不可避免。高温热害不仅影响工人身心健康,使其劳动力下降。更为严重的是,通过科学研究发现,高温热害还会诱发深部工程岩体塌方事故和瓦斯爆炸事故,对矿井安全造成了巨大威胁。因此,开展深部岩体热力学及热控技术方面的研究迫在眉睫。

1.1　高温热害的普遍性

《全国煤炭资源预测和评价(第三次全国煤田预测)研究报告》表明,我国已探明煤炭资源总量为 5.57 万亿 t,其中,埋深－1000m 以内的煤炭资源总量为 2.86 万亿 t,已采储量约为 70%。今后我国的主体能源后备储量将主要是埋深为－2000～－1000m 的深部煤炭资源(见图 1.1)[1]。

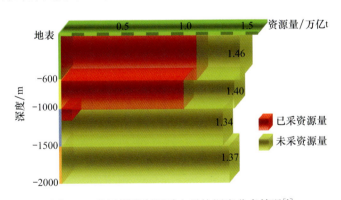

图 1.1　我国煤炭资源采出量按深度分布情况[1]

在深部高地应力、高渗流场和高温度场的耦合作用及强烈开采扰动因素影响下,深部煤炭开采工程灾害显著加剧,尤其是煤与瓦斯突出、矿井火灾、顶板塌方、矿井水害、冲击地压、高温热害六大灾害严重制约深部煤炭资源开采,其中,高温热害则是深部矿井普遍面临的持续性灾害[2,3]。

我国中东部大部分矿井已经面临高温热害,目前已有 47 对矿井开采深度超过－1000m,该 47 对矿井生产都已经严重受高温热害影响,例如,我国的两淮矿区、徐州矿区、鲁西南矿区等所有矿井都面临高温热害。而且,近年来随着开采强度的加大,我国中西部矿井也出现高温热害,如义马矿区等。据不完全统计,我国已有超过 100 对矿井工作面温度高达 30～40℃。

1.2 高温热害的严重性

1.2.1 高温热害与人身健康

人在湿热环境下劳动,短时间内可能只有不舒适感,长期以后,就可能发生某些疾病。人们长期在高温环境中作业,高温可能使人产生一系列生理功能的改变,根据医学研究成果,井下不同温度的热环境对人的危害如下:

30℃——汗腺开始启动,在这种温度下工作 2～3h,人体"空调"——汗腺就开始启动,通过微微渗汗散发积蓄的体温。

31℃——散热机制立刻反应,此时浅静脉扩张,皮肤微微出汗,心跳加快,血液循环加速,对于井下工作的工人而言,应采取降温措施,同时应限制体弱者在井下工作。

32℃——人体开始自我冷却,一级报警,在这个温度下,人体通过蒸发汗液散发热量进行"自我冷却",每天大约排出 5L 汗液,可带走钠 15g、维生素 C50mg 及其他矿物质,血容量也随之减少。此时,一定要注意补充含盐、维生素及矿物质的饮料,以防电解质紊乱,同时需要采取一定的降温措施。

33℃——多个脏器参与降温,二级报警,一旦气温升至 33℃,人体通过汗腺排汗已非常困难,且难以保证正常体温,不仅肺部急促"喘气"以呼出热量,就连心脏也要加快速度,输出比平时多 60% 的血液至体表,参与散热。这时降温措施、心脏药物保健及治疗不可有丝毫松懈。

34℃——汗腺濒临衰竭,三级报警,汗腺疲于奔命地工作,已经无能为力并趋于衰竭,这时很容易出现心脏病猝发的危险。

35℃——开始影响大脑正常运转,四级报警,高温直逼生命中枢,大脑已经顾此失彼,以致头昏眼花、站立不稳。人必须立刻移至阴凉地方或借助空调降温。

36℃——危及生命的休克温度,排汗、呼吸、血液循环等一切能参与降温的器官在开足马力后已接近强弩之末。此时生命临危,刻不容缓地需要救护措施。

井下湿度达 95%～100% 的高湿环境给工人身体带来极大的危害,长期在高湿的矿井下作业,将会使人产生一系列的生理功能改变,影响人的正常生理功能,使人在高湿环境下不能有效地散发热量,出现中暑晕倒,严重的会出现死亡。另外,矿工长期在高湿的矿井下作业,会使人患上风湿病、皮肤病、心脏病及泌尿系统和消化系统等方面的疾病,还会使人心绪不宁、心情浮躁,诱发精神方面的疾病,严重影响矿工的身心健康[4~6]。图 1.2 为长期在高温高湿环境下作业的工人的皮肤溃烂情况。

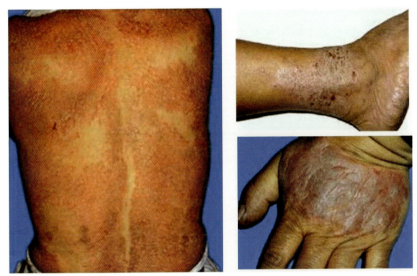

图 1.2 高温高湿环境下工人皮肤糜烂

据调查有以下典型案例,例如,安徽淮南九龙岗煤矿(深−830m,工作面空气温度为 28℃左右),工人中高血压及心悸病患者较多;1974 年,平顶山八矿东一石门(深−510m)工作面出现了温度为 36℃的热水,水量仅 12m³/h,竟使工作面空气温度上升至 33~34℃,施工的工程兵战士中曾多次发生中暑昏倒及呕吐的病例,凡是在此工作的人均患有传染性湿疹,冬季感冒的发病率也特别高;广西壮族自治区合山矿务局里兰矿,由于井下有 28~35℃的热水涌出,巷道内空气温度为 22~29.6℃,出水点附近可达 33℃,据 1976 年统计,井下工人有 415 人患有各种皮肤病,也发生过多起中暑昏倒病例;1996 年 7 月 25 日,湖南省邵阳某矿因回采工作面风温高达 32℃,相对湿度达 98%以上,一个班就有 5 名矿工因中暑晕倒在工作地点,经抢救才幸免于难;徐州夹河矿 7446 工作面温度高达 34~36℃,湿度高达 100%,2006 年因高温热害现场晕倒 172 人次,死亡事件时有发生;多年调查统计表明,湖南省冷水江某矿矿工长期在高湿的矿井下作业,患风湿病、皮肤病、皮肤癌、心脏病的比例很高,其中,患风湿病的比例为 186 人/千人,患心脏病的比例为 79 人/千人,患皮肤病的比例为 121 人/千人,患皮肤癌的比例为 45 人/千人;根据南非的统计,在湿球温度为 32.8~33.8℃下工作的工人,千人中暑死亡率为 0.57,气温每增加 1℃,矿工劳保医疗费增加 8%~10%。

1.2.2 高温热害与劳动效率

高温环境不但对工人的身体健康造成严重伤害,还导致劳动效率低下。国内外研究统计表明[7],气温每增加 1℃,矿井生产效率则降低 6%~8%。根据孙村矿 2002 年 7 月的统计,工作面工人定员 40 人只有 7 人出勤,同时,在每年的高温季节

（6～9月），矿井生产几乎陷于停顿状态，对生产影响非常大。另外，以30℃为标准，气温每增加1℃，井下机电设备的故障率增加1倍以上。南非考拉尔金矿考察表明，当湿球温度达到33.6℃、35℃和36.9℃时，矿工的劳动生产率分别降低至75%、50%和25%[8]；南非威特沃特斯兰金矿考察表明，当湿球温度达到33.3℃时，矿工的劳动生产率就降低一半[9~11]。苏联顿涅茨克劳动卫生和职业病研究所的测试资料显示，在风速为2m/s，相对湿度为90%的条件下：气温为25℃时，劳动生产率为90%；气温为30℃时，劳动生产率为72%；气温为32℃时，劳动生产率为62%。图1.3为统计的温度与工效极限时间之间的关系，可以看出，工效极限时间随温度增加显著降低，当温度＞30℃时，工效极限时间只有不到50min。

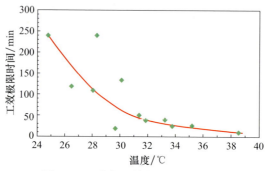

图1.3　温度与工效极限时间的关系

图1.4为温度、风速与工效的关系图，可以看出温度超过30℃时，每增加1℃工效成倍降低，温度达到35℃以上时，工作效率只有20%。

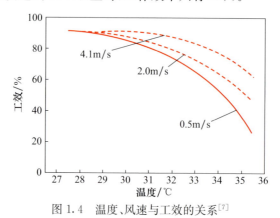

图1.4　温度、风速与工效的关系[7]

1.2.3　高温热害与瓦斯事故

高温热害不但危及工人身心健康，降低劳动效率，同时，还是煤矿安全事故的重要诱因。作者开发的深部煤岩T-P（温度-压力）耦合试验系统的研究结果表明，高温还是诱发矿井瓦斯事故的重要原因。图 1.5 为作者所做的中生代煤样在不同环境温度下瓦斯逸出量的测试结果，结果表明，随着温度的升高，瓦斯逸出量显著增加，尤其是超过 30℃时瓦斯逸出量急剧增加。该部分内容详见第 3 章。

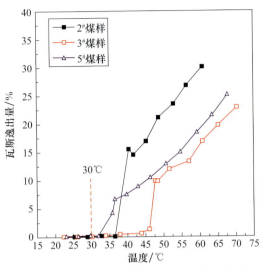

图 1.5　中生代煤样瓦斯逸出量与温度的关系图

1.2.4　高温热害与塌方事故

同样，根据作者的最新研究成果，高温会导致煤岩体软化、弹性模量和强度降低，以及使围岩产生大变形破坏，从而导致塌方事故频发。图 1.6 和图 1.7 分别为岩石弹性模量和单轴抗压强度与温度的关系图，可以看出，随着温度的增加，围岩弹性模量和抗压强度等强度指标显著衰减。该部分内容详见第 3 章。

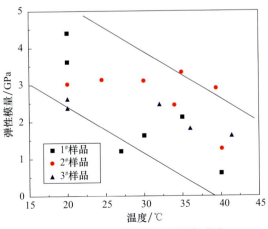

图 1.6　弹性模量与温度的关系图

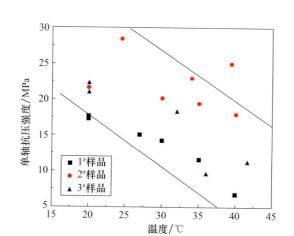

图 1.7　单轴抗压强度与温度的关系图

1.3　与热害相关的法律法规

矿井热害已经成为限制煤炭资源深部开采的主要障碍之一,并得到普遍重视。

《煤矿安全规程》第 102 条规定:生产矿井采掘工作面空气温度不得超过 26℃,采掘工作面的空气温度超过 30℃时,必须停止作业。

国务院关于发布《矿山安全法实施条例》和《煤矿安全监察条例》的通知中提到:"今后,凡新建、改建、扩建的矿山,其劳动条件和安全卫生设施都必须符合条例的规定,否则不准投产。对于在条例公布以前已经投产的国营矿山,其劳动条件和安全卫生设施达不到规定标准的,必须纳入调整计划,限期达到。对于现有的矿山,有关部门要积极予以支持,帮助它们创造条件,逐步达到矿山安全的要求。"

《矿山安全法实施条例》第五条对地质保障需要提供的有关高温矿井的资料进行明确规定,规定如下:"地温异常和热水矿区的岩石热导率、地温梯度、热水来源、水温、水压和水量,以及圈定的热害区范围";第十九条规定在地温异常或者有热水涌出的地区开采应当编制专门设计相应的文件,并报管理矿山企业的主管部门批准。

《煤矿安全监察条例》第 7 条"对严重违反《矿山安全条例》的矿山企业和有关工作人员,有权处以罚款";第 8 条"对严重违反《矿山安全条例》的矿山企业及其主管部门的责任人和领导人,有权提请上级领导机关给予行政处分,或者提请司法机关依法惩处";第 9 条"对不具备安全基本条件的矿山企业,有权提请有关部门令其停产整顿或者予以封闭。"

2007 年,国务院安全生产委员会办公室通知各省建议采深超过千米的矿井暂停开采,其中一个重要的原因就是深井热害问题尚未得到很好的解决。

1.4 高温热害研究现状

1.4.1 高温热害成灾机理研究现状

据相关资料记载[12~19]，国外矿井热害现象研究最早开始于 1740 年的法国，人们已经开始对金属矿山的地温进行监测，得出一些有用资料。18 世纪后期，英国开始系统地进行矿井巷道的气温观测，研究井下气候条件及其影响因素，得到风温随着深度的增加而升高的结论。1915 年，巴西 Morro Velno 金矿首次将空调搬至矿内。20 世纪 20~50 年代，由于世界各国煤矿的开采规模都比较小，矿山热害问题并不十分严重，矿井围岩的热平衡计算研究成果偶尔见于文献中，仅限于个别的研究成果。其中具有有代表性的是：1923 年联邦德国 Heist Drekopt 在假定巷壁温度为稳定周期性变化的条件下，分析了围岩内部温度场的周期性变化，提出了围岩调热圈等基本概念。此后在 1939~1941 年，南非 Biccand Jappe 连续发表了四篇题为《深井风温预测》的论文，提出了风温计算的基本思路[20]。

进入 20 世纪 50 年代，人们才开始对矿井热环境问题予以重视。1952 年 Konig[21] 和天野勋三[22]结合平巷与围岩的热交换，在理想条件下提出了围岩调热圈温度场的解析解，这个解析解与传热学领域中 Carlaw 等在 1939 年用拉普拉斯变换得出的解析解是一致的；乌克兰科学院工程热物理研究所（ИТТФ АН УССР）建立了矿山热物理实验室，Щербань 等[23]提出了深部矿井热力计算和调节的科学原理。进入 20 世纪 60 年代以后，Voss[24,25] 和平松良雄[26]对矿井热交换理论进行了初步研究，提出了深矿井热力计算的数学模型和程序。Медведев[27]对矿井热环境与采矿工程活动相互作用的热力学原理进行了初步的论述。

从 20 世纪 50 年代末至 70 年代初，随着电子计算机技术的发展，计算机理论逐步应用于风温预测计算，矿井风流热计算方法有了很大的发展[28~30]。例如，1966 年 Nottort 等[28]发表了用数值计算法分析围岩调热圈温度场的学术论文。同时，矿井围岩热物理参数的测试技术也得到了初步应用。例如，1964 年，Mucke 用圆板状试块测定稳态导热的岩石导热系数等参数[29]；1967 年，Sherrat[30]在现场对一段巷道强制加热，实测围岩中的温度分布，从实测值和理论计算值的对比得到了一些围岩热参数，此外 Starfield 等对巷道在潮湿条件下的热交换规律进行了分析探讨，使得计算方法迈进实用性方向。

从 20 世纪 70 年代中后期开始，经典计算方法理论研究得到了快速的发展，一些系统专著相继问世，如舍尔巴尼等的《矿井降温指南》[31]、平松良雄的《通风学》[32]、福斯的《矿内气候》[33]等。同时，对矿井热环境问题的研究也进一步深入到了采掘工作面，如 Voss[34]等相继提出了一整套的采掘工作面风温预测方法；1975

年,Mequaid[35]系统地提出了矿井热害治理的各种对策;1977 年,Shcherban 等[36]对掘进工作面的风温预测作了很详细的论述。

进入 20 世纪 80 年代以后,理论研究更提高到一个新的水平,发表论文数量进一步猛增,而且研究成果更加符合实际情况,例如,内野健一等[37]用差分法求得不同巷道形状、岩性条件下的调热圈温度场,并提出了考虑风温变化、有水影响条件下的风温计算公式;Starfild 等[38]也提出了更为精确的不稳定传热系数的计算公式。从各国发表的文献看,侧重于对关键系数,如风流与围岩间的不稳定热交换系数、热湿比、等效热导率以及湿度系数进行了观测统计并提出计算图表[39~41]。

20 世纪 50 年代初,煤炭科学研究总院抚顺分院开始在抚顺、淮南等矿区进行地温测试和采矿系统的热质交换观测分析,在国内首次提出矿井热力计算方法[42]。并联合中国科学院地质与地球物理研究所地热室,于 20 世纪 70 年代在抚顺、淮南、平顶山、合山、北票、丰城以及新汶等矿区的密切配合下,进行了长期的、系统的矿区热环境观测研究和矿井综合降温技术试验,开展了全国范围内矿山地热的调查研究工作,为我国矿井降温技术的发展打下了良好的基础,初步建立了适合我国矿井特点的矿井热交换理论体系,取得了多项科研成果[43~52]。1974 年,平顶山矿务局与中国科学院地质研究所地热室开始合作,对平顶山八矿,后来扩大到整个平顶山矿区,进行了为期 4 年的研究工作,1978 年提出研究报告。同年 5 月,国家煤炭工业部地质局在平顶山召开了由各省、区、市煤田勘探技术人员参加的地温会议,除对这一研究给予充分的肯定之外,还决定在全国煤田勘探中开展测温工作,会议还为此草拟了一个暂行规定并立即颁发试行,同时讨论确立了划分一、二级热害区的概念,并组织有关人员着手编写《矿山地热概论》一书。1980 年,上述暂行规定被纳入《煤炭资源地质勘探规范》(试行),地温条件评述已成为地质报告中的规定内容之一,地温已被正式认定为煤矿的一个新的开采技术条件。1981年,《矿山地热概论》[53]问世。1982 年,国务院颁发了《矿山安全法实施条例》[54],其中规定了地质勘探报告应对有热害的矿山提供地热资料的种类和名称;1986年,由全国矿产储量委员会修订颁发的《煤炭资源地质勘探规范》[55]也将地温测量工作及地温条件评价的有关规定纳入相应条文。以上各点充分体现了政府各部门对煤矿安全、矿工健康的高度重视,也是我国煤田勘探技术进步的标志之一。

我国矿井降温理论实质性的发展是在 20 世纪 80 年代以后,国内一些研究人员发表了较多的文章,其中较有代表性的主要有黄翰文[56,57]的《矿井风温预测的探讨》《矿井风温预测的统计研究》,杨德源[58]的《矿井风流热交换》等。进入 80 年代后期,我国也形成了比较完整的矿井降温的学科理论体系,相继出版了一些系统专著,如岑衍强等[59]的《矿内热环境工程》、余恒昌等[60]的《矿山地热与热害治理》、严荣林等[61]的《矿井空调技术》等[62~64],这些研究成果更加丰富和发展了我国矿井降温的理论体系。

1.4.2 矿内热环境评价研究现状

深部开采矿井热环境参数确定和冷负荷计算是矿井降温系统设计的基础。与一般建筑的空调冷负荷相比,矿井冷负荷要复杂得多,而且不同的矿井相差很大。矿井冷负荷主要包括巷道围岩散热、氧化热、压缩放热、机电设备散热、人员散热等。在这些热源中,巷道围岩的散热散湿是最主要的一项,计算过程也最为复杂。因为围岩的散热散湿是一个三维非稳态过程,传热系数与传湿系数的影响因素很多,传热传湿机理相当复杂。目前,我国矿井一般都是延用苏联的一些经验计算公式,这些公式存在以下问题:计算时需要的参数多,在实际工程上应用困难;忽略湿度对传热的影响,而矿井湿度是很大的,也使得计算结果误差大。

不同国家的许多学者对矿井热湿交换及热环境预测进行了大量的研究工作。国外学者从 20 世纪 50 年代开始对风流与围岩热交换理论及风流计算方法进行研究。如南非的 Starfield,英国的 Van Heerden,苏联学者谢尔班 A H,德国的福斯、Nottrot、Voss,保加利亚的 Shcherban,日本的平松良雄、内野健一、井上,美国的 Mc Pherson 等相继提出了计算风流与围岩热交换、预测风流温度和湿度的计算方法[31~33,37,38]。我国学者从 20 世纪 70 年代开始对矿井风流热力计算方法和矿井风流热交换进行研究,80 年代王英敏开发了计算风流热交换和计算巷道风流热参数的计算机程序[65],周芬如、张世静、岑衍强、侯祺棕、刘景秀等在热环境预测方面作了大量的研究工作[65~68]。吴世跃等[69]和秦跃平等[70]对井巷围岩与风流间不稳定换热系数、湿壁巷道传热系数及传质系数进行了大量的研究。吴强等[71]利用有限元法对掘进工作面围岩散热进行了计算。高建良等[72~75]对影响矿井热环境计算的重要参数湿度系数、显热比、局部通风风筒的热交换系数等进行了研究。周西华等[76,77]用 CFD 方法对掘进工作面及回采工作面的风流流场进行了计算分析。刘何清等[78]对湿润壁面潜热交换系数与显热交换系数及潜热交换量与显热交换量间的比例关系进行了研究。苏昭桂[79]推导出围岩导热反演算法的精确解法计算式和近似解法计算式。赵靖[80]模拟了矿井围岩与风流的热湿交换过程,得出了围岩传热系数和传湿系数的回归计算式。杨沫[81]将围岩传热过程简化为一维不稳态过程,研究了风速和换热时间对不稳定传热系数的影响。赵春杰[82]用舍尔巴尼的 Kf 模型计算了围岩、井下热水及机械设备与风流之间的对流换热,用显热比法计算井下热湿交换,研究了风流在入风井筒、巷道、采煤工作面和掘进工作面各段的热力变化过程。李瑞[83]建立了掘进巷道内风流热平衡方程,通过解算得到了局部通风机出口、风筒出口及掘进头的风温计算模型。谢方静[84]导出了风流不同流动状态下的热湿交换模型,研究了井下入风流温度和湿度对井下热环境的影响。左金宝[85]建立了潘三矿风温预测模型,通过在矿井热状况预测中进行校正性试算,对该矿深部开采中的风流温湿度进行了分析预测。胡军华[86]导出了各类巷道和采掘工作面的风温计算公式,提出了井巷壁面潮湿度系数概念和井巷末端含湿量和相对湿度的计算方法,并以孙村矿为例,对围岩不稳定换热系数舍尔巴尼简化式进行了修正,提出了围岩不稳定换热系数修正系数概念。胡汉华[87]通过对独头巷道排热通风规律的研究,从理论和试验上解决掘进工作面排热通风量的确定问题,并应用高温矿井热环境计算方法开发出复杂高温矿井热环境计算程序。冯小凯[88]分析了热源对井下热环境造成的影响,根据热源对热害的影响分析和矿工热舒适性,提出分区域计算矿井热源放热问题。朱祝龙[89]总结出采煤工作面风流热力参数变化规律,针对空冷器冷却风流降温方式提出从局部通风机到采煤工作面入口各点风流热力参数的计算方法。

尽管国内外学者对井巷围岩与风流间的热湿交换及矿井风流温湿度变化规律进行了大量研究,并取得了不少研究成果,但这些研究主要体现在井巷围岩与风流间不稳定传热系数、对流传热系数及井下风流温度参数预测方面,而对热湿交换共同作用对温湿度参数影响的耦合作用研究较少,对于深部采动岩体温度场——冷空气温度场耦合作用机理以及深部采场热气温度场——冷水体形成的耦合作用场更是少见报道,因此需要对风流输送过程中热湿传递耦合作用机理进行深入研究。

1.4.3 矿井热害治理技术研究现状

从总体上讲,矿井热害控制技术分为非人工技术和人工制冷降温技术两大类,其中,非人工降温技术主要包括加大通风量、热源隔离、采空区全面充填、预冷煤层及个体防护等方法,在浅部矿井降温应用中具有一定的效果,但对于深部矿井,由于降温能力小,往往不能满足需求。

人工制冷降温技术是暖通空调领域技术发展的一个新领域,是目前国内外普遍采用的降温措施。从世界上第一台制冷机的产生到现在,已有近200年的历史(我国从20世纪50年代末开始制造制冷机),但矿井制冷空调只有80余年的历史,其迅速发展和较广泛地应用仅是近40年的事。人工制冷降温技术可以分为水冷却系统和冰冷却系统,其中,水冷却系统就是矿井空调技术的应用,是利用以氟利昂等为制冷剂的压缩制冷机进行矿内人工制冷的降温方法;而冰冷却系统则是将制冰机制出的冰块撒向工作面,通过冰水相变完成热量交换,或利用井下融冰后形成的冷冻水向工作面喷雾,达到降温目的。

苏联Morio Aelho矿在1929年安装了第一个井下集中空调降温系统,但集中空调技术迅速发展并开始广泛应用,是从20世纪70年代开始的,以德国为首展开了对矿井集中空调人工制冷技术的研究[90~92]。集中空调井下降温方式,主要是将地面集中空调制冷模式及工作原理引用到矿井降温领域,进行井下降温。机组冷却水出水通过喷淋设施进行冷却,有时在冷却水系统增设局部通风机,强化换热作用,机组冷冻水经过空冷器与巷道进风风流完成换热作用,冷却后的风流由风机鼓风并经风筒输送到工作面,进行工作面降温。该工艺可以提取的冷量较小,冷却水属于闭路循环系统,流量小,冷量的提取完全以电能的消耗为代价,运行费用高,而且主机及所有设备一般都布置在降温工作面巷道内,冷风与新进风流混合后形成混风送至工作面,严重影响降温效果。此外,置换出的热量无法完全排走,致使制冷机效率低、降温效果不明显。

集中空调降温系统根据布置形式逐渐发展为地面集中式、联合集中式及井下局部分散式[93,94],但地面集中式空调系统载冷剂循环管道承压大,易被腐蚀损坏,且冷损较大;降温效果差,经济性较差,安全性较低。井上、下联合的混合空调系统是在地面、井下同时设置制冷站,冷凝热在地面集中排放,但在深部矿井降温中制冷容量受制于空气和水流的回流排热能力,所以通常需要在地表安装附加的制冷机组,操作复杂,造价高。以上问题严重制约了其在深井降温中的应用。

冰冷却系统的研究与应用主要以南非为主,1976 年,南非环境工程实验室提出了向井下输冰供冷的方式,1986 年,南非 Harmony 金矿首次采用冰冷却系统进行井下降温,取得了一定的降温效果[95~99]。所谓冰冷却降温系统,就是利用制冰机制取的粒状冰或泥状冰(块状冰要经过片冰机加工),通过风力或水力输送至井下的融冰池,然后利用工作面回水进行喷淋融冰,融冰后形成的冷水送至工作面,采取喷雾降温。冰冷却降温系统由制冰、输冰和融冰三个环节组成。但实践表明,冰冷却系统存在一个重要的问题,就是输冰管道的机械设计及管道堵塞问题,对系统运行管理和控制方面有较高的要求,同时,就降温效果而言,冰冷式降温系统在降低温度的同时会增大工作面的相对湿度,很难达到工作面降温降湿的要求。

利用压缩空气进行井下降温是近几年提出的一种降温模式。南非某金矿曾在1989 年建成一套压缩空气制冷空调系统。压缩空气制冷技术是将空气在地面压缩为液态,输送到井下,膨胀成气态后进入空气制冷机,利用其排出的低温空气冷却工作面风流,而新提出的压气降温技术是直接采用压缩空气作为供冷介质,向采掘工作面喷射降温,该技术在孟加拉国孟巴矿有所应用,但这种降温方式需要矿井具有充足的压缩气源,且由于压缩空气的吸热量有限,降温能力受到限制,对于冷负荷很大的深部矿井降温不能适用,运行费用高[100~102]。

1964~1975 年,淮南九龙岗矿设计了我国第一个矿井局部制冷降温系统;1982~1987 年,山东新汶矿务局设计了我国第一个井下集中制冷降温系统;1986~1991年,国家"七五"科技攻关项目在平顶山八矿设计了我国第二个井下集中制冷降温系统;1992~1995 年,在山东新汶矿务局设计了我国第一个矿井地面集中制冷降温系统,设计制冷能力为 7400kW,成为亚洲最大的矿井制冷降温系统;1993 年 7月,平顶山矿务局科研所和原中国航空工业总公司第 609 研究所联合研制成KKL101 矿用无氟空气制冷机;1995 年,山东矿业学院陈平[101]提出用压气引射器和制冷机结合进行矿井降温;2002~2003 年,淮南矿务局分别在潘三矿和新集矿应用 LFJ-160 型和 LFJ-290 型矿井移动式冷风机组进行井下降温，降温幅度较小，2007 年又投入巨资在刘庄矿引进德国制冷降温技术及设备，取得一定的效果，但价格高昂；2002 年，新汶孙村矿在 -1100m 水平完成冰冷却系统降温工程初步设计，进行冰冷地温辐射技术研究，并于 2004 年予以实施。

2007 年，平顶山四矿安装了热-电-乙二醇矿井降温系统[103]，该系统利用坑口瓦斯电厂发电余热，通过溴化锂冷水机组和乙二醇制冷机组制取低温乙二醇，作为冷源供给井下换热器，进行工作面降温，该技术要求矿井必须具备坑口瓦斯发电厂，且冷源需经过二级制冷，设备操作复杂，运行成本高，对于深部矿井热害治理，无推广价值。此外，近几年，沈阳三矿、资兴周源山矿、淄博唐口矿、峰峰梧桐庄矿、新龙梁北矿等也应用集中空调技术或冰冷式技术进行了相应的矿井降温工程实施。

上述深部热害降温控制技术都不同程度地存在着降温成本高、技术工艺复杂、降温效果不理想等缺点，严重制约了深井热害控制技术的发展。

1.5　本书主要内容

本书针对深部岩石热力学效应及深井热害控制技术，从我国深部煤矿地温场分布特征入手，综合利用室内试验、理论分析、数值模拟和现场试验等方法，对深部岩石热力学效应及深井热害控制技术开展系统研究。主要内容包括我国矿井地温场分布特征、深部岩石热力学效应、热害矿井热源分析及矿井降温系统设计冷负荷计算方法，最后在总结分析目前各种矿井热害控制技术的基础上，提出不同冷源模式下的热害控制对策及现场试验结果分析。

参 考 文 献

[1] 毛节华,许惠庄. 中国煤炭资源预测与评价. 北京:科学出版社,1999.

[2] 何满潮,钱七虎,等. 深部岩体力学基础. 北京:科学出版社,2010.

[3] 何满潮,谢和平,彭苏萍,等. 深部开采岩体力学研究. 岩石力学与工程学报,2005,24(16): 2803—2813.

[4] Vogel M,Andrast H P. Alp Transit-safety in construction as a challenge:Health and safety aspects in very deep tunnel construction. Tunneling and Under Ground Spaces Technology, 2000,15(4):481—484.

[5] Diering D H. Mining at ultra depth in the 21st century. CIM Bulletin,2000,93(1036):141— 145.

[6] Diering D H. Ultra-deep level mining~future requirements. Journal of the South African Institute of Mining and Metallurgy,1997,97(6):249—255.

[7] 赵以蕙. 矿井通风与空气调节. 徐州：中国矿业大学出版社，1990.

[8] Cluver E H. An analysis of ninety-two fatal heat stress cases on Witwatersrand gold mines. South African Medical Journal，1932，6：19—22.

[9] Dreosti A O. Problems arising out of temperature and humidity in deep mines of the Witwatersrand. Journal of the Chemical Metallurgy and Mineral Society of South Africa，1935，6：102—129.

[10] Hemp R. Air temperature increases in airways. Journal of the Mine Ventilation Society of South Africa，1985，38(1)：1—20.

[11] Burrows J，Stewart J. Environmental engineering in South African Mining. Johannesburg：The Mine Ventilation Society of South Africa，1989.

[12] Thomson E D. Recent developments in spray cooling of deep mines. Report of Investigations-United States Bureau of Mines，2006，14(3)：12—15.

[13] Whillier A. Air cycle refrigeration system for cooling deep mines. International Journal of Refrigeration，2004，5(7)：120—123.

[14] 程卫民，陈平. 我国煤矿矿井空调的现状及亟待解决的问题. 暖通空调，1997，27(1)：17—19.

[15] Mc Pherson M J. Mine ventilation planning in the 1980s. Geotechnical and Geological Engineering，1984，2(3)：185—227.

[16] Bluhm S J，Bottomley P，Von Glehn F H. Evaluation of heat flow from rock in deep mines. Journal of the Mine Ventilation Society of South Africa，1989，42(3)：114—118.

[17] Schlotte W. Control of heat and humidity in German mines//The 8th U. S. Mine Ventilation Symposium，Rolla，1999.

[18] 何满潮，徐敏. HEMS深井降温系统研发及热害控制对策. 岩石力学与工程学报，2008，27(7)：1353—1361.

[19] He M C. Application of HEMS cooling technology in deep mine heat hazard control. Mining Science and Technology，2009，19(3)：269—275.

[20] Biccard Jeppe C W. The estimation of ventilation air temperatures in deep mines. Journal of the Chemical&Metallurgical and Mining Society of South Africa，1950，50(8)：184—198.

[21] Konig H. Mathematische unteruchungen uherdas grubenklima. Be rghau Arch iv，1952：13.

[22] 天野勋三. 关于坑道周边的岩盘温度(日文版). 日本矿业杂志，1952，68：744—745.

[23] Щербань А Н，Кремнев О А. Научные основы расчета и регулирования теплового режима глубокихшахт кнев. АН УССР，1959.

[24] Voss J. Prediction of climate in production workings. Gluekauf，1971，107：412—418.

[25] Voss J. Control of mine climate in deep coal mines//Proceedings of Johannesburg，Republic of South Africa，1975.

[26] 平松良雄. 关于坑内气流的温度变化(日文版). 日本矿业会志，1951，67：758—803.

[27] Медведев Б Н. Тепловые основы вентиляций шахт при нормальных и аварбйных режима проветривания. Внща школа，1978.

[28] Nottort R, Sadee C. Abkuhlung homogenen isotropen Gesteins um einezyl indrische strecke durch weterv on Konstanter Temperature. Gluckauf Forschungshefte, 1966, 27: 193—199.

[29] Lss H. Die warmeleitfahigkeit von karbongestein und ihr Einflub auf das Grubenklima. Bergbau~ArchivJg, 1964: 35—38.

[30] Sherrat A F C. Calculation of thermal constants of rocks from temperature data. Colliery Guardian, 1967, 214(5539): 668—672.

[31] 舍尔巴尼 A H, 克列姆涅夫 O A, 茹拉夫连科 B. 矿井降温指南. 黄翰文等译. 北京: 煤炭工业出版社, 1982.

[32] 平松良雄. 通风学. 北京: 冶金工业出版社, 1981.

[33] 阿希姆·福斯. 矿内气候. 刘从孝译. 北京: 煤炭工业出版社, 1989.

[34] Voss J. Mine climate in mechanised drivages and its determination by advanced calculation. Methane, Climate, Ventilation in the Coalmines of the European Communities, Colliery Guardian, 1980, 1: 285—305.

[35] Mequaid J. Possible techniques for the control of heat and humidity in underground workings // The 16th International Conference of Safety in Mines Research, Washington D. C. , 1975.

[36] Shcherban A N, Chernyak V P. Aerodynamic and thermal conditions at the faces of Blind Mine workings // The International Conference on Safety in Mines Research, Varna Bulgaria, 1977.

[37] 内野健一, 井上雅弘, 柳本竹一. 湿润坑道的通气温度及湿度的变化(日文版). 日本矿业杂志, 1982, 1: 97—98.

[38] Starfild A M, Bleloch A L. A new method for the computation of heat and moistrue transfer in apartly wet airway. Journal of the South African Institute of Mining & Metallurgy. 1983, 83(11): 263—269.

[39] Van Antwerpen H J, Greyvenstein G P. Use of turbines for simultaneous pressure regulation and recovery in secondary cooling water systems in deep mines. Energy Conversion and Management, 2005, 46: 563—575.

[40] Lowndes I S, Yang Z Y, Jobling S, et al. A parametric analysis of a tunnel climatic prediction and planning model. Tunnelling and Underground Space Technology, 2006, 21: 520—532.

[41] Lowndes I S, Crossley A J, Yang Z Y. The ventilation and climate modeling of rapid development tunnel drivages. Tunneling and Underground Space Technology, 2004, 19: 139—150.

[42] 瓦斯通风防灭安全研究所. 矿井降温技术的 50 年历程. 煤矿安全, 2003, 34(9): 154—158.

[43] 王进, 赵运超, 梁栋. 矿井降温空调系统的分类及发展现状. 中山大学学报论丛, 2007, 27(2): 109—113.

[44] 孙建华, 张小洲. 平煤五矿井下降温措施与效果. 煤矿安全, 2001, 32(4): 20—22.

[45] 庞立新, 景长生. 煤矿井下降温技术的探索及应用. 煤矿开采, 2000, (3): 60—61.

[46] 周峰,翟延民.新矿集团煤矿高温热害治理技术开始造福国内高温热害矿井.建井技术,2006,27(6):42—43.

[47] 高乐.唐口煤矿千米深井降温工程.山东煤炭科技,2006(B06):186—186.

[48] 郭建伟.深热综采工作面制冷降温技术的研究与实施.矿业安全与环保,2006,33(1):37—39.

[49] 胡春胜.孙村煤矿深部制冷降温技术的研究与应用.矿业安全与环保,2005,32(5):45—47,53.

[50] 王景刚,乔华,冯如彬.深井降温冰冷却系统的应用.暖通空调,2000,30(4):76—77.

[51] 乔华,王景刚,张子平.深井降温冰冷却系统融冰及技术经济分析研究.煤炭学报,2000,25(增):122—125.

[52] 王景刚,乔华,冯如彬,等.深井降温的技术经济分析.河北建筑科技学院学报(自然科学版),2000,17(1):23.

[53] 中国科学院地质研究所地热室.矿山地热概论.北京:煤炭工业出版社,1981.

[54] 中华人民共和国国务院.矿山安全法实施条例.北京:中国劳动社会保障出版社,1982.

[55] 全国矿产储量委员会.煤炭资源地质勘探规范.北京:煤炭工业出版社,1986.

[56] 黄翰文.矿井风温预测的探讨.煤矿安全,1980,8:7—16.

[57] 黄翰文.矿井风温预测的统计研究.煤炭学报,1981,3:50—58.

[58] 杨德源.矿井风流热交换.煤矿安全,1980,(9):21—27.

[59] 岑衍强,侯祺棕.矿内热环境工程.武汉:武汉工业大学出版社,1989.

[60] 余恒昌,邓孝,陈碧婉.矿山地热与热害治理.北京:煤炭工业出版社,1991.

[61] 严荣林,侯贤文.矿井空调技术.北京:煤炭工业出版社,1994.

[62] 吴中立.矿井通风与安全.北京:中国矿业大学出版社,1989.

[63] 张国枢.通风与安全学.北京:中国矿业大学出版社,2007.

[64] 郭勇义,吴世跃.矿井热工与空调.北京:煤炭工业出版社,1997.

[65] 王英敏,朱毅.计算机仿真在巷道围岩与风流热交换研究中的应用.煤矿安全,1984,(6):1—9.

[66] 周芬如,张世静.井下风流温度及湿度的预测计算法.煤矿安全,1981,(5):48—53.

[67] 岑衍强,胡春胜,侯祺棕.井巷围岩与风流间不稳定换热系数的探讨.阜新矿业学院学报,1987,6(3):105—113.

[68] 刘景秀.矿山进风井风温变化规律探析.武汉理工大学学报,2002,24(1):75—77.

[69] 吴世跃,王英敏.干壁巷道传热系数的研究.铀矿冶,1989,(4):55—58.

[70] 秦跃平,秦风华,党海政.用差分法解算巷道围岩与风流不稳定换热准数.湘潭矿业学院学报,1998,13(1):6—10.

[71] 吴强,秦跃平,郭亮.掘进工作面围岩散热的有限元计算.中国安全科学学报,2002,12(6):33—36.

[72] 高建良,张生华,杨明.对显热比变化规律的理论分析.中国安全科学学报,2004,14(3):96—98.

[73] 高建良,张学博.围岩散热计算及壁面水分蒸发的处理.中国安全科学学报,2006,16(9):

23—28.

[74] 高建良,魏平儒.掘进巷道风流热环境的数值模拟.煤炭学报,2006,31(2):201—205.

[75] 高建良,张学博.潮湿巷道风流温度及湿度计算方法研究.中国安全科学学报,2007,17 (6):136—139.

[76] 周西华,王继仁,卢国斌.回采工作面温度场分布规律的数值模拟.煤炭学报,2002,27 (1):59—63.

[77] 周西华,王继仁,单亚飞.掘进巷道风流温度分布规律的数值模拟.中国安全科学学报, 2002,12(2):19—23.

[78] 刘何清,吴超.矿井湿润巷道壁面对流换热量简化算法研究.山东科技大学学报,2010,29 (2):57—62.

[79] 苏昭桂.巷道围岩与风流热交换量的反演算法及其应用.泰安:山东科技大学硕士学位论 文,2004.

[80] 赵靖.矿井围岩与风流热湿交换若干问题的实验研究.天津:天津大学硕士学位论文, 2007.

[81] 杨沫.煤矿巷道内围岩传热量计算若干问题的研究.天津:天津大学硕士学位论文,2006.

[82] 赵春杰.矿井风流热力过程及通风降温模拟研究.青岛:山东科技大学硕士学位论文, 2009.

[83] 李瑞.深井掘进巷道热灾害预测模型研究.西安:西安科技大学硕士学位论文,2009.

[84] 谢方静.浅层岩壁预冷入风流热湿交换机理的研究.青岛:山东科技大学硕士学位论文, 2009.

[85] 左金宝.高温矿井风温预测模型研究及应用.合肥:安徽理工大学硕士学位论文,2009.

[86] 胡军华.高温深矿井风流热湿交换及配风量的计算.泰安:山东科技大学硕士学位论文, 2004.

[87] 胡汉华.金属矿山热害控制技术研究.长沙:中南大学博士学位论文,2007.

[88] 冯小凯.高温矿井降温技术研究及其经济性分析.西安:西安科技大学硕士学位论文, 2009.

[89] 朱祝龙.采煤工作面空冷器冷却风流参数计算与探讨.能源与环境,2010,(4):12—14.

[90] Jacobs J C,Olivier,Source J E. INE service water cooled on surface as a means of under-ground refrigeration. Journal of the Mine Ventilation Society of South Africa,1976,29(7): 121—124.

[91] Whillier A. Recovery of energy from the water going down mine shafts. Journal of the South African Institute of Mining and Metallurgy,1977,77(9):183—186.

[92] Webber-Youngman R C W. An integrated approach towards the optimization of ventila-tion,air cooling and pumping requirements for hot mines//The 8th International Mine Ventilation Congress,2005:75—84.

[93] 刘河清,吴超,王卫军,等.矿井降温技术研究述评.金属矿山,2005,348(6):43—46.

[94] 冯兴隆,陈日辉.国内外深井降温技术研究和进展.云南冶金,2005,34(5):7—10.

[95] Kolarczyk,Marian. Cooling of mine air by means of surface ice cooler. Prace Naukowe In-

stytutu Gornictwa Politechniki Wroclawskiej,1998,85:31—32.

[96]　Altena,Heinz. Citical questions in mining front air conditioning. Glueckauf:Zeitschrift fuer Technik und Wirtschaft des Bergbaus,1984,120(12):218—220,760—763.

[97]　Moser P. Mine cooling systems. Sulzer Technical Review,1985,67(2):21—24.

[98]　Krause D. Untersuchungen um einsatz von kuehl wetter werfern. Neue Bergbautechnik, 1985,15(5):171—177.

[99]　Vander Walt J. Ventilating and cooling at Barrick's Meikle underground gold mine. Mining Engineering(Littleton,Colorado),1996,48(4):36—39.

[100]　胡春胜.孙村煤矿深部制冷降温技术的研究与应用.矿业安全与环保,2005,32(5):45—47,53.

[101]　陈平.采用压气供冷的新型矿井集中空调系统.矿业安全与环保,2004,31(3):1—4.

[102]　樊满华.深井开采通风技术.黄金科学技术,2001,9(6):36—42.

[103]　刘忠宝,王浚,张书学.高温矿井降温空调的概况及进展.真空与低温,2002,8(3):130—134.

第2章 我国煤矿的地温场特征

根据我国煤田地温场特征,在纵向分布上,我国煤矿地温场有线性模式、非线性模式和异常模式三种典型分布模式。同时,根据不同深度温度场分布数据绘制－1000m、－1250m、－1500m、－2000m深度我国煤田温度场区划图和地温梯度区划图。最后根据我国现有热害矿井调查,把我国东部热害矿井划分为北区、中区和南区三个热害区。

2.1 我国煤矿地温场纵向分布特征

每个矿井的地温分布均随深度逐渐增加,但其所处的地质环境不同,受区域地质构造、地下水等因素影响,矿井的地温梯度变化不一样。根据我国煤矿的温度梯度,我国煤矿纵向温度场可以概化为线性、非线性和异常3种典型的深部地温场分布模式。

2.1.1 线性模式

根据我国大陆地温测试资料,在浅部时地温往往呈现线性变化模式,在 T-Z 曲线上温度一般呈线性分布,图2.1为中国大陆科学钻探主孔(China continental scientific drilling,CCSD)地温线性分布曲线[1],可以看出:

(1) 100m以下的测量温度趋于一致。

(2) 在－1600～－900m段,温度略有波动,可能存在地下水活动。

(3) 到了深部,地温与深度呈良好的线性关系。

(4) 地温梯度的大小随深度降低或增加的趋势交替变化,平均地温梯度为(24.18±3.14)℃/km。

我国大部分矿井地温场分布为此类型,在矿井开采深度不超过－800m时,一般不会出现严重热害,个别矿井也出现过热害现象,但一般不严重,除个别地温异常或其他原因如热水涌出等造成的严重热害矿井外,通过改善通风、加大通风量等非人工制冷降温技术可能会解决热害问题。但深度超过－800m,地温超过40℃时,热害严重,必须采取人工制冷降温技术。

2.1.2 非线性模式

有些矿井由于受区域构造等影响,随着深度的增加地温梯度呈现明显的非线性,

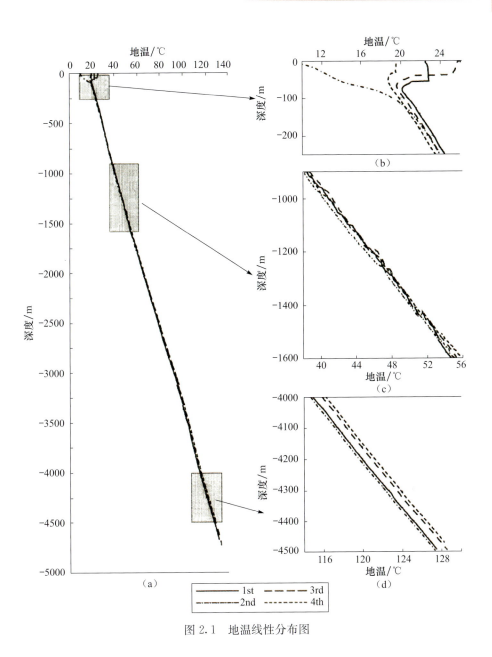

图 2.1　地温线性分布图

在对徐州矿务集团夹河煤矿的地温分布特征分析中就出现了这种情况(见图 2.2)[2]。

图 2.2 为根据夹河矿地温测量数据拟合的地温随深度变化曲线,可以看出:

(1) 地温参数与深度的函数关系为

$$T(h) = -4.975 + 23.08\exp\left(-\frac{h}{1736.1}\right) \tag{2.1}$$

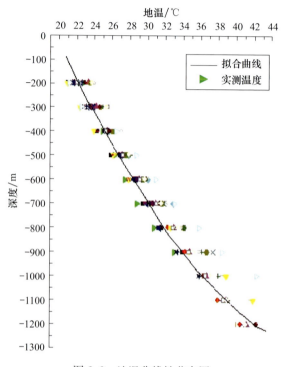

图 2.2　地温非线性分布图

（2）－700～－200m 深度。基本呈线性，地温梯度为 1.5℃/100m。

（3）－1200～－700m 深度。呈非线性，地温梯度均值为 2.2℃/100m。

当开采深度转变为深部时（－1200～－700m），温度随着深度的加深而增加，并且随着深度的不断加大，温度呈非线性递增的趋势。根据我国热害矿井的统计资料，矿井开采深度进入－1000m 之后，都出现了严重的热害现象，地温的非线性分布特征会加剧矿井的热害程度。

2.1.3　异常模式

由于地质构造的差异及地层分布不同等因素的存在，若岩层中存在局部热岩体，将会造成地层温度的异常变化，如徐州矿务集团三河尖煤矿的地温分布特征就是如此（见图 2.3）[3]。三河尖煤矿井下富含奥陶系灰岩水，水温高达 50℃，水量达 1000m³/h，大量高温热水导致矿井热害现象异常严重，山东巨野的龙固煤矿也是属于此类模式。从图 2.3 可以看出，温度随着深度的加深而增加，并且随着深度的不断加大，到某一深度温度突然变化，局部异常。

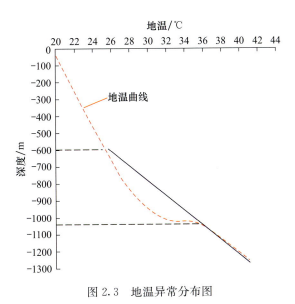

图 2.3　地温异常分布图

2.2　我国煤矿地温场横向分布特征

我国在地质历史上的成煤期共有 14 个,其中,有 4 个最主要的成煤期,即广泛分布在华北一带的晚石炭世-早二叠世,广泛分布在南方各省的晚二叠世,分布在华北北部、东北南部和西北地区的早-中侏罗世以及分布在东北地区、内蒙古自治区东部的晚侏罗世-早白垩世等 4 个时期。它们所赋存的煤炭资源量分别占中国煤炭资源总量的 26%、5%、60% 和 7%,合计占总资源量的 98%。上述 4 个最主要的成煤期中,晚二叠世主要在中国南方形成了有工业价值的煤炭资源,其他 3 个成煤期分别在中国华北、西北和东北地区形成极为丰富的煤炭资源。

中国煤炭资源分布广,除上海市外,全国 30 个省、区、市都有不同数量的煤炭资源。在全国 2100 多个县中,1200 多个有预测储量,已有煤矿进行开采的县就有 1100 多个,占 60% 左右。从煤炭资源的分布区域看,华北地区最多,占全国煤炭保有储量的 49.25%,其次为西北地区,占全国的 30.39%,依次为西南地区 (8.64%)、华东地区 (5.7%)、中南地区 (3.06%)、东北地区 (2.97%)。按省、区、市计算,山西、内蒙古自治区、陕西、新疆维吾尔自治区、贵州和宁夏回族自治区 6 省 (区) 最多,这 6 省 (区) 的保有储量约占全国的 81.6%。

根据王均等[4,5]的《中国地温分布的基本特征》中关于我国地温梯度、-1000m 深地温场和-2000m 深地温场数据以及我国煤田分布资料,作者绘制出我国主要煤田-1000m、-1250m、-1500m、-2000m 深地温场区划图和地温梯度区划图。

2.2.1 地温梯度横向分布特征

在我国地温研究中发现,我国煤炭主要赋存区地温梯度的变化很大。主要取决于赋存区地质构造、地壳深部结构、岩浆作用和构造活动性;同时与地形及气候对恒温带的温度和深度有直接的影响,其中气温又与纬度有很大关系,一般低纬度带恒温带比较浅,温度也比较高;反之,高纬度带则比较深,温度则比较低。气温随地形有垂直分异的特点,所以其影响的深度和温度也有深浅和高低之分。我国煤炭主要赋存区的恒温带深度一般在 $20\sim30m$,恒温带的温度取高于年平均气温的 $2\sim6℃$,考虑地下水的温度或岩溶洞穴气温,作为恒温带以下计算地温梯度的依据。根据《中国地温分布的基本特征》[5]中我国各煤炭赋存区的地温梯度,在我国煤田分布图基础上绘制地温梯度区划图(见图2.4)。将我国主要煤田地温梯度划分为三个区,即地温梯度小于 $2℃/m$ 的区域、地温梯度为 $2\sim3℃/m$ 的区域和地温梯度大于 $3℃/m$ 的区域。

我国地温梯度的分布具有东高西低、南高北低的总趋势,这与地温分布的规律一致。我国东部的地温梯度大多为 $3.0\sim4.0℃/100m$。其中,东北松辽盆地的地温梯度最高,一般为 $3.5\sim4.0℃/100m$,最高可达 $6.0℃/100m$ 以上。如果把盆地边缘低梯度包括在内,其平均地温梯度也可达 $3.4℃/100m$;地温梯度等值线在延伸方向以北北东和北东东为主,局部有北西方向的分支,使其呈北北东-南南西向不对称的环状分布;高地温梯度分布在环的中部,位于肇东-大安及杜尔伯特之间的地带;松辽盆地边缘的地温梯度为 $2.5\sim3.0℃/100m$。东北地区我国煤炭赋存主要为蒙东(东北)基地:扎赉诺尔、宝日希勒、伊敏、大雁、霍林河、平庄、白音华、胜利、阜新、铁法、沈阳、抚顺、鸡西、七台河、双鸭山、鹤岗。由图2.4可以看出,黑龙江和吉林部分煤田地温梯度大于 $3.0℃/100m$,蒙东、辽宁、吉林和黑龙江东部地区煤田地温梯度为 $2.5\sim3.0℃/100m$。

华北盆地大部分地区地温梯度一般为 $3.2\sim3.5℃/100m$,局部最高可达 $7.0℃/100m$ 以上,多呈北北东方向条带状低-高-低分布规律;地温梯度在 $4.0℃/100m$ 以上的分布区,大多在基底隆起顶部靠近边界断裂的一侧。该地区主要煤炭资源为晚石炭世-早二叠世,由图2.4可看出,冀南、鲁西、豫东、苏北、皖北等地区部分煤田地温梯度大于 $3.0℃/100m$,其他大部分煤田地温梯度为 $2.0\sim3.0℃/100m$。

东南沿海地区的浙、闽、粤等省区,地温梯度一般为 $2.5\sim3.5℃/100m$,尤其是沿海地区的温州、大浦、广州一线以东,多为 $3.0℃/100m$ 以上的地温梯度分布区,其中,一些地热异常局部区域的地温梯度可达 $6.0\sim7.0℃/100m$;此带中的雷州半岛和北部湾、莺歌海等海域的地温梯度均可达 $3.0℃/100m$ 左右。地温梯度等值线的延伸方向为北东及北北东并与海岸线方向一致。鄱阳盆地、洞庭盆地、江汉盆

地、南阳盆地、三水盆地及百色盆地等中、小型盆地的地温梯度均偏高，一般都在
3.0℃/100m 左右，最高可达 4.0℃/100m 左右。该地区煤炭资源为晚二叠世，由
图 2.4 可以看出，江西、福建、湖南等地区地温梯度较高。

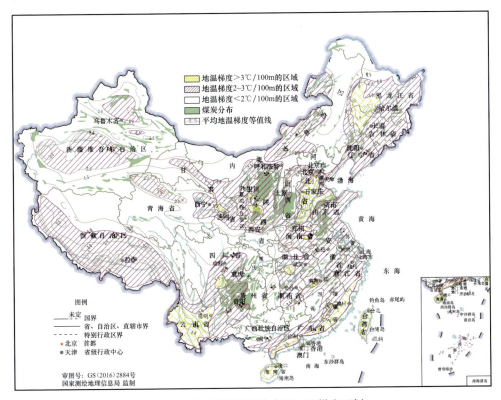

图 2.4　我国主要煤炭分布区地温梯度区划

中部的鄂尔多斯盆地、四川盆地及其以南的滇、黔、桂地区，该区域内地温梯度
多在 2.5℃/100m 左右，局部地区高达 3.0℃/100m 以上。云南东部、贵州、广西壮
族自治区的地温梯度一般为 2.0～2.5℃/100m；而在南盘江、百色、南宁等盆地中
则多大于 2.5℃/100m；昆明—六盘水一带地温梯度比较高，以 2.5℃/100m 的地
温梯度等值线以舌状延伸至东北，并与四川盆地的南界相毗邻，在此区域内的地温
梯度多在 3.0℃/100m 左右；中部山区的地温梯度一般低于 1.5～2.0℃/100m。
高地温梯度的延伸方向以北北东、北东和近南北方向为主，盆地内除局部区域的地
温梯度最高（3.5～4.0℃/100m）外，都较东部华北盆地的地温梯度要低，且分布均
一。只有汾渭谷地的地温梯度为近东西向和北东向并呈条带状分布，大体与谷地
的方向相同。中国中部滇、川地区的西界——石棉、西昌、渡口一带，地温梯度则沿
南北方向延伸；由东侧的巧家向西，地温梯度则由 2.5℃/100m 下降到 1.5℃/
100m，这里是一条地温梯度变陡带，此带北段沿龙门的东侧转向北东方向延伸。

该地区南部煤炭资源主要为晚二叠世,北部主要为早-中侏罗世,由图 2.4 可以看出云贵地区地温梯度较高。

在我国西部,地温梯度分布总趋势为南部高、北部低。西藏自治区和云南西部地区,沿雅鲁藏布江向东延到腾冲—景谷一带,是我国西南部一条较高的地温梯度陡变带,一般均为 2.5~3.0℃/100m,最高可高达 5.0~7.0℃/100m 以上,一些受构造控制的高温异常区域还要高出数倍,高山区的地温梯度则要低很多,一般大都低于 1.5℃/100m;藏北高原中的许多新生代沉积盆地的地温梯度,比其周围要高 1.0~1.5℃/100m。大部分盆地的中部都可达 2.5~3.0℃/100m,最高可达 3.5~4.0℃/100m。青藏高原的其他地区和云南西部的三江地区,地温梯度多低于 1.5℃/100m,只有在那些由构造断裂控制的温泉区或温泉带才会形成局部的地温梯度异常区。兰州—西宁地区的地温梯度一般为 2.0~3.0℃/100m,最高为 3.0~4.0℃/100m。青海柴达木盆地和河西走廊地区的地温梯度同兰州—西宁地区相似,一般也为 2.5~3.0℃/100m。其中,柴达木盆地的某些地区地温梯度可超过 3.0~3.5℃/100m。新疆维吾尔自治区的塔里木盆地和准噶尔盆地的地温梯度,则较其东部的柴达木盆地及河西走廊低;塔里木盆地和准噶尔盆地的地温梯度多为 1.5~2.5℃/100m,其中,准噶尔盆地比塔里木盆地的地温梯度稍偏高,两者的平均梯度分别为 1.98℃/100m 和 1.76℃/100m。两盆地中局部地区的地温梯度可达 2.5~3.0℃/100m。该地区煤炭资源主要为早-中侏罗世,其中河西走廊和柴达木盆地部分煤田地温梯度为 2.5~3.0℃/100m,新疆塔里木盆地和准格尔盆地部分煤田地温梯度为 1.5~2.0℃/100m。

2.2.2 —1000m 深地温场横向特征

根据《中国地温分布的基本特征》[5]中的 —1000m 深地温资料,在我国煤田分布图上描绘 —1000m 地温等值线图,并根据地温等值线将其划分为地温大于 45℃ 的高地温区域、地温为 35~45℃ 的中地温区域和地温小于 35℃ 的低地温区域。最后绘制出我国主要煤炭分布区内 —1000m 深地温区划图(见图 2.5),其中高地温区域开采到 —1000m 后必须采取降温措施,中地温区域开采到 —1000m 后部分矿井需要采取降温措施,低地温区域一般采取必要的通风措施后基本能达到生产要求。

从图 2.5 可以看出,在我国东部,松辽盆地、下辽河盆地、华北盆地、鄱阳盆地、南阳盆地、苏北盆地、信盱盆地及东南沿海地区 —1000m 深地温一般为 40~45℃。其中,又以松辽盆地和华北盆地、东南沿海地区的南部等地区地温最高。东北地区我国煤炭资源主要为晚侏罗世-早白垩世,松辽盆地周围的黑龙江、吉林部分煤田地温超过 45℃,为高地温区域,黑龙江东部和辽宁大部分煤田地温为 35~45℃;华北地区煤炭资源主要为晚石炭世-早二叠世,鲁西、豫东、苏北、皖北等地煤田在 —1000m 深时,岩温大部分大于 40℃,部分煤田地温超过 45℃,为高地温区域。

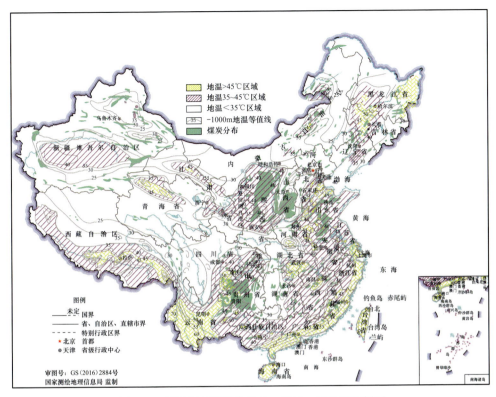

图 2.5　我国主要煤炭分布区-1000m 深地温区划图

我国中部的鄂尔多斯盆地、四川盆地以及云南、贵州、广西壮族自治区等广大地区，-1000m 深地温为 35～40℃，最高地温出现在四川盆地的中南部、南宁及百色盆地、南盘江盆地的部分地区，-1000m 深地温可高达 50℃以上。我国中部地区煤炭资源主要为鄂尔多斯盆地周围的早-中侏罗世煤田，云贵地区的晚二叠世煤田，其中，鄂尔多斯盆地周围的大部分煤田-1000m 地温为 35～40℃，云贵地区煤田地温局部大于 45℃，为高地温区域，其余大部分为 35～40℃。

我国西部的柴达木盆地和河西走廊地区，-1000m 深处地温为 35～45℃，局部地区可达到 45℃以上；而塔里木盆地、准噶尔盆地的地温则低一些，-1000m 深地温降到 30～35℃，甚至为 25～30℃。该地区煤炭资源主要为早-中侏罗世，主要位于新疆维吾尔自治区、宁夏回族自治区和青海，在柴达木盆地和河西走廊零星有煤田地温超过 45℃，塔里木盆地局部地温超过 35℃。

2.2.3　-1250m 深地温场横向特征

根据《中国地温分布的基本特征》[5]中关于-1000m 深地温资料和地温梯度资料，可以通过计算得出我国-1250m 深地温资料，计算公式为

$$T_{-1250} = T_{-1000} + dH \tag{2.2}$$

式中，T_{-1250} 为 -1250m 地温，$℃$；T_{-1000} 为 -1000m 地温，$℃$；d 为该地区地温梯度，$℃/\text{m}$；H 为增加深度，取 250m。

在我国煤炭分布图上绘制 -1250m 地温等值线图，最后根据等值线温度分为高地温区域、中地温区域和低地温区域。最后绘制出的我国主要煤炭分布区内 -1250m 深地温区划图如图 2.6 所示。

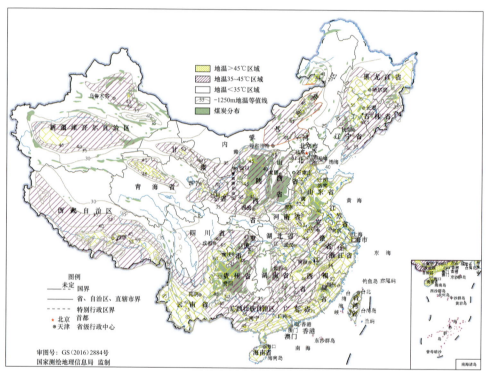

图 2.6　我国主要煤炭分布区－1250m 深地温区划图

从图 2.6 可以看出，开采深度达到 -1250m 时，我国主要煤田中东部地温普遍较高，松辽盆地、华北盆地、苏北盆地、洞庭盆地、鄱阳盆地和东南沿海的大部分煤田地温均大于 $45℃$，在东部高地温区域有普遍区域，大部分地区都需要采取降温措施才能保证生产。

此时，我国中部的主要煤田分布区内大部分地温已超过 $35℃$，其中，鄂尔多斯盆地周围局部和云贵地区煤田地温大于 $45℃$，进入高地温区域；西部在准格尔盆地、河西走廊部分煤田和塔里木盆地零星有煤田超过 $35℃$。

2.2.4　－1500m 深地温场横向特征

根据《中国地温分布的基本特征》[5]中－1000m 和－2000m 深地温资料和地温梯

度资料,可以通过式(2.3)计算得出我国－1500m 深地温资料并在我国煤炭分布图上绘制－1500m 地温等值线图,并根据等值线温度分为高地温区域、中地温区域和低地温区域。最后绘制出的我国主要煤炭分布区内－1500m 深地温区划图(见图 2.7)。

$$T_{-1500} = T_{-1000} + dH \tag{2.3}$$

式中,T_{-1500} 为 －1500m 地温,℃;T_{-1000} 为 －1000m 地温,℃;d 为该地区地温梯度,℃/m;H 为增加深度,取 500m。

从图 2.7 可以看出,当开采深度达到－1500m,我国东北松辽盆地、下辽河盆地、华北盆地、鄂尔多斯盆地、华东地区、云贵川地区主要煤田地温都大于 45℃,进入高地温区域,剩余其他煤田地温在 40℃左右,基本上全国所有煤田都会出现热害现象,其中,松辽盆地、华北盆地、苏北盆地和东南大部分煤田地温都超过 50℃;中部的鄂尔多斯盆地大部分煤田地温为 45～50℃,局部大于 50℃;云贵地区大部分煤田地温超过 50℃;西部的河西走廊、柴达木盆地和塔里木盆地煤田地温为 40～50℃。

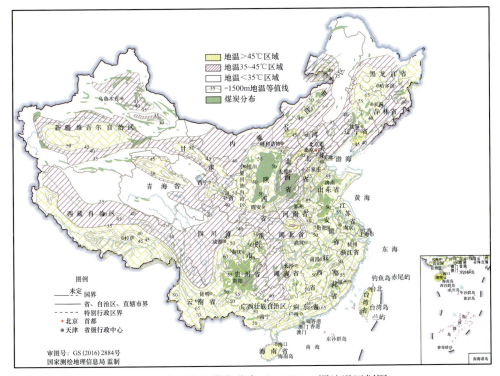

图 2.7　我国主要煤炭分布区－1500m 深地温区划图

2.2.5　－2000m 深地温场横向特征

根据《中国地温分布的基本特征》[5]中的－2000m 深地温资料,在我国煤田分布图上描绘－2000m 地温等值线图，并根据等值线温度分为高地温区域、中地温区域和低地温区域。最后绘制出我国主要煤炭分布区内－2000m 深地温区划图（见图 2.8）。

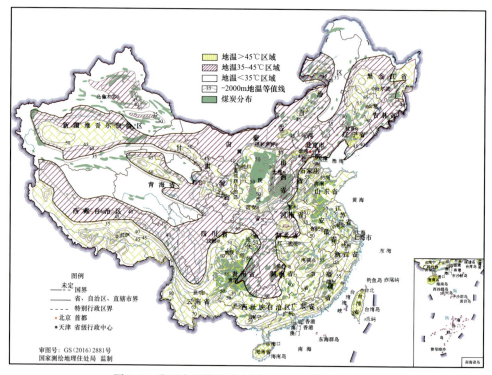

图 2.8　我国主要煤炭分布区－2000m 深地温区划图

从图 2.8 可以看出，开采至－2000m 时我国除了新疆维吾尔自治区部分煤田地温小于 45℃外，其余煤田地温都大于 45℃进入高地温区域。其中，松辽盆地、下辽河盆地、华北盆地、苏北盆地、洞庭盆地、鄱阳盆地等以及东南沿海等地区煤田的地温均较高，－2000m 深地温大多都在 70～80℃以上，最高可达 90℃甚至超过100℃。鄂尔多斯盆地周边和云贵地区煤田地温也偏高，可达 80℃。新疆维吾尔自治区北部塔里木盆地周边部分煤田地温较高，局部可达 70℃。

2.3　我国主要热害矿井分布特征

我国煤炭分布主要集中在 13 个大型煤炭基地的 98 个矿区，13 个大型煤炭基地分别为神东基地：神东、万利、准格尔、包头、乌海、府谷；陕北基地：榆神、榆横；黄陇基地：彬长（含永陇）、黄陵、旬耀、铜川、蒲白、澄合、韩城、华亭；晋北基地：大同、平朔、朔南、轩岗、河保偏、岚县；晋中基地：西山、东山、汾西、霍州、离柳、乡宁、霍东、石隰;晋东基地:晋城、潞安、阳泉、武夏;蒙东(东北)基地:扎赉诺尔、宝日希勒、伊敏、大雁、霍林河、平庄、白音华、胜利、阜新、铁法、沈阳、抚顺、鸡西、七台河、双鸭山、鹤岗;两淮基地:淮南、淮北;鲁西基地:兖州、济宁、新汶、枣滕、龙口、淄博、肥城、巨野、黄河北;河南基地:鹤壁、焦作、义马、郑州、平顶山、永夏;冀中基地:峰峰、邯郸、邢台、井陉、开滦、蔚县、宣化下花园、张家口北部、平原大型煤田;云贵基地:盘县、普兴、水城、六枝、织纳、黔北、老厂、小龙潭、昭通、镇雄、恩洪、筠连、古叙;宁东基地:石嘴山、石炭井、灵武、鸳鸯湖、横城、韦州、马家滩、积家井、萌城。

　　根据我国地温场特征可以看出,−2000m 以内我国高温区域主要集中在东部地区和青藏高原局部,处于我国高地温区域的矿井主要集中在东北基地、两淮基地、鲁西基地、河南基地以及冀中基地等东部矿井。而从我国现有开采情况来看,到 2004 年已达到−456m,其中,华东平均采深−620m,东北平均采深−530m,西南平均采深−430m,中南平均采深−420m,华北平均采深−360m,西北平均采深−280m。调查我国热害矿井,按行政区域划分:华中地区热害矿井约有 20 多座,以平顶山、丰城、许昌为代表;华东地区约有 40 多座,以两淮、兖州、新汶、徐州(含大屯)、巨野为代表;华北及东北约有 30 多座,以峰峰(邯郸)、邢台、大同、开滦、铁法、北票、抚顺、辽源、鸡西为代表;其他如湖南、甘肃、广西壮族自治区、福建等地零星存在热害矿井,西北的新疆维吾尔自治区煤矿也存在矿井高温热害问题。

　　根据调查资料和文献资料[6],得出我国现有热害矿井分布,进而得出我国深井热害区划图,将我国东部热害矿井地区划分为北区、中区和南区。各区特点见表 2.1。

表 2.1　我国部分矿井热害情况

矿井名称	采深/m	工作面温度/℃	岩温/℃	地温梯度/(℃/100m)	涌水量/(m³/h)	水温/℃
徐州夹河矿	−1200	36	40	1~2.5	95	30
徐州三河尖矿	−1000	39	46.8	2.75~3.46	1020	50
徐州张双楼矿	−1000	35	40.6	—	1250	30
徐州旗山矿	−1100	30	41.9	1.5~2.6		
徐州张小楼矿	−1200	33.5	—	1.7~2.7		
大屯孔庄矿	−1015	37	40.4	2.36~2.42	240	26
新汶新巨龙矿	−850	37	—		1151	47
淮北涡北矿	−700	36	35.5	1~4.2	60	25
济宁三号井	−838	33	35.3	2.44~2.96	480	24~29
抚顺老虎台	−715~−685	30~33	38~42	3.6~4.3		48~51
抚顺东凤矿	−800~−715	30~33	30	2.7~4.6		48~51
辽源太信矿	−820~−710	28~35		3.4		—
黄石胡家湾	−570	33~40				39
长广牛头山	−937.58	34	40.54	2.28		46
新汶孙村矿	−624	32	43.5	2.7		—

续表

矿井名称	采深 /m	工作面温度 /℃	岩温 /℃	地温梯度 /(℃/100m)	涌水量 /(m³/h)	水温 /℃
萍乡高坑矿	−500	33	—	—		30
合山石村矿	−305	31	—	—		35
安徽新集一矿	−550	33.6	36.4	3.2		35
淮南潘一矿	−650	35~36	37	3		—
淮南潘三矿	−810	36~40	43	3.42		—
淮南顾桥矿	−800	36	40.1	3.08		—
淮南丁级井田	−826	34~40	43	2.52~4.02		—
淮南谢桥矿	−720	33	41.1	2~2.5		—
湛江韦港铁矿	−200	33	—	—	170	49
峰峰梧桐庄矿	−670	—	42.9	4.57		41
新汶协庄矿	−1010	34	37	2~3		—
兖州东滩矿	−660	31	33	2.3		—
兖州赵楼矿	−840	—	45	—	276	—
新龙梁北矿	—	38.2	—	—		42
沈阳红阳三矿	−1100	39	50	—	100	38
丰城曲江矿	−1250	35~40	—	—		—
河北元北矿	−500	32	41	3~3.6		—
峰峰元氏煤田	−570	—	33.6	3~4.2		—
河北羊东井田	−1500	33	—	—		53.2
开滦钱家营井田	−860	33	46	3~5.9		—
河北大城煤田	−1100	33	57	3.3~6		—
河南新郑矿区	−300	31	29~37.4	3.38		—
平煤五矿	−909	35	50	3.3~4	100	42
平煤八矿	−430	34	33.2~33.6	3.4		—
永川煤矿六井	−350	32.4	34	—		—
义马跃进矿	−930	31.5	33	1.78~1.92		—

（1）北区。该区域主要包含我国黄河以北东部各省，主要为河北、东北三省和内蒙古自治区东部地区。其中，热害矿井主要分布在河北、辽宁及内蒙古自治区东部地区，开采深度相对较深，大部分矿井开采深度超过−600m，岩温较高，使得部分矿井热害现象严重，典型矿区为峰峰、开滦、沈阳、抚顺、铁法等。

（2）中区。这是我国现阶段最为严重的热害区域，包含我国黄河以南、长江以北的东部各省份，其中，热害矿井主要分布在江苏、山东、安徽和河南东部地区，为我国东部主要的煤炭基地。该地区开采深度较深，大部分矿井开采深度超过−800m，已探明未开采煤炭主要在−1500~−800m，矿内岩温一般高于40℃，地温梯度一般大于2℃/hm。加之该地区夏季气温偏高，夏季地面平均气温高达

32℃,造成该地区热害严重,亟待解决,典型矿区为徐州、兖州、新汶、永城、两淮等。

(3)南区。该区域主要包括我国长江以南的东部各省,其中,热害矿井主要分布在江西、福建和湖南东部。该地区开采深度较大,加之夏季江南潮热气候,井下热害严重,典型矿区为萍乡、丰城。

参 考 文 献

[1] He L J, Hu S B, Huang S P, et al. Heat flow study at the Chinese Continental Scientific Drilling site: Borehole temperature, thermal conductivity, and radiogenic heat production. Journal of Geophysical Research, 2008, 113: B024404.

[2] 张毅. 夹河矿深部热害发生机理及其控制对策. 北京: 中国矿业大学(北京)博士学位论文, 2006.

[3] 郭平业. 我国深井地温场特征及热害控制模式研究. 北京: 中国矿业大学(北京)博士学位论文, 2009.

[4] 王钧, 黄尚瑶, 黄歌山, 等. 中国南部地温分布的基本特征. 地质学报, 1986, 03: 297-309.

[5] 王钧, 黄尚瑶, 黄歌山. 中国地温分布的基本特征. 北京: 地震出版社, 1990.

[6] 袁亮. 淮南矿区矿井降温研究与实践. 采矿与安全工程学报, 2007, 24(3): 298-301.

第3章 深部岩石热力学效应

在温度场-压力场-渗流场的耦合作用下,深部岩石的物理力学特性呈现出显著的与温度相关的特性,其中尤为显著的热力学效应是岩石强度高温软化效应和吸附气体高温逸出效应,本章的主要内容是通过试验手段研究深部岩石的上述两种热力学效应。

3.1 深部岩石热效应试验系统

为了研究深部高温高压环境下岩石的强度软化效应和吸附瓦斯逸出效应,深部岩土力学与地下工程国家重点实验室研发了深部煤岩 T-P 耦合试验系统[1]。

3.1.1 系统结构

深部煤岩 T-P 耦合试验系统(见图 3.1)主要包括:主机系统、轴向和侧向压力伺服控制系统(包括液压加载系统、压力室)、电热加温控制系统、逸出气体监测计量及检测分析系统等四大系统。

可以通过不同条件的组合,用多场耦合(应力场、渗流场和温度场)的方法,模拟煤岩体的实际赋存状态,研究煤岩试样在温度压力耦合作用下物理力学变化规律。

图 3.1　T-P 耦合作用下深部岩石热效应试验系统

3.1.2 系统设计原理

系统设计原理如图 3.2 所示,加温加载系统利用常规三轴试验系统的压力室进行改造,实现电热加温及温度自动控制,并制作了自煤岩试样至压力室外部的气体逸出通路,用于进行煤试样中逸出气体的检测分析。

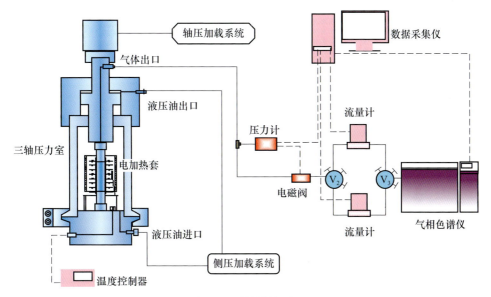

图 3.2　系统设计原理

3.2　高温软化效应

温度是影响岩石力学性质的一个重要因素,岩石的力学参数如单轴抗压强度、弹性模量、峰值应变等都会随着温度的改变而变化,也就是说,岩石的力学特性具有一定的温度效应[2]。矿山开采时,随着开采深度的不断增加,特别是在上千米的深部采场及巷道,岩层温度将达到几十甚至上百摄氏度。同时,在能源、地质土木等众多工程领域中都不可避免地涉及不同温度下岩石的力学特性的变化规律,其相关力学参数是矿床深部开采、岩石地下工程开挖、支护设计、围岩稳定性分析不可或缺的基本依据。因此,不同温度作用下的岩石物理力学性质研究逐渐成为目前岩石力学领域非常重视的研究方向之一。

3.2.1　均值岩石高温软化效应

利用以上试验系统,对深部煤样开展不同温度下的单轴压缩试验,结果显示,煤岩强度具有显著的温度效应。图 3.3 为不同温度下煤样的应力-应变曲线,环境温度 20℃时峰值强度最高,当环境温度升至 41℃时,峰值强度降低了 2/3。图 3.4 和图 3.5 分别为不同环境温度下煤样的单轴抗压强度和弹性模量,随着环境温度的升高,抗压强度和弹性模量明显降低。

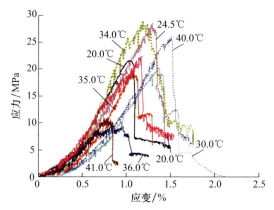

图 3.3　不同温度条件下煤样的应力-应变曲线

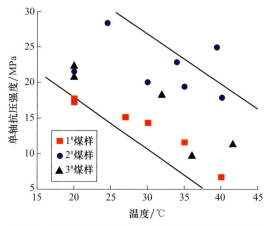

图 3.4　不同温度条件下煤样的单轴抗压强度曲线

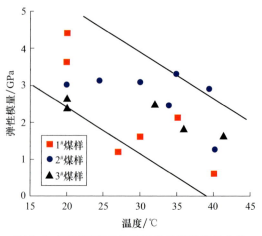

图 3.5　不同温度条件下煤样的弹性模量曲线

除了均值岩体的温度效应外,在深部开采中经常会遇到不同层理结构的岩体,为此,需要开展不同角度层理的岩石温度效应研究。分别选取 0°、45° 和 90° 三组不同倾角层理的泥岩,开展室温至 80℃ 内静荷载和循环动荷载作用下泥岩温度-层理耦合效应研究。通过静态荷载及循环动荷载作用下分 4 种不同温度分别进行单轴压缩及循环卸载扰动试验,研究泥岩峰值强度、弹性模量、峰值应变、热损伤等参数的温度效应及其层理结构效应,分析卸载扰动后力学及变形参数的温度效应与层理结构效应,以及与静态荷载时的对比变化特征。

3.2.2　静荷载作用下温度-结构层理耦合效应

一般自然界中的岩体都含有层理结构,为了研究不同层理结构作用下岩石温度效应,选取三组 0°、45°、90° 三个层理角度泥岩样品分别进行不同温度下的单轴压缩试验,研究不同层理情况下泥岩的温度软化效应。

1) 应力-应变曲线变化规律

通过单轴压缩试验,不同层理角度泥岩在不同温度下的应力-应变曲线如图 3.6～图 3.9 所示。

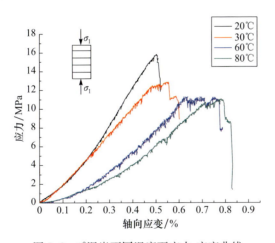

图 3.6　0°泥岩不同温度下应力-应变曲线

从图 3.6～图 3.9 可以看出,三组不同层理角度泥岩在不同温度下的单轴应力-应变曲线变化规律大致经历了压密、线弹性变形、塑性变形、破坏、应变软化及残余等几个阶段。

(1) 在压密阶段,变形随着应力的增加发展较快,在温度为 20℃ 和 30℃ 时,三个不同层理角度泥岩的全应力-应变曲线的初始压密阶段所占应变很小,不是很明显,这主要是由于此时泥岩具有较好的密实性,试样内部微空隙及初始微裂纹含量较少,试样的孔隙率较低,所以没有太多需要的压密空间。然而,随着温度的不断

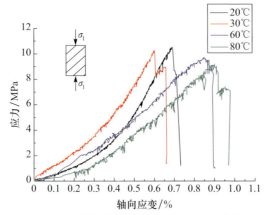

图 3.7　45°泥岩不同温度下应力-应变曲线

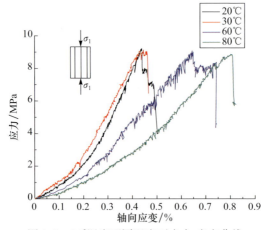

图 3.8　90°泥岩不同温度下应力-应变曲线

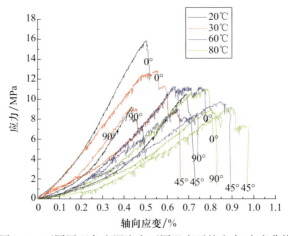

图 3.9　不同层理角度泥岩在不同温度下的应力-应变曲线

升高,升到 60℃、80℃时,从三组曲线图可以看出,压密阶段所占应变在逐渐增大,这是由于当温度升高后,试样内部的水分(包含两种水分:外在水分,附着在岩石颗粒表面和大毛细孔中的水分;内在水分,吸附或凝聚在颗粒内部的毛细孔中的水分)会有一定程度的逸出,并且泥岩中的有机质在高温下开始或加速热分解,从而产生挥发成分,增加了泥岩内部的空隙率,岩石压密过程中需要将孔隙压实、裂隙压密,故在进入线弹性阶段以前就会延长压密阶段。

(2) 线弹性阶段为应力-应变曲线在达到峰值之前的直线段,应力-应变在此阶段曲线上呈线性比例关系,对该段直线段进行线性拟合,斜率就是平均切线弹性模量;从三组应力-应变曲线图可知,在温度为 20℃和 30℃时,弹性阶段占全曲线比例较大,表明泥岩在 30℃以下时具有较好的弹性变形行为;随着温度的升高,当温度升至60℃以后,线弹性段所占比例逐渐减小,弹性性能有所减弱;从弹性段曲线的斜率可以看出弹性模量的变化,根据以上三组曲线,随着温度升高,曲线有向轴向应变轴倾倒的趋势,线弹性阶段曲线斜率逐渐减小,表明弹性模量随着温度升高而降低。

(3) 以上三组应力应变曲线均有一个类似的趋势,随着温度的升高,峰值强度逐渐下降,同时破坏时的轴向应变大致呈增大的趋势,主要是由于随着温度的升高,泥岩的脆性逐渐减弱而延性不断增强。从热力学的角度,当温度升高时,岩石晶体质点的热运动增强,质点间的结合力相对减弱,质点容易位移,故塑性增强而强度降低。

(4) 在温度为室温 20℃时,当轴向应力达到峰值应力后,试样轴压基本上迅速下降为零,无残余强度或残余强度很小,剪切滑移应变很小;随着温度的升高,轴向应力超过峰值应力以后,轴压不会直接下降为零,而是具有一定的残余强度,产生了一定的剪切滑移应变,此时泥岩仍具有一定的承载能力。

(5) 从曲线的线条来看,在室温 20℃时,曲线线条比较光滑,当温度升至 30℃以后,曲线线条不是很光滑,出现了一些"毛刺",可见在轴压上升过程中,压力不是平稳连续的上升,而是出现了很短暂的下滑再上升,这主要是温度升高后,试样内部的微裂隙、微空隙增加,微裂纹不断扩展引起的。

2) 峰值强度变化规律分析

根据三组不同层理角度泥岩在不同温度作用下单轴压缩试验的应力-应变全过程曲线,可以得到试样的峰值强度(单轴抗压强度)及其变化曲线,如图 3.10 所示。

(1) 从图 3.10 可以看出,三组不同层理角度泥岩的峰值强度均随着温度升高而降低,45°与 90°泥岩峰值强度与温度近似呈线性下降趋势。0°泥岩峰值强度降低的幅度最大,温度为 20℃时,其峰值强度为 15.84MPa,而当温度升高到 80℃时峰值强度下降到了 11.07MPa,最大降幅达到 30.11%;45°泥岩温度从 20℃升至 80℃时,峰值强度从 10.53MPa 降至 9.23MPa,最大降幅为 12.35%;90°泥岩当温度由 20℃升高至80℃时,峰值强度由 9.22MPa 降至 8.87MPa,最大降幅为 4.88%。

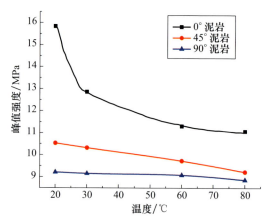

图 3.10　泥岩峰值强度与温度关系曲线

（2）随着层理角度从 0°升至 90°，峰值强度的最大降幅有下降的趋势（见图 3.11），可以看出，当层理角度较小时，温度对泥岩的峰值强度影响较大，层理角度越大，温度对峰值强度影响越小。

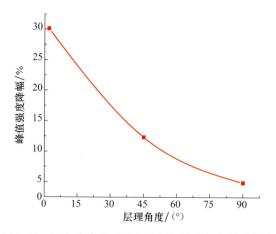

图 3.11　泥岩峰值强度最大降幅与层理角度关系曲线

（3）试样的峰值强度降低现象是因为泥岩含有多种矿物成分，各矿物颗粒的热膨胀系数不同，当颗粒受热后引起跨颗粒边界的热膨胀不协调变形。然而作为一个连续体，岩石内部各矿物颗粒不可能相应地按各自固有的热膨胀系数随温度变化而自由变形，因此矿物颗粒之间产生约束，变形大的受压缩，变形小受拉伸，由此在岩石中形成一种由温度引起的热应力。随着温度的升高，试样内部的热应力增大，使泥岩内部产生更多微裂隙或使原生裂纹得以扩展，这些裂纹不断扩展从而形成裂隙网络，宏观上表现为泥岩受热后强度下降。

3）弹性模量变化规律分析

对试样应力-应变曲线上达到峰值应力前的近似直线段进行线性拟合，可以得到泥岩的切线弹性模量。三个层理角度泥岩的弹性模量随温度的变化规律如图 3.12 所示。

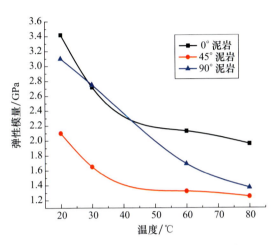

图 3.12　泥岩弹性模量与温度关系曲线

（1）从图 3.12 可以看出，三组不同层理角度泥岩的弹性模量均随着温度升高而降低。

（2）温度从室温 20℃升至不同温度时弹性模量的降幅关系如图 3.13 所示。当温度为 20℃时，0°泥岩弹性模量为 3.42GPa，温度升至 30℃时弹性模量降低至 2.72GPa，降幅为 20.47%，温度升高到 60℃时，弹性模量降低为 2.13GPa，降幅达到 37.72%，温度升至 80℃时，弹性模量为 1.96GPa，降幅为 42.69%；当温度从 20℃升至 30℃、60℃、80℃时，45°泥岩弹性模量的下降幅度分别为 21.43%、37.14%、40.48%；当温度自 20℃升至 30℃、60℃、80℃时，90°泥岩弹性模量下降幅度分别为 11.29%、45.48%、55.81%。说明温度对弹性模量影响相比峰值强度更大一些，即弹性模量的温度效应更明显。

（3）从图 3.13 可以看出，0°和 45°泥岩弹性模量随着温度升高下降幅度比较接近，90°泥岩弹性模量下降幅度相对较大，最大达到 55.81%，并且 90°泥岩弹性模量下降曲线斜率也相对较大，说明温度对 90°泥岩弹性模量的影响较大。

（4）值得注意的是，温度从 20℃升至 30℃时，弹性模量下降幅度还比较小，但是当温度升高至 60℃时，弹性模量下降幅度比较大，45°泥岩降幅最小，为 37.14%，90°泥岩降幅最大，为 45.48%，此时泥岩的力学性质劣化严重，温度再升高至 80℃时，弹性模量下降不太明显。

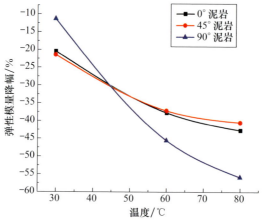

图 3.13　泥岩弹性模量降幅与温度关系曲线

（5）弹性模量随着温度升高而下降主要是由于泥岩不同矿物颗粒具有不同热膨胀系数。随着温度升高,不同矿物颗粒产生不同的热膨胀变形,从而在矿物内部产生热应力,在热应力作用下产生微裂纹,刚度出现下降,矿物颗粒间滑移增大,因此弹性模量下降,塑性变形特征增强。

4）峰值轴向应变变化规律分析

由应力-应变全过程曲线可以得到三组不同层理角度泥岩的峰值轴向应变随温度的变化规律曲线,如图 3.14 所示。可以看出,除了 45°泥岩在温度从 20℃升到 30℃时峰值应变略有下降外,峰值轴向应变随着温度的升高而逐渐增大。温度从 20℃升至 80℃时,0°泥岩峰值应变增幅为 56.33%,45°泥岩峰值应变增幅为 30.02%,90°泥岩峰值应变增幅为 83.70%。可以看出,90°泥岩峰值应变增幅最大,0°泥岩次之,45°泥岩最小,说明 90°泥岩峰值应变受温度影响最大,45°泥岩峰值应变受温度影响最小,从变化幅度看,泥岩的峰值应变温度效应明显。

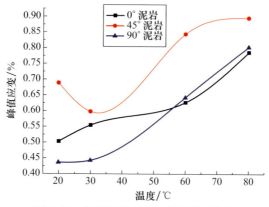

图 3.14　泥岩峰值应变与温度关系曲线

　　随着温度的升高,试样内部分子的热运动得到增强,从而削弱了它们之间的黏聚力,使矿物颗粒间更容易产生滑移。温度越高,微裂纹在泥岩内部产生的机会越大,矿物颗粒间空隙在外力作用下被填充,宏观上就表现为泥岩应变的增加。

　　5) 剪切滑移应变的变化规律

　　应力-应变全过程曲线中,轴向应力达到峰值点后一般会出现一定的小波动下降,而不是立刻迅速下降为零,随着应力的小波动下降,轴向应变有一定的增长。一般认为,这是由于岩石内部的薄弱面受到一定荷载作用后产生剪切滑移引起的,将这部分轴向应变称为剪切滑移应变,用来表征材料的塑性特征。三组层理角度泥岩剪切滑移应变随温度变化趋势如图 3.15 所示。

　　从图 3.15 可以看出,在 20~80℃时,随着温度升高,0°泥岩剪切滑移应变随着温度升高先增大再减小,特别是当温度从 30℃升至 60℃时,剪切滑移应变增加较大,然后又开始下降;45°泥岩剪切滑移应变变化不明显,但略有随温度升高而增大的趋势;90°泥岩总体上是先升高再下降,中间略有小的波动,与 0°泥岩相似,温度从 30℃升至 60℃时,增大变化明显,随后又开始下降。

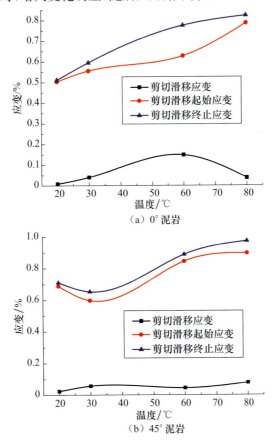

（a）0°泥岩

（b）45°泥岩

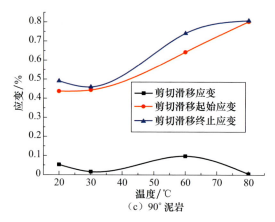

图 3.15 不同层理角度泥岩剪切滑移应变与温度关系曲线

6）热损伤特性分析

从以上的峰值强度及弹性模量随温度变化规律分析可知,随着温度的升高,泥岩峰值强度及弹性模量在不断下降,表明了在温度作用下,泥岩的力学性质产生了热损伤。从图 3.12 可知,弹性模量是温度的函数,为了表示泥岩受温度影响的损伤效应,采用不同温度下弹性模量的变化作为衡量岩石的完整性指标,定义热损伤 $D(T)$ 为

$$D(T) = 1 - E_T/E_{20} \tag{3.1}$$

式中, E_T 为温度 T 时的泥岩的弹性模量; E_{20} 为室温 20℃时泥岩的弹性模量,此时泥岩热损伤为 0。

三组不同层理角度泥岩的弹性模量热损伤值随着温度变化曲线如图 3.16 所示。

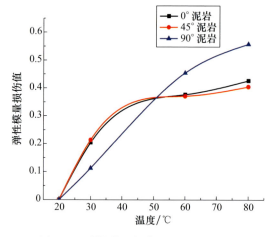

图 3.16 弹性模量损伤随温度变化曲线

可以看出,随着温度升高,试样的弹性模量损伤值在不断增加,0°和 45°泥岩损伤曲线比较接近,随着温度升高,弹性模量损伤值变化比较平稳;90°泥岩损伤值从 30℃升至 60℃时增加幅度比较大,且其整体损伤曲线比 0°和 45°泥岩损伤曲线变化剧烈。

不同层理角度泥岩不同温度时的弹性模量及其损伤值如表 3.1 所示。

表 3.1　不同层理角度泥岩弹性模量及其热损伤

温度/℃	0°泥岩		45°泥岩		90°泥岩	
	E/GPa	$D(T)$	E/GPa	$D(T)$	E/GPa	$D(T)$
20	3.42	0	2.10	0	3.10	0
30	2.72	0.2047	1.65	0.2143	2.75	0.1129
60	2.13	0.3772	1.32	0.3714	1.69	0.4548
80	1.96	0.4269	1.25	0.4048	1.37	0.5581

对表 3.1 中三组不同角度泥岩的热损伤进行负指数拟合,拟合曲线如图 3.17 所示,拟合方程及相关系数汇于表 3.2。从图 3.17 可以看出,曲线拟合度很高,三组层理角度泥岩弹性模量热损伤随着温度升高而变大,0°泥岩和 45°泥岩在 60℃以后趋于平缓,随着温度的进一步升高,超过 80℃以后弹性模量热损伤情况还需要进一步的试验研究。

表 3.2　泥岩弹模损伤曲线拟合方程

层理角度/(°)	拟合方程	相关系数 R^2
0	$D(T)=1-(0.57338+1.47153e^{-T/16.08})$	0.9906
45	$D(T)=1-(0.59835+1.77282e^{-T/13.45})$	0.9951
90	$D(T)=1-(0.12866+1.25755e^{-T/56.41})$	0.9876

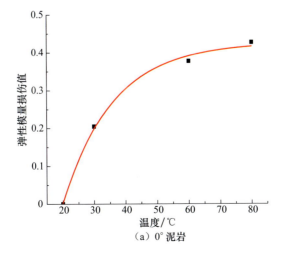

（a）0°泥岩

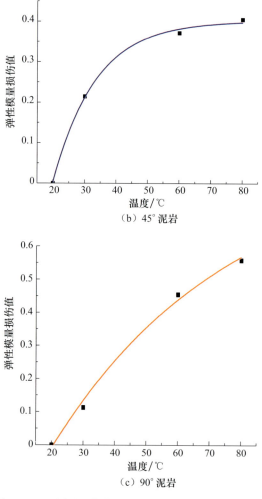

图 3.17 不同层理角度泥岩弹性模量热损伤拟合曲线

7) 不同温度下泥岩力学性质层理结构效应分析

通过单轴压缩试验，三组不同层理角度泥岩的力学参数汇于表 3.3 中。相同温度下，不同层理角度泥岩的应力-应变曲线对比如图 3.18 所示，可以看出，在同一温度时，不同层理角度泥岩的曲线变化规律类似，峰值强度 0°最高，45°次之，90°最小；峰值应变均为 0°最小，90°次之，45°最大。为了更清晰地分析相同温度时泥岩力学参数随层理结构的变化规律，绘制峰值强度、弹性模量及峰值应变与层理角度变化规律曲线，分别如图 3.19～图 3.21 所示。可以看出，峰值强度在相同的温度时层理角度从 0°到 90°均有类似的变化趋势，随着层理角度增加而逐渐减小；弹性模量在温度相同时，随着层理角度变化规律也相似，从 0°到 90°先降低再升高，0°

时最大,45°时最小,呈马鞍形;峰值应变随着层理角度的增加,先变大后变小,45°时最大,90°时最小。

表 3.3　泥岩不同温度下单轴压缩力学参数

温度/℃	层理角度/(°)	样品编号	峰值应力/MPa	弹性模量/GPa	峰值应变/%
20	0	N6-5	15.84	3.42	0.5031
	45	N4-9	10.53	2.1	0.6890
	90	N1-4	9.22	3.1	0.4373
30	0	N6-21	12.86	2.72	0.5547
	45	N4-19	10.32	1.65	0.5979
	90	N1-13	9.16	2.75	0.4437
60	0	N6-7	11.31	2.13	0.6270
	45	N4-13	9.73	1.32	0.8442
	90	N1-19	9.09	1.69	0.6434
80	0	N6-13	11.07	1.96	0.7865
	45	N4-20	9.23	1.25	0.8959
	90	N1-20	8.87	1.37	0.8033

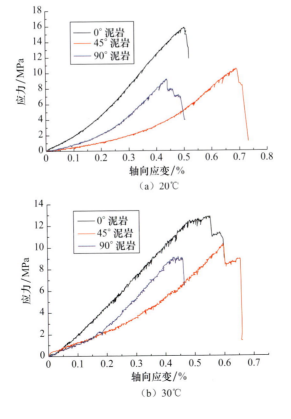

（a）20℃

（b）30℃

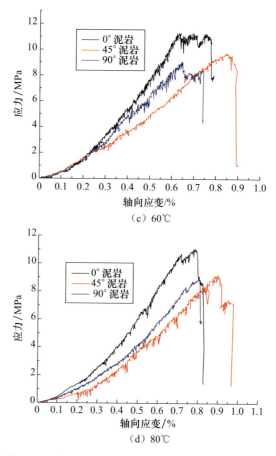

图 3.18　各温度下不同层理角度泥岩应力-应变曲线

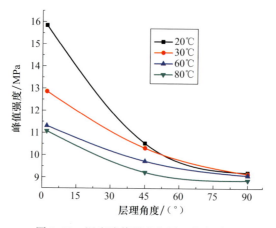

图 3.19　泥岩峰值强度与层理角度关系

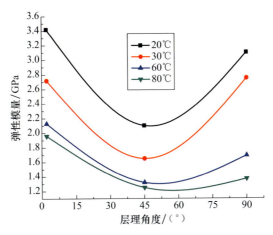

图 3.20　泥岩弹性模量与层理角度关系

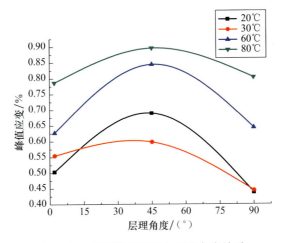

图 3.21　泥岩峰值应变与层理角度关系

8) 单轴压缩温度效应试验小结

通过对三组不同层理角度泥岩在四种不同温度下单轴压缩试验的结果进行分析,得到以下主要结论:

(1) 泥岩在不同温度下的单轴应力-应变曲线变化规律大致经历了压密、线弹性变形、塑性变形、破坏、应变软化及残余等几个阶段。随着温度升高,初始压密阶段所占应变比例逐渐增大,而线弹性段所占比例逐渐减小,曲线有向轴向应变轴倾倒的趋势,线弹性阶段曲线斜率逐渐减小,同时破坏点的轴向应变大致呈不断增大的趋势。

(2) 随着温度升高,泥岩峰值强度逐渐下降。温度从 20℃升至 80℃时,0°泥岩峰值强度降低的幅度最大,降幅达到 30.11%,45°泥岩降幅为 12.35%,90°泥岩降幅最小,为 4.88%。可见,0°泥岩峰值强度的温度效应相对较大。

(3) 泥岩的弹性模量随温度升高而降低。温度从 20℃升至 80℃时,0°泥岩弹性模量降幅为 42.69%,45°泥岩降幅为 40.48%,最大为 90°泥岩,降幅达到 55.81%。同时表明,温度对 90°泥岩弹性模量的影响较大,即 90°泥岩弹性模量的温度效应比较明显。

(4) 总体上看,峰值轴向应变随着温度的升高而逐渐增大。温度从 20℃升至 80℃时,0°泥岩峰值应变增幅为 56.33%,45°泥岩增幅为 30.02%,90°泥岩增幅最大,达到 83.70%。同时表明,90°泥岩峰值轴向应变受温度影响最大,45°泥岩峰值轴向应变受温度影响最小。

(5) 不同层理角度泥岩的剪切滑移应变变化规律不同。0°和 90°泥岩相类似,随着温度升高,剪切滑移应变先升高再下降,60℃时升至最高;45°泥岩变化不明显,略有随温度升高而增大的趋势。

(6) 温度为 20~80℃时,相比峰值强度,泥岩的弹性模量与峰值应变温度效应更为显著。

(7) 随着温度升高,试样的热损伤不断增加。通过指数拟合,得到了三个层理角度泥岩的热损伤方程。

(8) 总结分析了峰值强度、弹性模量、峰值应变等力学参数在不同温度下随层理角度的变化规律。泥岩层理角度从 0°到 90°,峰值强度逐渐减小,弹性模量先降低再升高,呈马鞍形,峰值轴向应变先变大后变小,45°时最大,90°时最小。

3.2.3 循环荷载作用下温度-结构层理耦合效应

为了研究循环荷载作用下不同层理结构岩石温度效应,我们选取 0°、45°、90° 三个层理角度泥岩样品分别进行不同温度下的循环荷载压缩试验,研究不同层理角度下泥岩的温度软化效应。

1) 温度-循环加卸载应力-应变曲线分析

通过循环加卸载扰动试验,得到了不同温度下三组层理角度泥岩的加卸载应力-应变曲线,如图 3.22~图 3.24 所示。

如图 3.22~图 3.24 所示,每次循环卸载扰动再加载后都会形成一个滞回环,卸载曲线低于加载曲线,滞回环在卸载拐点和再次的加载拐点处较尖,发展过程中间较宽,大致呈"尖叶状"。随着扰动应力水平的提高,可以看出滞回环的面积不断增大,滞回环面积越大,耗散的能量就越大,由此产生的塑性变形就越大,由循环扰动荷载引起的疲劳损伤则越大;在上一级应力水平扰动卸载完成后,重新加载时,加载曲线与上一级应力上限基本重合;由各加卸载曲线可以看出,在卸载后再次加载时,加载曲线相比首次加载曲线更为陡峭,斜率变大;随着温度的升高,峰值强度大致呈减小的趋势,而破坏时的轴向应变呈不断增大趋势。

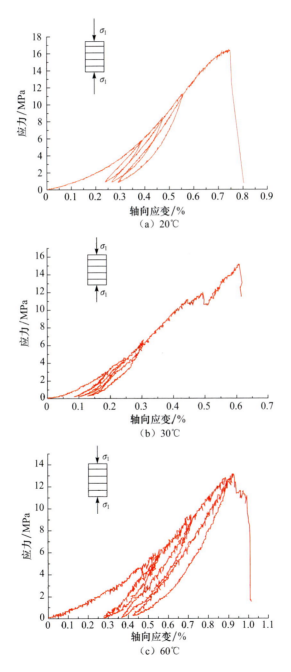

（a）20℃

（b）30℃

（c）60℃

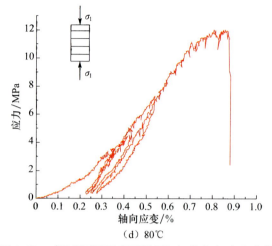

（d）80℃

图 3.22　0°泥岩不同温度下循环加卸载应力-应变曲线

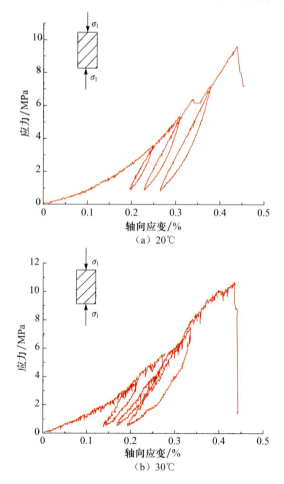

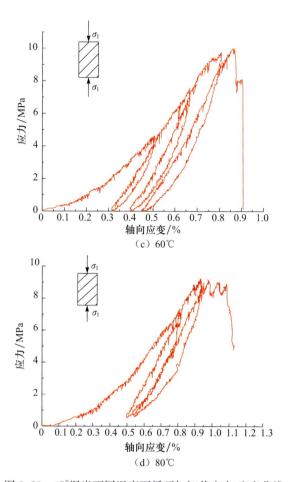

（c）60℃

（d）80℃

图 3.23　45°泥岩不同温度下循环加卸载应力-应变曲线

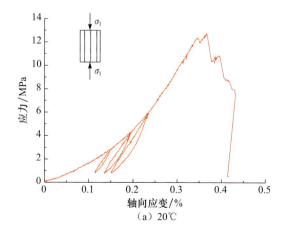

（a）20℃

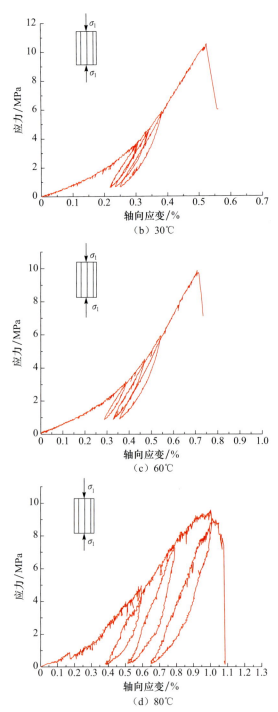

图 3.24　90°泥岩不同温度下循环加卸载应力-应变曲线

2）加卸载扰动后峰值强度特征分析

三组层理角度泥岩在经历循环卸载扰动后的峰值强度随温度变化趋势如图 3.25 所示。

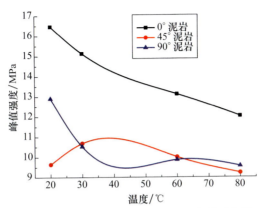

图 3.25　卸载扰动后峰值强度与温度关系曲线

从图 3.25 可以看出，在经历循环加卸载扰动后，峰值强度基本上均随着温度升高而下降。0°泥岩与 90°泥岩的峰值强度随着温度的升高而不断下降，45°泥岩温度从 20℃升至 30℃时，峰值强度增强，而后继续升温时，峰值强度又逐渐下降。0°泥岩 20℃时峰值强度为 16.47MPa，温度升至 80℃时，峰值强度降为 12.03MPa，降幅达 26.96%；90°泥岩温度自 20℃升至 80℃，峰值强度从 12.91MPa 降到 9.56MPa，降幅为 25.95%；45°泥岩从 30℃升温到 80℃时，峰值强度自 10.69MPa 降至 9.23MPa，降低了 13.66%。说明温度对强度有一定的弱化作用。温度对峰值强度弱化的分析，3.2.2 节中已进行了详细论述，本节不再叙述。

为分析卸载扰动后试样的强度变化特征，将三组层理角度泥岩不同温度下卸载扰动后的峰值强度与静荷载时的峰值强度对比情况汇于表 3.4。不同层理角度泥岩峰值强度对比曲线如图 3.26 所示。

从图 3.26 可以看出，在不同温度下，0°泥岩和 90°泥岩在循环加卸载扰动后与静载荷时的峰值强度相比，变化幅度均大于零，即加卸载扰动后峰值强度均有不同程度的增强，最大增强幅度为 90°泥岩在 20℃时，增幅达 40.02%；45°泥岩除了在 20℃时，循环卸载扰动后峰值强度有所减弱外，其他温度下均有所增强，但是相比 0°和 90°泥岩，变化幅度较小；随着温度不断升高，0°和 45°泥岩峰值变化趋势均是先变大后变小，90°泥岩的变化幅度在不断减小。

由于卸载扰动的动应力水平均处在压密和线弹性阶段，经过几次少数的轴向加载和卸载，泥岩内部的微裂隙、微空隙收缩，由于循环加卸载扰动应力水平低，加卸载扰动提高了泥岩的密实程度，进而提高了泥岩的抗变形能力，强度得到一定程度的提高和强化。因此在工程中应用静载荷单轴抗压强度作为依据，是有一定局限性的。

表 3.4　循环卸载扰动前后峰值强度对比

层理角度/(°)	温度/℃	循环前峰值强度/MPa	循环后峰值强度/MPa	变化幅度/%
0	20	15.84	16.47	3.98
	30	12.86	15.13	17.65
	60	11.31	13.12	16.00
	80	11.07	12.03	8.67
45	20	10.53	9.65	−8.36
	30	10.32	10.69	3.59
	60	9.73	10.01	2.88
	80	9.23	9.23	0
90	20	9.22	12.91	40.02
	30	9.16	10.53	14.96
	60	9.09	9.87	8.58
	80	8.87	9.56	7.78

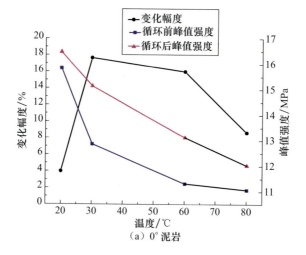

（a）0°泥岩

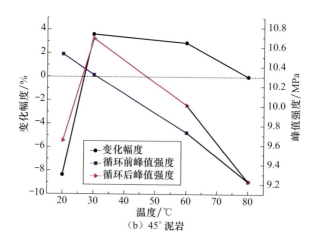

（b）45°泥岩

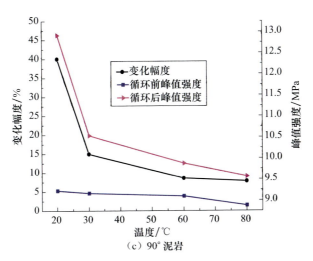

图 3.26 循环扰动卸载前后峰值强度变化曲线

3）切线弹性模量变化规律分析

根据循环加卸载扰动应力-应变曲线，可以得到扰动后试样的平均切线弹性模量。三组层理角度泥岩在不同温度下的平均切线弹性模量及与静载荷时的切线弹性模量对比情况见表 3.5。三组层理角度泥岩循环卸载扰动后切线弹性模量随温度的变化如图 3.27 所示，循环扰动前后的弹模对比关系如图 3.28 所示。

表 3.5 弹性模量变化关系

层理角度/(°)	温度/℃	循环前弹性模量/GPa	循环后弹性模量/GPa	变化幅度/%
0	20	3.42	3.37	−1.46
	30	2.72	3.38	24.26
	60	2.13	2.16	1.41
	80	1.96	2.10	7.14
45	20	2.10	3.2	52.38
	30	1.65	3.27	98.18
	60	1.32	1.94	46.97
	80	1.25	1.86	48.80
90	20	3.10	4.56	47.10
	30	2.75	3.34	21.45
	60	1.69	1.86	10.06
	80	1.37	1.55	13.14

由图 3.27 可以看出，三组层理角度泥岩卸载扰动后的弹性模量随着温度的升高均呈不断下降的趋势。温度从 20℃ 升至 80℃ 时，0°泥岩弹性模量从 3.37GPa 下降到 2.10GPa，降幅为 37.69%；45°泥岩弹性模量自 3.2GPa 下降到 1.86GPa，下降幅度 41.86%；90°泥岩弹性模量从 4.56GPa 下降到 1.55GPa，降幅达 66%。

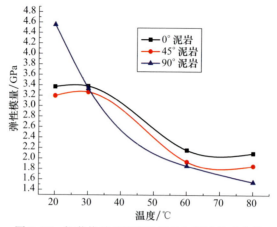

图 3.27　卸载扰动后的弹性模量与温度关系曲线

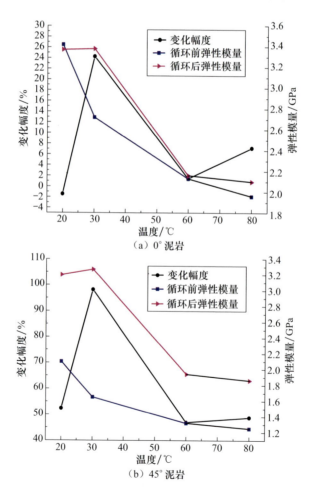

（a）0° 泥岩

（b）45° 泥岩

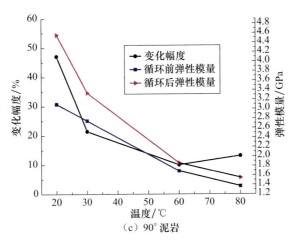

图 3.28　循环扰动卸载前后弹性模量变化曲线

同时，还可以看出，温度从 30℃升至 60℃时，弹性模量下降幅度最大。由以上分析可见，90°泥岩弹性模量下降幅度最大，说明 90°泥岩弹性模量受温度影响最大，这与上述静荷载时的分析结果是一致的。关于温度对弹性模量的影响原因在 3.2.2 节中已进行了详细论述，此处不再赘述。

从图 3.28 可知，在不同温度下，相比静载荷时，三组层理角度泥岩弹性模量在循环扰动卸载后变化幅度均大于零(特例除外，即 0°泥岩 20℃的情况)，说明经历循环扰动卸载后弹性模量均有不同程度地增加。45°泥岩整体变化幅度最大，0°泥岩变化幅度最小，其中，45°泥岩在 30℃时弹性模量增幅最大，达到 98.18%。从变化幅度的变化规律来看，温度由 20°向 30℃、60℃、80℃变化时，0°和 45°泥岩趋势为增大—减小—增大，90°泥岩趋势为减小—减小—增大。

经过低应力水平的加载和卸载扰动，泥岩内部的微裂纹张开度减小，微裂隙和空隙被压缩，密实度得到提高，从而提升了泥岩的刚度和抗变形能力，所以弹性模量在加卸载扰动后得到一定程度的提高。

4) 动弹性模量分析

计算得到三组层理角度泥岩在不同温度下对应于不同级别扰动应力水平时的动弹性模量值，结果汇于表 3.6 中。

由表 3.6 可以得到三组不同层理角度泥岩在不同温度下的动弹性模量与动应变的关系，如图 3.29～图 3.31 所示。可以看出，0°泥岩在不同温度下，随着动应变的增加，动弹性模量均呈增长趋势；45°泥岩除了 80℃时样品 N4-23 的动弹性模量随着动应变增加有所减小外，其他温度下均随着动应变增加而变大，出现 N4-23 的现象是由于第二次的扰动时刻处于试样的塑性变形-破坏阶段，此时动弹性模量变小，由此也可以看出，扰动的应力水平超出弹性阶段应力水平时，会使动弹性模量

表 3.6　动弹性模量统计表

层理角度/(°)	温度/℃	各级 $\Delta\sigma_d$/MPa (1级/2级/3级)	各级 $\Delta\varepsilon_{1d}$/% (1级/2级/3级)	各级 E_d/GPa (1级/2级/3级)
0	20	4.72/7.40/9.89	0.15/0.20/0.26	3.15/3.70/3.80
	30	2.66/4.17/5.71	0.10/0.14/0.17	2.66/2.98/3.36
	60	5.60/8.69/12.05	0.27/0.35/0.46	2.07/2.48/2.62
	80	2.97/4.46/6.53	0.12/0.18/0.26	2.48/2.48/2.51
45	20	2.44/4.23/6.08	0.05/0.08/0.11	4.88/5.29/5.53
	30	2.93/3.97/6.75	0.08/0.10/0.15	3.66/3.97/4.50
	60	3.94/6.95/8.64	0.18/0.28/0.34	2.19/2.48/2.54
	80	6.38/7.82	0.32/0.40	1.99/1.96
90	20	1.94/3.40/5.05	0.03/0.05/0.07	6.47/6.80/7.21
	30	3.11/3.88/5.08	0.09/0.11/0.13	3.46/3.53/3.91
	60	2.16/3.39/4.82	0.09/0.14/0.18	2.40/2.42/2.68
	80	4.10/6.98/8.47	0.20/0.27/0.35	2.05/2.59/2.42

减小,应变变大;90°泥岩除了 80℃时样品 N1-23 不同外,其余温度下动弹性模量均随动应变增加而增大,N1-23 样品第三次的扰动时刻处于试样的屈服破坏阶段,原因与 N4-23 相同。

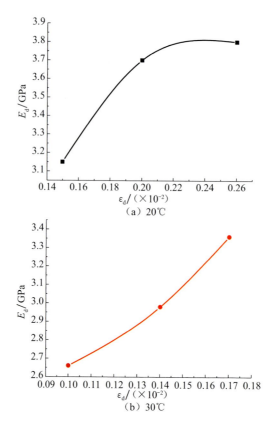

（a）20℃

（b）30℃

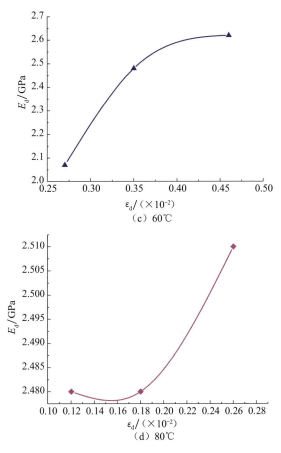

（c）60℃

（d）80℃

图 3.29　0°泥岩动弹性模量与动应变关系

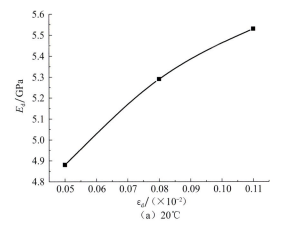

（a）20℃

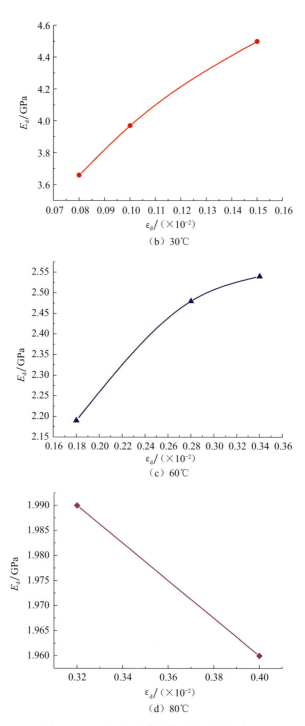

图 3.30 45°泥岩动弹性模量与动应变关系

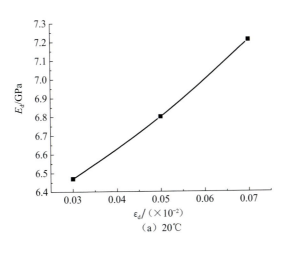

（a）20℃

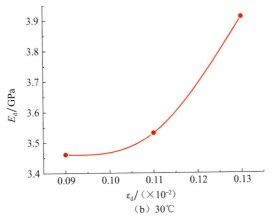

（b）30℃

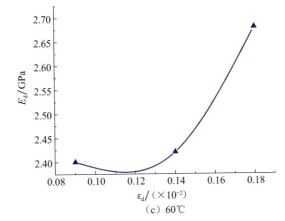

（c）60℃

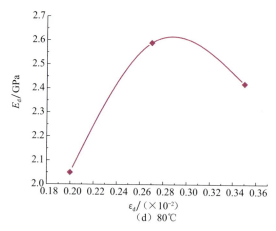

图 3.31　90°泥岩动弹性模量与动应变关系曲线

　　可见,当加卸载扰动应力水平处于压密阶段、弹性阶段时,卸载扰动会使泥岩的密实度增加,从而每次循环加载,都能使动弹性模量增加,进而使得整体曲线的平均切线弹性模量增加;若加卸载扰动应力水平超出弹性阶段,卸载扰动会使泥岩微裂纹扩展、新裂纹产生或汇集,导致不可逆塑性变形增加,则每次循环加卸载扰动后动弹性模量会降低,从而也使整体曲线的平均切线弹性模量减小。从表 3.6 还可以看出,动弹性模量的变化幅度受到扰动应力水平大小的影响,扰动应力水平越大,对其变化幅度影响越大。

　　5) 卸载扰动后峰值应变变化规律分析

　　不同温度下,三组层理角度泥岩的峰值应变统计见表 3.7。经历卸载扰动后,三组层理角度泥岩峰值应变随温度变化曲线如图 3.32 所示。

表 3.7　峰值应变变化

层理角度/(°)	温度/℃	循环前峰值应变/%	循环后峰值应变/%	变化幅度/%
0	20	0.5031	0.7472	48.52
	30	0.5547	0.6078	9.57
	60	0.6270	0.9255	47.61
	80	0.7865	0.8615	9.54
45	20	0.6890	0.4386	−36.34
	30	0.5979	0.4341	−27.40
	60	0.8442	0.8682	2.84
	80	0.8959	0.9337	4.22
90	20	0.4373	0.3680	−15.85
	30	0.4437	0.5262	18.59
	60	0.6434	0.7137	10.93
	80	0.8033	1.0035	24.92

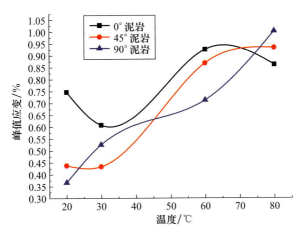

图 3.32　卸载扰动后泥岩峰值应变随温度变化曲线

可以看出,卸载扰动后,45°泥岩和 90°泥岩峰值应变随着温度的升高呈逐渐增大的趋势,0°泥岩虽然曲线有稍微波动,但总体趋势也是随着温度升高而增大;0°泥岩温度从 30℃升至 60℃时,峰值应变涨幅最大,为 52.27%,45°泥岩从 30℃升高到 80℃时,峰值应变最大增幅 115.09%,90°泥岩温度从 20℃升高到 80℃时,峰值应变增大 172.69%。因此经过卸载扰动后,峰值应变受温度影响较大,即峰值应变的温度效应显著。

为比较卸载扰动前后峰值应变的变化情况,三组层理角度泥岩不同温度下的峰值应变变化曲线如图 3.33 所示。除了个别的三个数据变化幅度小于零外,卸载扰动后的峰值应变较静载时的峰值应变变化幅度均大于零,说明卸载扰动后,峰值应变大都有不同程度的增大;温度不同时,不同层理角度泥岩的增幅变化曲线规律不同,这是由于卸载扰动时的动应力水平有差异造成的。

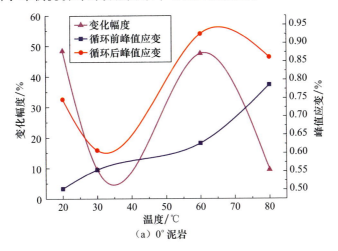

（a）0° 泥岩

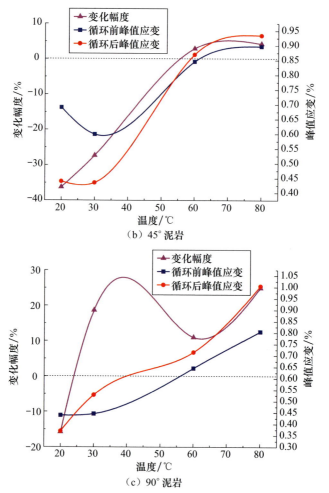

图 3.33 卸载扰动前后泥岩峰值应变变化曲线

6) 卸载扰动作用下热损伤特性分析

根据 3.2.2 节的热损伤分析,可以采用平均切线弹性模量在不同温度下的变化来衡量试样的热损伤。试样经历循环卸载扰动后的弹性模量及其热损伤值汇于表 3.8。

表 3.8　卸载扰动作用下泥岩弹性模量及其热损伤

温度/℃	0°泥岩		45°泥岩		90°泥岩	
	E/GPa	$D(T)$	E/GPa	$D(T)$	E/GPa	$D(T)$
20	3.37	0	3.20	0	4.56	0
30	3.38	−0.0030	3.27	−0.0219	3.34	0.2675
60	2.16	0.3591	1.94	0.3938	1.86	0.5921
80	2.10	0.3769	1.86	0.4188	1.55	0.6601

三组层理角度泥岩循环卸载扰动作用后,不同温度下热损伤曲线如图 3.34 所示。三个不同层理角度泥岩的热损伤曲线总体上呈不断增长趋势,曲线中出现了两个负值点,说明此时弹性模量没有损失,反而有所增强;说明随着温度的不断升高,总体上损伤值不断增大,力学性质在温度作用下均有所劣化,0°泥岩与 45°泥岩热损伤趋势较平缓,90°泥岩热损伤变化幅度较大。

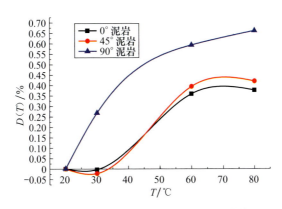

图 3.34　卸载扰动后泥岩弹性模量热损伤曲线

7) 循环荷载温度效应试验小结

通过对三组层理角度泥岩在 $T=20℃$、$30℃$、$60℃$、$80℃$ 时,分别进行循环加卸载扰动试验,得到以下几点结论:

(1) 扰动卸载时,卸载曲线不沿着原加载曲线的路径返回,每次循环加卸载会形成一个滞回环,卸载曲线低于加载曲线;滞回环在加卸载拐点处较尖,大致呈"尖叶状"。

(2) 滞回环的面积代表着耗散能量的大小,随着扰动应力水平的提高,滞回环的面积不断增大,耗散能量不断增大;并且滞回环在逐渐向轴向应变增大方向移动,说明在卸载扰动过程中,产生了一定的塑性损伤,塑性变形不断增大。

(3) 上一级应力水平扰动卸载完成后,重新加载时,加载曲线与上一级应力上限基本重合;在卸载后再次加载时,加载曲线相比首次加载曲线更为陡峭,斜率变大。

(4) 峰值强度总体上随着温度升高而下降,温度从 20℃升至 80℃时,0°泥岩峰值强度降幅为 26.96%,90°泥岩降幅为 25.95%,45°泥岩从 30℃升温到 80℃时峰值强度降低了 13.66%。

(5) 与静荷载时的峰值强度相比,循环加卸载扰动后的峰值强度大都有不同程度的增强,最大增强幅度为 90°泥岩在 20℃时,增幅达 40.02%,45°泥岩变化幅度较小。

（6）三组层理角度泥岩卸载扰动后的弹性模量随着温度的升高均呈不断下降的趋势，温度从 20℃升至 80℃时，0°泥岩降幅为 37.69％，45°泥岩为 41.86％，90°泥岩降幅最大，达到 66％，说明 90°泥岩弹性模量受温度影响最大。

（7）在不同温度下，相比静载荷时，三组层理角度泥岩经历循环扰动卸载后，弹性模量有不同程度的增加。

（8）当上限动应力水平处于弹性阶段范围内时，随着动应变的增加，动弹性模量均呈增长趋势，当其超出弹性阶段时，动弹性模量开始呈下降趋势。

（9）循环卸载扰动后，三组层理角度泥岩峰值应变随着温度的升高总体上呈逐渐增大的趋势。0°泥岩峰值应变最大增幅为 52.27％，45°泥岩最大增幅为 115.09％，90°泥岩最大增幅达 172.69％，峰值应变的温度效应显著。

（10）循环卸载扰动作用后，三组层理角度泥岩随着温度升高，热损伤总体上呈不断增长趋势。

3.3　高温吸附气体逸出效应

应用 3.1 节介绍的深部煤岩 $T\text{-}P$ 耦合试验系统，对古生代、中生代煤样开展吸附气体逸出效应研究。结果显示，温度和压力是吸附气体逸出的重要诱因[3~7]。

3.3.1　温度-吸附气体逸出效应

不同煤样在温度升高过程中吸附瓦斯解析特性研究表明（见图 3.35 和图 3.36），随着试验过程中温度的不断升高，吸附瓦斯逸出量也逐渐增大，而且，在 30℃左右时，吸附瓦斯出现逸出量急剧增加的现象。

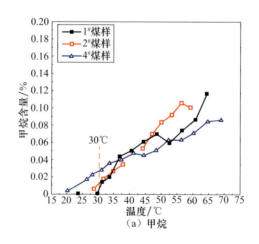

（a）甲烷

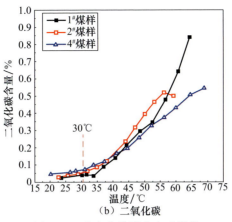

（b）二氧化碳

图 3.35　中生代鹤岗南山矿煤样

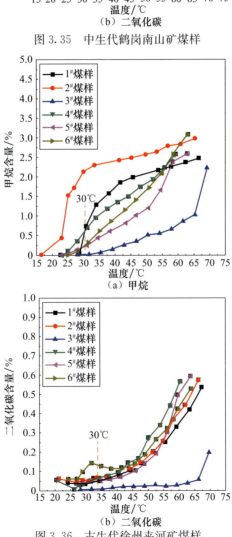

（a）甲烷

（b）二氧化碳

图 3.36　古生代徐州夹河矿煤样

图 3.37 为古生代和中生代煤样在不同温度下吸附气体逸出试验结果对比，不管是古生代还是中生代煤样，均有 30℃效应，即环境温度超过 30℃时，吸附气体逸出量急剧增加。

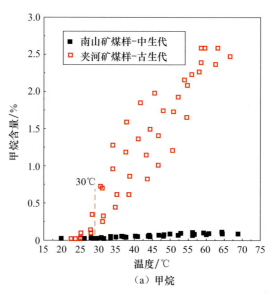

（a）甲烷

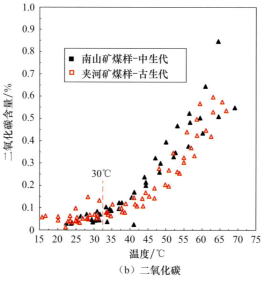

（b）二氧化碳

图 3.37　不同温度下吸附气体逸出试验结果对比

3.3.2　*T-P* 耦合吸附气体逸出效应

图 3.38～图 3.41 为 *T-P* 耦合下煤样吸附气体逸出试验结果，图 3.42 为试验

破坏前、后样品的 CT 重构结果。可以看出,温度是煤样吸附气体逸出的重要诱因,而煤岩体内是否存在大量连通裂隙是影响吸附气体运移的主要因素,压力改变了样品裂隙连通性进而影响试验结果。

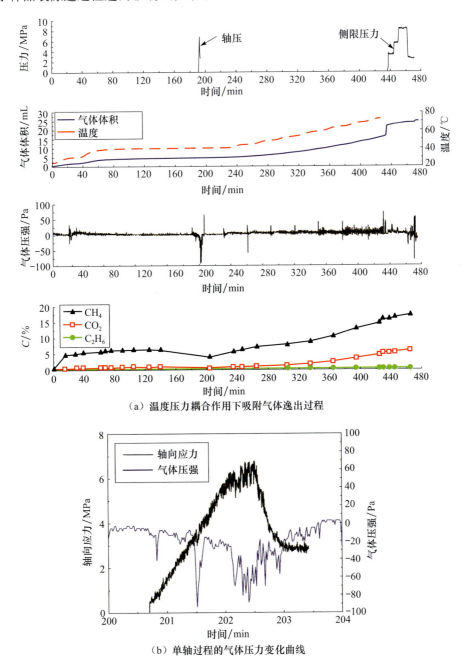

（a）温度压力耦合作用下吸附气体逸出过程

（b）单轴过程的气体压力变化曲线

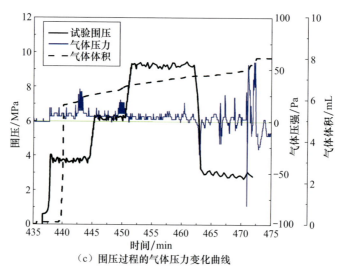

（c）围压过程的气体压力变化曲线

图 3.38　升温—恒温单轴破坏—围压过程煤样逸出气体压力与加载路径变化图

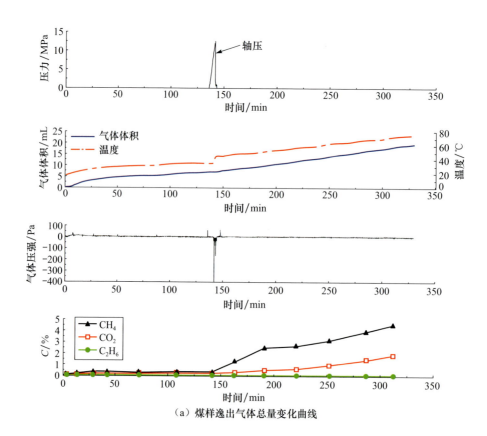

（a）煤样逸出气体总量变化曲线

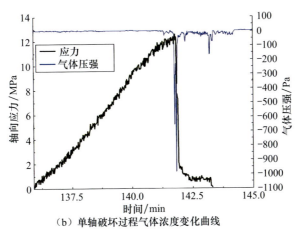

（b）单轴破坏过程气体浓度变化曲线

图 3.39　升温—单轴破坏—升温过程煤样逸出气体压力与加载路径变化图

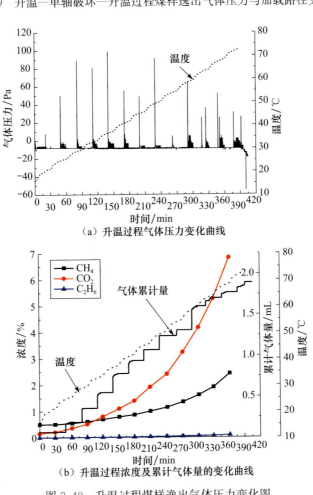

（a）升温过程气体压力变化曲线

（b）升温过程浓度及累计气体量的变化曲线

图 3.40　升温过程煤样逸出气体压力变化图

　　煤样中吸附气体的运移特性受温度和样品孔隙结构空间分布等因素影响,不同温度下各加载过程具体现象如下:

　　(1)煤样压缩破裂后出现短时间内逸出气体压力突降现象。煤体受载变形后新生裂隙增多,储气空间相应增大,导致孔隙内气体压力降低,同时引发外界气体向煤体倒流。通过增加围压挤压破裂煤体以改变其内部孔隙结构(见图3.41)。在新生裂隙孔隙闭合过程中,孔隙体积压缩,在气体压力梯度驱动下有大量游离气体会沿着主干裂隙逸出煤体。

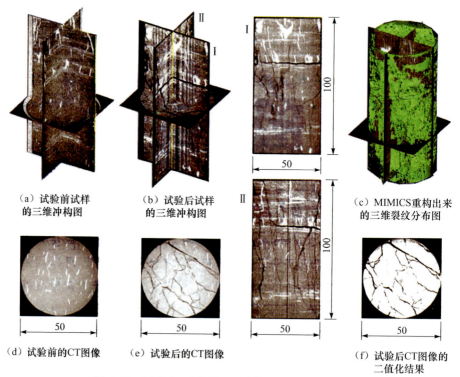

|(a)试验前试样的三维冲构图|(b)试验后试样的三维冲构图|(c)MIMICS重构出来的三维裂纹分布图|
|(d)试验前的CT图像|(e)试验后的CT图像|(f)试验后CT图像的二值化结果|

图3.41　试验前、后样品CT图像的重构(单位:mm)

　　(2)在围压加载过程中,出现压力突增现象。煤体受到静水压力的挤压,使其内部的裂纹和裂隙闭合,从而导致储气空间的减小,裂隙中存储的气体被突然排出来,形成较大的正的突增。

　　(3)温度变化速率是影响煤体中吸附气体解吸量主要因素之一。在煤体破裂过程中,温度上升较快时可引起煤基质表面解吸出更多的吸附气体,当解吸量超过回流气体量后,会出现煤体外部气体浓度持续升高现象。煤体释放吸附气体量受内部孔隙结构和温度因素制约。煤样破裂后大量连通裂隙为气体运移提供便利通道,在温度作用下,吸附气体解吸后造成裂隙内游离气体浓度升高,在浓度梯度驱动下向外界逸散。

参 考 文 献

［1］　何满潮,钱七虎,等.深部岩体力学基础.北京:科学出版社,2010.

［2］　Liu S,Xu J. Study on dynamic characteristics of marble under impact loading and high temperature. International Journal of Rock Mechanics and Mining Sciences,2013,62:51—58.

［3］　Ferrero A M,Marini P. Experimental studies on the mechanical behaviour of two thermal cracked marbles. Rock Mechanics and Rock Engineering,2001,34(1):57—66.

［4］　何满潮,王春光,李德建,等.单轴应力-温度作用下煤中吸附瓦斯解吸特征.岩石力学与工程学报,2010,29(5):865—872.

［5］　王春光.温度-压力耦合作用下深井煤样中吸附气体实验研究.北京:中国矿业大学(北京)博士学位论文,2011.

［6］　Wang C G,He M C,Zhang X H,et al. Temperature influence on macro-mechanics parameter of intact coal sample containing original gas from Baijiao Coal Mine in China. International Journal of Mining Science and Technology,2013,23(4):597—602.

［7］　张晓虎.深部含瓦斯煤吸附气体运移及失稳破坏的理论与实验研究.北京:中国矿业大学(北京)博士学位论文,2014.

第4章　热害控制冷负荷计算方法

深井热害控制中一个关键科学问题是冷负荷的计算,因为矿井中风流和围岩、涌水、机电设备以及人体之间存在着复杂的传热传质过程,使风流热力学状态随着地点的不同发生复杂的变化。同时,岩体中的温度场也在不断地变化着,井下的热交换过程具有不稳定性。本章讨论工作面各个热源的算法,在此基础上提出反分析冷负荷算法并编制计算程序。

4.1　深部围岩导热过程分析

矿井中存在着复杂的热交换、热扩散和热动力过程,使风流参数发生着复杂的变化。岩体中的温度场也在不断地变化着,也就是说,井下的热交换过程带有不稳定的特征。因而井下空气参数计算最可靠的关系式只有在解不稳定热交换微分方程的基础上方可获得。

掘进工作面围岩在巷道掘进之前,处于原始岩温状态。巷道一经开凿,必有风流掠过巷道壁面,二者将发生对流换热。当空气温度低于地温时,地热将从壁面传给风流,使与风流接触的壁面失去热量,温度降低。此时,壁面与其相邻的岩体间产生温差,在温差作用下,岩体内的热量以导热形式传向壁面,而后又以对流形式传给风流。如此进行下去,随着通风时间的增长,在巷道径向的围岩体内的温度分布将是靠近壁面温度低、远离壁面高,接近于原始岩温,这样就在巷道周围岩体内形成了一个调热圈[1~4],见图 4.1。

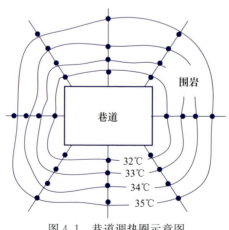

图 4.1　巷道调热圈示意图

傅里叶定律是导热的基本定律，它反映了热传导的基本规律，其物理含义表示在单位时间内所传导的热量与温度梯度和垂直于热流方向的截面积成正比，见式(4.1)。

$$q = -\lambda \frac{\partial t}{\partial n} \tag{4.1}$$

式中，q 为单位时间单位面积上的传热量，$J/(m^2 \cdot s)$；λ 为导热系数，$J/(m \cdot s \cdot \text{℃})$；$\frac{\partial t}{\partial n}$ 为温度梯度，$\text{℃}/m$；负号表示传热方向沿着温度降落的方向，即与温度梯度的方向相反。

4.1.1　热传导微分方程

傅里叶定律只确定了热流通量与温度梯度之间的关系，要想确定热流通量的大小，必须知道物体内的温度场。所以，假定物体是各向同性的连续介质，对于给定的物体，其热力学参数如热导率、比热容等均为已知，则根据热力学第一定律，运用能量守恒与转化的规律，对如图 4.2 所示的微元体热传导进行分析[5]。

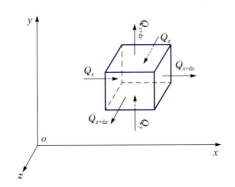

图 4.2　微元体导热

对于图 4.2 中的平行六面体微元，其体积 $dV = dxdydz$。根据能量守恒定律，从 x、y、z 三个方向传入微元体的热量与其内部热源产生的热量之和，应等于微元体传出的热量与内能增量之和，即

$$Q_x + Q_y + Q_z + Q_g = Q_{x+dx} + Q_{y+dy} + Q_{z+dz} + \frac{dU}{d\tau} \tag{4.2}$$

式中，Q_x、Q_y、Q_z 分别为单位时间轴向传入微元体的热量；Q_{x+dx}、Q_{y+dy}、Q_{z+dz} 为单位时间轴向导出微元体的热量；Q_g 为内部热源产生的热量；$\frac{dU}{d\tau}$ 为内能增量。

根据傅里叶定律，将式(4.2)各项展开，得

$$Q_x = -\lambda \frac{\partial t}{\partial x} dydz$$

$$Q_{x+\mathrm{d}x} = -\lambda\,\frac{\partial t}{\partial x}\mathrm{d}y\mathrm{d}z + \frac{\partial}{\partial x}\left(-\lambda\,\frac{\partial t}{\partial x}\right)\mathrm{d}x\mathrm{d}y\mathrm{d}z$$

$$Q_{y} = -\lambda\,\frac{\partial t}{\partial y}\mathrm{d}z\mathrm{d}x$$

$$Q_{y+\mathrm{d}y} = -\lambda\,\frac{\partial t}{\partial y}\mathrm{d}z\mathrm{d}x + \frac{\partial}{\partial y}\left(-\lambda\,\frac{\partial t}{\partial y}\right)\mathrm{d}y\mathrm{d}z\mathrm{d}x$$

$$Q_{z} = -\lambda\,\frac{\partial t}{\partial z}\mathrm{d}x\mathrm{d}y$$

$$Q_{z+\mathrm{d}z} = -\lambda\,\frac{\partial t}{\partial z}\mathrm{d}x\mathrm{d}y + \frac{\partial}{\partial z}\left(-\lambda\,\frac{\partial t}{\partial z}\right)\mathrm{d}z\mathrm{d}x\mathrm{d}y$$

$$Q_{\mathrm{g}} = q_{\mathrm{g}}\mathrm{d}x\mathrm{d}y\mathrm{d}z$$

$$\frac{\mathrm{d}U}{\mathrm{d}\tau} = \rho c\,\mathrm{d}x\mathrm{d}y\mathrm{d}z\left(\frac{\partial t}{\partial \tau}\right)$$

式中，q_{g} 为单位体积内部热源发出的热量；ρ 和 c 分别为物体的密度和比热容。

对以上各项整理可得

$$\frac{\partial}{\partial x}\left(\lambda\,\frac{\partial t}{\partial x}\right) + \frac{\partial}{\partial y}\left(\lambda\,\frac{\partial t}{\partial y}\right) + \frac{\partial}{\partial z}\left(\lambda\,\frac{\partial t}{\partial z}\right) + q_{\mathrm{g}} = \rho c\,\frac{\partial t}{\partial \tau} \tag{4.3}$$

对于给定的物体，λ 为常数，假设 $q_{\mathrm{g}}=0$，则式(4.3)可简化为

$$\frac{\partial^2 t}{\partial x^2} + \frac{\partial^2 t}{\partial y^2} + \frac{\partial^2 t}{\partial z^2} = \frac{1}{a}\,\frac{\partial t}{\partial \tau} \tag{4.4}$$

式中，a 为热扩散率，$a=\lambda/(c\rho)$，m^2/s。它反映了导热能力与蓄热能力之间的关系。

在分析研究巷道围岩导热时，常将巷道或掘进工作面视为轴对称的圆筒或圆球体，此时用圆柱坐标或球坐标解决问题更为方便。经过坐标变换可将式(4.3)转化为：

对圆柱坐标系，

$$a\left(\frac{\partial^2 t}{\partial r^2} + \frac{1}{r}\,\frac{\partial t}{\partial r} + \frac{1}{r^2}\,\frac{\partial^2 t}{\partial \varphi^2} + \frac{\partial^2 t}{\partial z^2}\right) = \frac{\partial t}{\partial \tau} \tag{4.5}$$

对球坐标系，

$$a\left[\frac{1}{r}\,\frac{\partial^2 (rt)}{\partial r^2} + \frac{1}{r^2\sin\theta}\,\frac{\partial t}{\partial \theta}\left(\sin\theta\,\frac{\partial t}{\partial \theta}\right) + \frac{1}{r^2\sin\theta}\,\frac{\partial^2 t}{\partial \varphi^2}\right] = \frac{\partial t}{\partial \tau} \tag{4.6}$$

4.1.2　对流传热微分方程

导热一般是在岩体内部进行的，围岩内部的热量传至岩壁后，将以对流的热传递方式与巷道风流发生热交换。设流体介质内部沿 x、y、z 轴方向的速度分量分别为 v_x、v_y、v_z，流体比热容为 c_{w}，流体密度为 ρ_{w}，则流体运动沿 x、y、z 轴方向单位面积上的对流热流分量为

$$\begin{cases} q_x = c_w \rho_w v_x t \\ q_y = c_w \rho_w v_y t \\ q_z = c_w \rho_w v_z t \end{cases} \tag{4.7}$$

则可得到在 $d\tau$ 时间内以对流方式导入和导出微元六面体各侧面的热量为各方向的热流密度乘以相应的侧面积和时间,即

$$\begin{cases} Q_x = c_w \rho_w v_x t\, dydzd\tau \\ Q_y = c_w \rho_w v_y t\, dxdzd\tau \\ Q_z = c_w \rho_w v_z t\, dxdyd\tau \end{cases} \tag{4.8}$$

$$\begin{cases} Q_{x+dx} = c_w \rho_w \left(v_x + \dfrac{\partial v_x}{\partial x}dx \right)\left(t\dfrac{\partial t}{\partial x}dx \right) dydzd\tau \\[2mm] Q_{y+dy} = c_w \rho_w \left(v_y + \dfrac{\partial v_y}{\partial y}dy \right)\left(t\dfrac{\partial t}{\partial y}dy \right) dxdzd\tau \\[2mm] Q_{z+dz} = c_w \rho_w \left(v_z + \dfrac{\partial v_z}{\partial z}dz \right)\left(t\dfrac{\partial t}{\partial z}dz \right) dxdyd\tau \end{cases} \tag{4.9}$$

4.1.3　辐射传热微分方程

进入深部开采后,高温围岩体向空气的辐射传热在总热量交换中逐渐占有不可忽略的比例。热辐射是指在自然界中,高于绝对零度的物体向空间发射电磁波的现象,热辐射的电磁波是物体内部微观粒子的热运动状态改变时激发出来的。物体在向外发射热辐射的同时也不断地吸收其他物体发出的热辐射,辐射与吸收过程的综合结果就是造成了以辐射方式进行的物体之间的热量传递——辐射换热。

相关研究表明,物体的辐射能力与温度有关。一切实际物体的辐射热流量的计算都可以采用斯特藩-玻尔兹曼定律的经验修正公式来计算:

$$Q = \varepsilon F \sigma_0 T^4 \tag{4.10}$$

式中,Q 为物体单位时间内发出的热辐射热量,J/s;ε 为物体的黑度(又称发射率),其值小于 1,与物体的种类及表面状态有关;F 为物体表面积,m²;σ_0 为黑体辐射常数,其值为 $5.67 \times 10^8\,\mathrm{W/(m^2 \cdot K^4)}$;$T$ 为物体的绝对温度,$T = 273 + t$,K;t 为物体的摄氏温度,℃。

对于热传导微元体,设其内部沿 x、y、z 轴方向的热辐射黑度分别为 ε_x、ε_y、ε_z,则沿 x、y、z 轴方向单位面积上的辐射热流分量为

$$\begin{cases} q_x = \varepsilon_x \sigma_0 (273 + t)^4 \\ q_y = \varepsilon_y \sigma_0 (273 + t)^4 \\ q_z = \varepsilon_z \sigma_0 (273 + t)^4 \end{cases} \tag{4.11}$$

同理,在 $d\tau$ 时间内以辐射方式导入和导出微元六面体各侧面的热量为各方向

的热流密度乘以相应的侧面积和时间,即

$$
\begin{cases}
Q_x = \varepsilon_x \sigma_0 (273 + t)^4 \mathrm{d}y\mathrm{d}z\mathrm{d}\tau \\
Q_y = \varepsilon_y \sigma_0 (273 + t)^4 \mathrm{d}x\mathrm{d}z\mathrm{d}\tau \\
Q_z = \varepsilon_z \sigma_0 (273 + t)^4 \mathrm{d}x\mathrm{d}y\mathrm{d}\tau
\end{cases}
\tag{4.12}
$$

$$
\begin{cases}
Q_{x+\mathrm{d}x} = \varepsilon_x \sigma_0 \left(273 + t + \dfrac{\partial t}{\partial x}\mathrm{d}x\right)^4 \mathrm{d}y\mathrm{d}z\mathrm{d}\tau \\
Q_{y+\mathrm{d}y} = \varepsilon_y \sigma_0 \left(273 + t + \dfrac{\partial t}{\partial y}\mathrm{d}y\right)^4 \mathrm{d}x\mathrm{d}z\mathrm{d}\tau \\
Q_{z+\mathrm{d}z} = \varepsilon_z \sigma_0 \left(273 + t + \dfrac{\partial t}{\partial z}\mathrm{d}z\right)^4 \mathrm{d}x\mathrm{d}y\mathrm{d}\tau
\end{cases}
\tag{4.13}
$$

整理式(4.12)和式(4.13),得出考虑热辐射的深部围岩热传导微分方程,即

$$
\rho c \frac{\partial t}{\partial \tau} = \lambda \left(\frac{\partial^2 t}{\partial x^2} + \frac{\partial^2 t}{\partial y^2} + \frac{\partial^2 t}{\partial z^2} \right) - \rho_w c_w \left(v_x \frac{\partial t}{\partial x} + v_y \frac{\partial t}{\partial y} + v_z \frac{\partial t}{\partial z} \right)
$$
$$
- 4\sigma_0 (273 + t)^3 \left(\varepsilon_x \frac{\partial t}{\partial x} + \varepsilon_y \frac{\partial t}{\partial y} + \varepsilon_z \frac{\partial t}{\partial z} \right)
\tag{4.14}
$$

4.2　矿井降温冷负荷传统算法

目前,深井降温工作面冷负荷的算法主要是对井下各种热源分别计算并进行汇总的直接算法,又称为经典算法。

矿内空气温度、湿度、风速和热辐射是矿内微气候条件的四要素。其中,最重要的参数是温度。地面空气进入井下后,由于受到井下各种热源的影响,空气温度发生了很大的变化。一般来说,对于井深为 $-1000\mathrm{m}$ 的矿井,造成空气温升的热源 50% 来源于井下围岩的放热,25% 来源于氧化放热,机械设备散热及其他热源占 25%。正算法通过对矿井各类热源进行讨论分析,确定各类热源的散热量,并以此作为确定矿井工作面冷、热负荷的依据,计算正确与否对矿井空调设备选择及其运行效果影响很大。为便于分析,将矿井内热源分为两种基本类型:相对热源和绝对热源。相对热源是指其放热量(或吸热量)受温度影响较大的热源,如围岩、水管等;绝对热源是指放热或吸热受风流温度影响较小或无关的热源,例如,风流的自压缩或膨胀,机电设备的运转,煤及其他氧化物质的氧化以及人体散热等。

现对矿井工作面的各类热源进行统计分析,并逐一介绍其散热量的计算方法。

4.2.1　围岩散热

围岩原始温度是指井巷周围未被通风冷却的原始岩层温度。在许多深矿井中,围岩原始温度高,往往是造成矿井高温的主要原因。围岩散热属于相对热源。

1) 围岩原始温度的测算

由于在地表大气和大地热流场的共同作用下,岩层原始温度在沿垂直方向上大致可划分为三个层带。在地表浅部由于受地表大气的影响,岩层原始温度随地表大气温度的变化而呈周期性地变化,这一层带称为变温带。随着深度的增加,岩层原始温度受地表大气的影响逐渐减弱,而受大地热流场的影响逐渐增强,当到达某一深度处时,二者趋于平衡,岩温常年基本保持不变,这一层带称为恒温带,恒温带的温度约比当地年平均气温高 1~2℃。在恒温带以下,由于受大地热流场的影响,在一定的区域范围内,岩层原始温度随深度的增加而增加,大致呈线性变化的规律,这一层带称为增温带。在增温带内,岩层原始温度随深度的变化规律可用地温率或地温梯度来表示。地温率是指恒温带以下岩层温度每增加 1℃ 所增加的垂直深度,即

$$g_r = \frac{z - z_0}{t_r - t_{r0}} \qquad (4.15)$$

地温梯度是指恒温带以下,垂直深度每增加 100m 时,原始岩温的升高值,它与地温率之间的关系为

$$G_r = \frac{100}{g_r} \qquad (4.16)$$

式中,g_r 为地温率,m/℃;G_r 为地温梯度,℃/100m;z_0 和 z 为恒温带深度和岩层温度测算处的深度,m;t_{r0} 和 t_r 为恒温带温度和岩层原始温度,℃。

若已知 g_r 或 G_r 及 z_0、t_{r0},则对式(4.15)和式(4.16)进行变形,即可计算出深度为 Z 的原岩温度 t_r。表 4.1 列出的我国部分矿区恒温带参数和地温率数值,仅供参考。

表 4.1　我国部分矿区恒温带参数和地温率数值

矿区名称	恒温带深度/m	恒温带温度/℃	地温率/(m/℃)
江苏徐州	25	16~17	34
辽宁抚顺	25~30	10.5	30
山东枣庄	40	17.0	45
河南平顶山	25	17.2	21~31
安徽淮南	25	16.8	33.7

2) 围岩与风流间传热量

围岩与井下风流的热交换是一个复杂的不稳定换热过程。在采掘过程中,当岩体新暴露出来时,新露面的围岩以很快的速率向空气传递热量,随着岩壁逐渐被风流冷却,岩壁内空气的传热就逐渐减少,最后岩壁的温度趋近于空气的温度。

由于巷道壁内的热流动不是很稳定的,岩体内部温度场的分布和空气的温度

也在不断变化。岩石的热物理性质参数又受到许多因素的影响,加之不规则的巷道形状,空气与围岩交界面的复杂性,以及在围岩与井下风流的热交换过程中伴随产生的质交换。因此,要精确地计算出围岩传递给井下空气的热量是不可能的。只能做出一些简化的假设条件后,进行近似的计算。

围岩传递给井下空气的热量可按式(4.16)计算:

$$Q_n = K_\tau UL(t_n - t_f) \tag{4.17}$$

式中,Q_n 为围岩传递给井下空气的热量,W;K_τ 为围岩与风流的不稳定换热系数,W/(m²·℃),它表示巷道围岩与空气之间温差为1℃时,单位时间内从 1m² 巷道壁面上向空气放出的热量;U 为巷道周长,m;L 为巷道长度,m;t_n 为巷道始末两端平均原始岩温,℃;t_f 为流经巷道始末端平均气温,℃。

4.2.2 热水的散热

热水散热属于绝对热源。井下热水放热主要取决于水温、水量和排水方式。当采用有盖水沟或管道排水时,其传热量可按式(4.18)计算:

$$Q_w = K_w S(t_w - t) \tag{4.18}$$

式中,Q_w 为热水传热量,kW;K_w 为水沟盖板或管道的传热系数,kW/(m²·℃);S 为水与空气间的传热面积(水沟排水:$S = B_w L$,m²;管道排水:$S = \pi D_2 L$,m²);B_w 为水沟宽度,m;D_2 为管道外径,m;L 为水沟长度,m;t_w 为水沟或管道中水的平均温度,℃;t 为巷道中风流的平均温度,℃。

水沟盖板的传热系数可按式(4.19)确定:

$$K_w = \cfrac{1}{\cfrac{1}{\alpha_1} + \cfrac{\delta}{\lambda} + \cfrac{1}{\alpha_2}} \tag{4.19}$$

管道传热系数可按式(4.20)确定:

$$K_w = \cfrac{1}{\cfrac{d_2}{\alpha_1 d_1} + \cfrac{d_2}{2\lambda}\ln\cfrac{d_2}{d_1} + \cfrac{1}{\alpha_2}} \tag{4.20}$$

式中,α_1 为水与水沟盖板或管道内壁的对流换热系数,kW/(m²·℃);α_2 为水沟盖板或管道外壁与巷道空气的对流换热系数,kW/(m²·℃);δ 为盖板厚度,m;λ 为盖板或管壁材料的导热系数,kW/(m·℃);d_1 为管道内径,m;d_2 为管道外径,m。

根据热力学的原理,如果知道了井下涌水的水量、水温以及它在离开某一段巷段的水温,则可以很容易地计算出它在该巷段里所散发的热量来,即

$$Q_w = m_w c(t_{w1} - t_{w2}) \tag{4.21}$$

式中,Q_w 为涌水所散发的热量值,W;m_w 为涌水量,kg/s;c 为水的比热容,$c = 4.187$kJ/(kg·℃);t_{w1} 为涌出水出口水温,℃;t_{w2} 为离开所计算巷段时的水温,℃。

　　为计算简便起见,一般建议采用式(4.21)计算井下热水的散热量。

　　一般情况下,涌出水的水量是比较稳定的,在岩溶地区,涌水的温度一般同该地初始岩温相差不大。例如,在广西壮族自治区合山里兰煤矿,其顶、底板均为石灰岩,煤层顶板的涌水量较当地初始岩温低 $1\sim2$℃;底板涌水温度较当地初始岩温高 $1\sim2$℃。如果涌水来自或流经地质异常地带,水温可能更高,甚至可达 $80\sim90$℃。

4.2.3　氧化放热

　　矿石、煤炭或坑木都能氧化放热,使矿井温度升高,其中以煤的氧化发热量最为显著。因此,矿井巷道中氧化散热量的大小主要取决于巷道的岩性。据苏联学者得到的研究结果表明[1,4],煤氧化过程的散热量取决于:风流与煤的接触面积、散状煤块的粒度和堆积状态、煤的含湿量。有些矿井氧化放热是引起矿井气温升高的主要原因,对于各种巷道、煤、煤层、坑木氧化的总放热量,可按式(4.22)计算:

$$Q_0 = q_0 F V^{0.8} \qquad\qquad (4.22)$$

式中,Q_0 为氧化放热,W;V 为巷道中的风速,m/s;q_0 为在 $1\,m^2$ 的巷道壁面上,单位时间内的氧化散热量,W/m^2;F 为巷道和空气接触的壁面面积,m^2。

　　现将壁面氧化散热量数据列于表 4.2。

表 4.2　壁面氧化散热量

地点	散热量/(W/m²)
裸体岩巷和砌碹、锚喷支护巷道	$3.489\sim5.234$
采准巷道	7.560
采煤工作面	$15.119\sim17.445$

　　煤尘与散状煤块同新暴露的煤层一样容易被氧化,煤层中的裂隙和裂缝会大大增加煤炭的氧化面积,煤在氧化过程中经常伴有水分的蒸发。在新掘出的煤巷里,出现潮湿的情况就是煤经历氧化的标志。对于开采瓦斯煤层,当煤氧化放热时,煤层中的吸附瓦斯吸热,因此氧化过程的放热量比无瓦斯煤层要减少 50%。

4.2.4　压缩放热

　　空气的自压缩并不是热源,因为在重力场作用下,空气绝热地沿井巷向下流动时,其温升是位能转化为焓的结果,而不是由外部热源输入热流造成的。但对深矿井来说,自压缩引起风流的温升在矿井的通风与空调中所占的比重很大,所以一般将它归在热源中进行讨论。

　　当可压缩的气体(空气)沿着井巷向下流动时,其压力与温度都要有所上升,这样的过程称为自压缩过程；在自压缩过程中，如果气体同外界不发生换热、换湿，而且气体流速也没有发生变化，此过程称为绝热自压缩过程。根据能量守恒定律，风流在纯自压缩过程中的焓增与风流前后状态的高度差成正比，即

$$i_2 - i_1 = g(z_2 - z_1)$$

式中，i_2 和 i_1 分别为风流在始点和终点的焓值，J/kg；z_2 和 z_1 分别为风流在始点和终点状态下的标高，m；g 为重力加速度，m/s^2。

所以空气自压缩放热量可表示为

$$Q_z = Gg(z_2 - z_1) \tag{4.23}$$

式中，Q_z 为空气自压缩放热量，W；G 为风流质量，kg/s；z_2 和 z_1 为风流从 1 点到 2 点的位置坐标，m；g 为重力加速度，m/s^2。

4.2.5　机电设备散热

在现代矿井中，由于机械化水平不断提高，尤其是采掘工作面的装机容量急剧增大，机电设备放热已成为这些矿井中不容忽视的主要热源。

1）采掘设备放热

采掘设备运转所消耗的电能最终都将转化为热能，其中大部分将被采掘工作面风流所吸收。风流所吸收的热能中小部分能引起风流的温升，其中大部分转化成汽化潜热引起焓增。采掘设备运转放热一般可按式（4.24）计算：

$$Q_c = \psi N \tag{4.24}$$

式中，Q_c 为风流所吸收的热量，kW；ψ 为采掘设备运转放热中风流的吸热比例系数，ψ 值可通过实测统计来确定；N 为采掘设备实耗功率，kW。

2）其他电动设备放热

电动设备放热量一般可按式（4.25）计算：

$$Q_e = (1 - \eta_t)\eta_m N \tag{4.25}$$

式中，Q_e 为电动设备放热量，kW；N 为电动机的额定功率，kW；η_t 为提升设备的机械效率，非提升设备或下放物料 $\eta_t = 0$；η_m 为电动机的综合效率，包括负荷率、每日运转时间和电动机效率等因素。

不论何种机电设备，其散给空气的热量一般可按式（4.26）进行计算：

$$Q_e = \sum_{i=1}^{n} 0.1N \tag{4.26}$$

式中，Q_e 为机电设备散热，kW；N 为机电设备的功率，kW；n 为机电设备数量。

为简便起见，采用式（4.26）计算机电设备散热量。

4.2.6　采落矿岩的冷却散热量

采落矿岩在工作面的散热量可用式（4.27）计算：

$$Q_l = 37.2T \tag{4.27}$$

式中，Q_l 为采落矿岩在工作面的散热量，W；T 为工作面昼夜采煤量。

4.2.7 采落矿岩在运输过程中的散热

由于输送机上煤炭的散热量最大，致使其周围风流的温度上升，风流与围岩间的温差减少，因而抑制了围岩的部分散热。此外，由于输送机的胶带及框架的蓄热作用，风流的增热量往往少于输送机上煤炭及矸石的散热量。实测表明，在高度机械化的矿井中，在运输期间，风流的平均增热量约为运输中煤炭及矸石的散热量的 $60\% \sim 80\%$。而煤炭及矸石的散热量可用下式进行计算：

$$Q_K = m_K c_K \Delta t_K \tag{4.28}$$

式中，Q_K 为采落矿岩在运输过程中的散热量，kW；m_K 为运输中煤炭及矸石的量，kg/s；c_K 为运输中煤炭及矸石的平均比热容，在一般情况下，$c_K \approx 1.25$ kJ/(kg·℃)；Δt_K 为运输中煤炭及矸石在所考察的巷段里被冷却的温度值，℃，这个数值是很难进行测量的，在大运输量的情况下，一般可用式(4.29)近似计算：

$$\Delta t_K \approx 0.0024L^{0.8}(t_K - t_{fm}) \tag{4.29}$$

式中，L 为运输巷段的长度，m；t_K 为运输中煤炭及矸石在所考察巷段始端的平均温度，℃；t_{fm} 为所考察巷段里风流的平均湿球温度，℃；t_K 的数值一般是不知道的，在计算时其值可取较该采面的初始岩温低 $4 \sim 8$℃。

4.2.8 人体散热

井下工作人员的放热量主要取决于他们所从事工作的繁重程度和持续时间，一般人员的能量代谢产热量为：休息时，$80 \sim 115$W；轻度体力劳动时，200W；中等体力劳动时，275W；繁重体力劳动时，470W。按繁重体力劳动条件计算，则

$$Q_R = 470n \tag{4.30}$$

式中，Q_R 为工作面人体的放热量，W；n 为工作面作业人数。

4.3 矿井降温冷负荷计算反分析法

矿井中存在着复杂的热交换、扩散和热对流过程，使风流参数发生着复杂的变化。岩体中的温度场也在不断地变化着，井下的热交换过程具有不稳定性。运用工作面冷负荷经典算法，不能确定工作面的风流状态参数，而在实际工程中，工作面的进风状态又直接决定着工作面的降温效果。针对经典算法中存在的问题，笔者提出了工作面冷负荷反分析计算法，本节详细讲述工作面冷负荷计算反分析法公式的推导及其参数确定过程，并进一步完善反分析法计算公式。

4.3.1 反分析算法原理

人工制冷法对矿井热害实施降温,实际上属于矿井空调的范畴。矿井空调是热力工程中的一个新分支,需要运用热力学和传热学的理论进行基本问题的解决。在矿井通风和矿井空调中,对空气的加热或冷却,均在常压下(视为定压)进行,所以空气吸收或放出的热量,可用过程始末状态的焓差进行计算。焓是由内能、相对压力和比容构成的函数,即

$$i = u + pv \tag{4.31}$$

式中,i 为空气的焓,J/kg;u 为空气内能,J/kg;p 为空气相对压力,Pa;v 为空气比容,m³/kg。

表征焓的函数常以温度和压力为独立变量,即

$$i = f(Tp) \tag{4.32}$$

其全微分方程为

$$di = \left(\frac{\partial i}{\partial T}\right)_p dT + \left(\frac{\partial i}{\partial p}\right)_T dp,$$

根据比热容定义,在定压条件下,可以得出

$$di = C_p dT \tag{4.33}$$

式(4.33)表明,在定压加热或冷却过程中,气体焓的增量等于比定压热容与温度增值之积。深部开采工作面热荷载反分析算法正是基于以上原理提出的。

4.3.2 反分析算法的推导思路

对于给定的开采工作面,实施降温系统之前的工作面通风量及巷道内空气的状态参数基本是已知或可测的,如图 4.3 所示,工作面进风温度(始端温度)T_A、工作面上角点温度 T_B、工作面下角点温度(末端温度)T_C、各测点之间的距离以及空

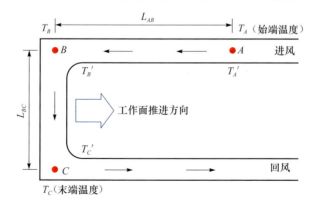

图 4.3 工作面热荷载反分析法计算模型

气相对湿度等都是可测的,这就形成了采取降温措施前的一套参数系统,称作参数系统-Ⅰ。而采取降温措施后工作面的部分热环境参数预先可以给定,也就是要确定工作面的降温控制指标,如降温后工作面末端温度 T'_c 等指标,称为参数系统-Ⅱ,然后根据参数系统-Ⅰ逐步反算出参数系统-Ⅱ中相应的状态参数,最后根据降温前、后工作面空气的焓差来计算工作面在该温度范围内的热荷载[6,7]。

具体思路如下[6,7]:

(1) 根据以上工作面热荷载反分析法计算模型,由实测参数即参数系统-Ⅰ中的 A、B、C 三点的风流条件,确定其温升关系、湿度变化关系。

(2) 再根据风流温度预测公式,由参数系统-Ⅰ中的 A 点进风温度 T_A 计算在未降温的情况下到达工作面 B、C 点时的温度,形成三个温度参数 T_0、T_1、T_2,分别表示 A、B、C 三点的风温公式预测温度。

(3) 由于预先实测的工作面及巷道温度要比降温后的空气温度高,围岩与空气的热交换系数及散热量的计算值与降温时的实际值有所不同,随着温差的增大,围岩对空气的散热量也将随之变大,因此对温升率进行修正。

(4) 假定湿度变化率在降温前后保持一致。

(5) 由降温控制指标 C 点的风流参数即参数系统-Ⅱ,根据温升变化和湿度变化率反算出 A 点进风的风流参数,形成参数系统-Ⅱ中 A、C 点的风流参数。

(6) 由参数系统-Ⅱ中 A、C 点的风流参数,确定两点的焓值,进而初步确定工作面冷负荷 Q。

(7) 考虑管道沿途的冷量损失,取安全系数为 $1.15\sim1.3$,确定深井降温工作面冷负荷的需求值。

4.3.3　反分析算法的公式推导及其参数确定

1. 风流温度温升率计算

对于生产矿井可根据工作面降温前各点 A、B、C 的实测温度,计算出工作面巷道中风流温度的每米温升率 g_t,即

$$g_{tAB} = \frac{T_B - T_A}{L_{AB}} \times 1000 \qquad (4.34)$$

$$g_{tBC} = \frac{T_C - T_B}{L_{BC}} \times 100 \qquad (4.35)$$

式中,g_{tAB} 为进风巷风流温升率,℃/km;g_{tBC} 为工作面风流温升率,℃/hm(1hm=100m);T_A 为降温前巷道进风温度,℃;T_B 为降温前工作面上角点温度,℃;T_C 为降温前工作面下角点温度,℃;L_{AB} 为控制点 A、B 间距离,m;L_{BC} 为控制点 B、C 间距离,m。

2. 风流湿度变化率计算

假定工作面降温前后各段巷道内风流湿度变化保持一致,根据工作面降温前各点湿度的实测值,确定工作面巷道中风流温度的每米湿度变化率 g_{φ}^{j},即

$$g_{\varphi AB} = \frac{\varphi_B - \varphi_A}{L_{AB}} \times 1000 \tag{4.36}$$

$$g_{\varphi BC} = \frac{\varphi_C - \varphi_B}{L_{BC}} \times 100 \tag{4.37}$$

式中,$g_{\varphi AB}$ 为上顺槽风流湿度变化率,%/km;$g_{\varphi BC}$ 为工作面风流湿度变化率,%/km;φ_A 为降温前巷道进风湿度,%;φ_B 为降温前工作面上角点湿度,%;φ_C 为降温前工作面下角点湿度,%;L_{AB} 为控制点 A、B 间距离,m;L_{BC} 为控制点 B、C 间距离,m。

基于煤矿井下湿度偏大(80%~100%),且常年变化也不大的事实,一般以如下经验值作为计算值:

(1)井底车场的空气湿度为 80%~95%,当井筒内淋水时较大,空气温升不大时,$\varphi \approx 100\%$。

(2)开拓大巷中无淋水时,φ 为 80%~90%。

(3)采区巷道和回采工作面,φ 为 90%~100%。

(4)风筒内 φ 为 80%~85%。

(5)采区回风侧和矿井回风侧的空气湿度均达 100%。

预测实践中证明,经验值具有一定的可靠性,为风温预测提供了方便。根据矿井生产的特点,在无特殊的要求下,对矿井大范围地进行空气湿度调节和控制,既不现实也无必要。

3. 温升率的修正

风温预测公式的推导过程中,假定风流随通风距离的增长,温升成线性增加,而实际过程是随通风距离的增长,由于围岩与风流之间的温差减小,围岩传给风流的热量逐渐减小,风流温升增幅也随之减小。

通过实际测量的工作面温度,得到的实测工作面温升,由于采用比较简单的计算模型,如图 4.1 所示,与实际过程相比有大的差异,同时实测的工作面及巷道温度与根据风温公式计算的温度相比较,又存在如下问题,即在风温计算中,诸多因素如巷道断面尺寸、初始风温、风流密度等不能全面地考虑进去,存在误差。

在此考虑用实测的温升率对风温公式计算的温升率进行修正,以此来综合两方面引起的缺憾,具体修正过程如下所述。

(1)可以算得在未降温的前提下,由 A 点进风风温根据风温预测公式可以计

算得到 B、C 两点的温度 T_b、T_c，确定温升率 g_{tab} 及 g_{tbc}：

$$g_{tab} = \frac{T_b - T_a}{L_{AB}} \times 1000 \tag{4.38}$$

$$g_{tbc} = \frac{T_c - T_b}{L_{BC}} \times 100 \tag{4.39}$$

（2）分别比较 g_{tab} 与 g_{tAB}、g_{tbc} 与 g_{tBC}，可求得温升率修正系数：

$$\beta_1 = \frac{g_{tab}}{g_{tAB}} \tag{4.40}$$

$$\beta_2 = \frac{g_{tbc}}{g_{tBC}} \tag{4.41}$$

1）工作面供风温度计算

根据温升率及工作面末端降温控制目标温度 T_C'（已知），逐步算出风流经过轨道巷和工作面任意点的温度，即

工作面 BC 段：

$$T_X' = T_C' - \frac{g_{tBC}}{100} L_{XC}$$

轨道巷 AB 段：

$$T_X' = T_C' - \frac{g_{tBC}}{100} L_{BC} - \frac{g_{tXB}}{1000} L_{XB}$$

始端温度（供风温度）T_A'，即

$$T_A' = T_C' - \frac{g_{tBC}}{100} L_{BC} - \frac{g_{tAB}}{1000} L_{AB} \tag{4.42}$$

也就是，

$$T_A' = T_C' - (T_C - T_B) - (T_B - T_A) = T_C' - (T_C - T_A) \tag{4.43}$$

式中，T_A' 为供冷风温度（降温系统出风温度），℃；T_X' 为轨道巷、工作面任意一点的温度，℃；T_C' 为工作面下角点 C 的目标控制温度，℃。

考虑温升率的修正，由 C 点的控制温度逐步算出风流经过轨道巷和工作面任意点的温度，即

工作面 BC 段：

$$T_X' = T_C' - \beta_2 \frac{g_{tBC}}{100} L_{XC}$$

轨道巷 AB 段：

$$T_X' = T_C' - \beta_2 \frac{g_{tBC}}{100} L_{BC} - \beta_1 \frac{g_{tXB}}{1000} L_{XB}$$

反算出 A 点的进风风温为

$$T_A' = T_C' - \beta_2 \frac{g_{tBC}}{100} L_{BC} - \beta_1 \frac{g_{tAB}}{1000} L_{AB} \tag{4.44}$$

即

$$T'_A = T'_C - \beta_2(T_C - T_B) - \beta_1(T_B - T_A) \tag{4.45}$$

式中，T'_A 为供冷风温度（降温系统出风温度），℃；T'_C 为工作面下角点 C 的降温目标控制温度，℃；T_A 为降温前工作面 A 点的实测风温，℃；T_B 为降温前工作面 B 点的实测风温，℃；T_C 为降温前工作面 C 点的实测风温，℃；β_1、β_2 为轨道巷段、工作面段的温升率修正系数。

2）工作面供风湿度计算

$$\varphi'_B = \varphi'_C - g_{\varphi BC} L_{BC} \tag{4.46a}$$

$$\varphi'_A = \varphi'_B - g_{\varphi AB} L_{AB} \tag{4.46b}$$

综合式（4.46a）和式（4.46b），得

$$\varphi'_A = \varphi'_C - g_{\varphi BC} L_{BC} - g_{\varphi AB} L_{AB} \tag{4.47}$$

式中，φ'_A 为供冷风湿度（降温系统出风湿度），即工作面的降温进风湿度，%；φ'_B 为降温后工作面上角点湿度，%；φ'_C 为降温后工作面下角点湿度，%。

4.3.4　工作面热荷载反分析计算

在矿井通风和矿井空调中，对空气的加热和冷却均在常压下进行，视为定压条件，所以空气吸收或放出的热量，可用空气状态过程始、末态的焓差进行计算。故工作面的冷负荷可由式（4.48）计算，即

$$Q = G(i'_C - i'_A) \tag{4.48}$$

式中，G 为风流的质量流速，kg/s；i'_A 和 i'_C 为降温工作面进风时和到达控制点时的焓值，i'_C 和 i'_A 分别由 T'_C、φ'_C（C 点的控制温度湿度）和 T'_A、φ'_A（A 点的降温需求的温度湿度）的焓值方程计算得到。

矿井空气的焓等于空气的焓与水蒸气的焓之和，以 1kg 干空气为计算基础，即

$$i = i_d + 0.001di_v$$

式中，i_d 为干空气的焓，$i_d = C_p \Delta t = C_p(t - 0) = C_p t$，kJ/kg；$i_v$ 为水蒸气的焓，它包括水变成水蒸气（相变）的潜热和水蒸气升温为空气温度 t 下的显热两部分，即 $i_v = \gamma_v + C'_p t$，得出矿井空气的焓：

$$i = C_p t + 0.001d(\gamma_v + C'_p)$$

由于 C'_p 相对 γ 很小，一般工程计算中可忽略，故有焓值方程：

$$i = C_p t + 0.001d\gamma_v \tag{4.49}$$

式中，t 为空气温度；C_p 为干空气的平均比定压热容，在空调范围内比热值可视为定值，$C_p = 1005 J/(kg \cdot K)$；$\gamma_v$ 为 0℃时水蒸气的汽化潜热，$\gamma_v = 2501 \times 10^3 J/kg$；$d$ 为空气的含湿量，g/[kg(d · a)]，可表示为

$$d = 622 \times \frac{\varphi P_s}{B - \varphi P_s} \tag{4.50}$$

式中，B 为深井工作面空气压力，一般大于一个大气压，但在空调工程中视为常压，依然取 B 值为 101325，Pa；P_s 为饱和蒸气压力值，Pa。

$$P_s = 610.6 \exp\left(\frac{17.27t}{237.3+t}\right) \tag{4.51}$$

则

$$i = 1.005t + 0.001d \times 2501 \tag{4.52}$$

可知

$$i_C = C_p t_C + 0.001d \times 2501 = C_p \times 1.005 + 0.001 \times 622 \times \frac{\varphi_C P_s}{B - \varphi P_s} \tag{4.53}$$

代入 P_s，可得

$$i_C = C_p t_C + 0.001 \frac{\varphi_C \times 610.6 \exp\left(\frac{17.27t_c}{237.3+t_c}\right)}{B - \varphi_C \times 610.6 \exp\left(\frac{17.27t_c}{237.3+t_c}\right)} \times 622 \times 2501 \tag{4.54}$$

同理可得

$$i_A = C_p t_A + 0.001 \frac{\varphi_A \times 610.6 \exp\left(\frac{17.27t_A}{237.3+t_A}\right)}{B - \varphi_A \times 610.6 \exp\left(\frac{17.27t_A}{237.3+t_A}\right)} \times 622 \times 2501 \tag{4.55}$$

将式(4.54)、式(4.55)代入式(4.47)，整理可得

$$Q = G(i_C - i_A) = GC_p(t_C - t_A) + G \times 0.001 \times 622 \times 2501$$

$$\times \left[\frac{\varphi_C \times 610.6 \exp\left(\frac{17.27t_C}{237.3+t_C}\right)}{B - \varphi_C \times 610.6 \exp\left(\frac{17.27t_C}{237.3+t_C}\right)} - \frac{\varphi_A \times 610.6 \exp\left(\frac{17.27t_A}{237.3+t_A}\right)}{B - \varphi_A \times 610.6 \exp\left(\frac{17.27t_A}{237.3+t_A}\right)} \right]$$

4.3.5　制冷工作站冷负荷计算

制冷工作站的负荷是载冷剂从风流中吸收的热量、供冷管道的冷损量以及供冷水泵对载冷剂的加热量等之和。它应等于制冷站所安设的制冷机的总制冷量。

考虑沿途冷量损耗，取安全系数为 $1.15 \sim 1.3$；则降温机组的制冷量为

$$Q_冷 = (1.15 \sim 1.3)Q \tag{4.56}$$

建议安全系数取大值。

4.3.6　反分析算法计算程序设计

根据工作面冷负荷反分析计算法公式推导的原理和方法，设计出一套反分析计算程序，该程序严格按照反分析算法的原理和推导思路进行计算，进而开发出一个简单的输入输出型计算软件。

　　该程序中输入参数有：工作面几何参数、初始风流参数、C 点风流控制参数、矿井涌水参数、工作面通风参数、开采参数以及岩石热物理参数等，然后分别通过正算法和反算法计算工作面降温冷负荷。

参 考 文 献

［1］　舍尔巴尼 А Н，克列姆涅夫 О А，茹拉夫连科 В Я．矿井降温指南．黄翰文译．北京：煤炭工业出版社，1982．

［2］　余恒昌．矿山地热与热害治理．北京：煤炭工业出版社，1991．

［3］　严荣林，侯贤文．矿井空调技术．北京：煤炭工业出版社，1994．

［4］　岑衍强，侯祺棕．矿内热环境工程．武汉：武汉工业大学出版社，1989．

［5］　杨世铭．传热学．北京：高等教育出版社，1980．

［6］　郭平业，朱艳艳．深井降温冷负荷反分析计算方法．采矿与安全工程学报，2011，28(3)：483－487．

［7］　朱艳艳．深井工作面冷负荷反分析计算方法．北京：中国矿业大学(北京)硕士学位论文，2009．

第5章　矿井降温系统的构成、分类和评价

纵观国内外的矿井降温技术,总体上可以分为非人工降温技术和人工制冷降温技术两大类,其中,非人工降温技术是指矿井还未进入深部开采之前所采用的传统降温方法,而人工制冷降温技术则是利用先进的科学技术来解决日趋严重的热害问题的技术方法。非人工降温技术有通风降温、热源隔离、填充采矿、个体防护等。

现代制冷技术是19世纪中后期发展起来的一门学科,将制冷技术应用于矿井降温工程始于20世纪20年代,但迅速发展并广泛应用是在20世纪70年代之后。从总体上看,人工制冷降温技术可以分为水冷却系统、冰冷却系统和气冷系统。其中,水冷却系统就是矿井空调技术的应用,是利用以氟利昂为制冷剂的压缩制冷机进行矿内人工制冷的降温方法;而冰冷却系统则是将制冰机制出的冰块撒向工作面,通过冰水相变完成热量交换,或利用井下融冰后形成的冷冻水向工作面喷雾,达到降温目的;气冷系统主要利用压缩空气进行降温。

5.1　矿井降温系统的构成

矿井降温系统本质上是一个能量搬运系统,即将工作面的热量通过各种方式搬用到地表进行利用或排放,一般可以分为冷源系统、制冷系统、输冷系统和降温系统四大部分,如图5.1所示。冷源系统就是通过与外界交换源源不断地获取低品位冷能。制冷系统借助外力通过制冷循环将从冷源系统获取的低品位冷能转为高品位冷能。输冷系统就是通过冷媒将冷能输送至井下降温所需的各个采掘工作面。降温系统在需要降温的地点利用各种手段冷却降温点的空气温度从而达到降温的效果。

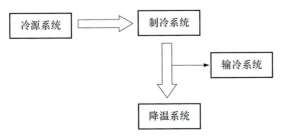

图 5.1　矿井降温系统构成

5.2 矿井降温系统的分类

为了保障开采工作继续安全有地进行,越来越多的矿井采用各种降温技术进行热害治理。目前国内外降温技术百花齐放[1,2],从冷媒系统角度来分有以冰为冷媒的冰制冷系统[3,4]、以水为冷媒的水制冷系统和以压缩空气为冷媒的压缩空气制冷系统。从制冷机组放置位置可以分为井上制冷系统、井下制冷系统等。按冷源可以分为矿井涌水冷源、井下回风冷源、地表空气冷源以及混合式冷源等[5,6]。以上降温技术都有各自的优缺点和适用范围,但针对具体某一矿井,需要寻找一种简单有效的评价方法来判定降温技术的有效性,并建立统一的降温系统有效性评价指标体系来评判优劣[7,8]。

矿井降温系统冷量输运方式分为气相、固相和液相,根据矿井降温系统冷量输运方式不同将矿井降温系统分为气冷式、冰冷式和水冷式,如图 5.2 所示。其中水冷式根据系统降温工作站布置方式和冷源获取的不同方式可以分为地表集中制冷降温系统、地表排热井下集中降温系统、回风排热井下集中降温系统、地表集中热电联产降温系统和矿井涌水为冷源的降温系统。

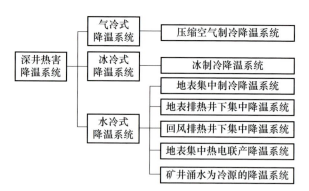

图 5.2 深井热害降温系统分类

5.2.1 压缩空气制冷降温系统

图 5.3 为压缩空气制冷降温系统降温原理图。压缩空气制冷降温系统首先在地表将空气进行绝热压缩后变成高温高压的液态,此过程为等熵过程;然后进入冷却器对高温高压的液态空气进行冷却后变为常温高压的液态空气,此过程为等压过程;然后将常温高压的液态空气输送至井下,在井下进入膨胀机对常温高压的液态空气进行绝热膨胀后变为低温空气,最后低温空气换热后将冷量输送至工作面进行降温。该系统具有简洁方便、输运冷量管路小等优点,但同时具有冷量小、高

压液态空气对设备密封性要求高等缺点。

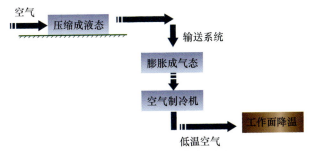

图 5.3　压缩空气制冷降温原理

5.2.2　冰制冷降温系统

图 5.4 为冰制冷降温原理。首先在井上利用制冰机制取粒状冰或泥状冰水混合物,通过风力或水力输送至井下的融冰池,在融冰池通过相变将冰中的所有以潜热形式存在的冷量释放出来制成低温水,然后将低温冷水输送至工作面并利用空冷器或喷雾形式对采掘工作面进行降温。该系统主要设备在地面,具有维护方便、以潜热方式输送冷量大等优点,同时,由于冷量输运采用固液两相流形式,容易形成堵塞,且在输运工程中由于与外界温差大、路径长,造成沿途的冷量损失大。

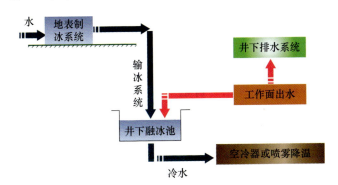

图 5.4　冰制冷降温原理

5.2.3　地面集中制冷降温系统

图 5.5 为地面集中制冷降温原理。首先在井上利用制冷循环制出低温冷水,输送至井下,通过高低压换热器将高压水体中的冷量通过对流方式传给低压水体,最后将低温低压的水体输送至采掘工作面利用空冷器进行降温。该系统主要设备在地面,具有维护方便的特点,但冷量输运管路高差大会引起高压,输运距离长会造成沿途冷量损失。

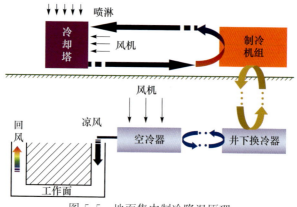

图 5.5　地面集中制冷降温原理

5.2.4　地面排热井下集中降温系统

图 5.6 为井下集中制冷地面排热降温原理。主要是将制冷机进行改造,适应煤矿井下条件,放置在井下,通过地面冷却塔进行冷却散热。由于该系统将制冷机放在井下,缩短了冷量输运距离,减少沿途冷量损失,同时,将冷却过程放在地表不会引起冷凝热散热困难的问题。但是,该系统也无法解决设备、管道的高压问题。

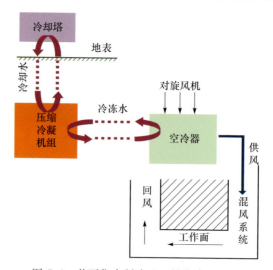

图 5.6　井下集中制冷地面排热降温原理

5.2.5　回风排热井下集中降温系统

图 5.7 为井下集中制冷回风排热降温原理。主要是将地面集中制冷模式引用到矿井井下。机组冷却水出水通过喷淋设施在井下回风中进行冷却,有时需增设

局部通风机,利用风流与水的换热作用加强冷却效果。该系统将所有设备都放在井下,成功解决了上述系统存在的高压问题,但同时,由于高温矿井回风温度高湿度大引起冷凝排热困难,造成系统制冷量小。

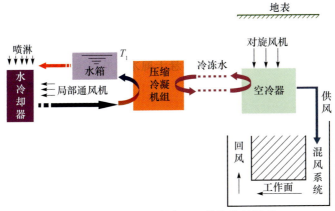

图 5.7 井下集中制冷回风排热降温原理

5.2.6 地面热电联产制冷降温系统

图 5.8 为地面热电联产制冷降温原理,该技术首先把电厂废弃余热输送到溴化锂制冷机里进行一级制冷,再进入乙二醇螺杆制冷机里进行二级制冷,制取 $-5 \sim -3.4 ℃$ 的乙二醇溶液。冷却的乙二醇溶液通过供冷管道送入井下换冷供应室冷却水,被冷却的水经空冷器产生凉风,送入高温工作面,进行工作面降温。该系统成功利用矿井废弃余热,降低系统能耗,但同时具有高压和沿途冷损大的问题。

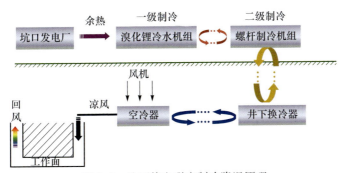

图 5.8 地面热电联产制冷降温原理

5.2.7 矿井涌水为冷源的降温系统

该降温系统以矿井涌水为主要冷源,在井下通过提取矿井涌水中的冷量来进行降温,同时将降温系统冷凝热通过矿井涌水排至地表利用,实现高温矿井热害资源化,第 6 章将会对此进行详细阐述。

5.3 矿井降温系统有效性评价方法

由上述分析可知各种方式的矿井降温系统都有各自的优缺点,在矿井降温设计选择方案时,需要结合矿井自身的实际条件对不同的降温系统依据统一标准进行评价分析。为此我们选择图 5.9 中工作面 C 点为温度监测点,位于距离回风隅角 15m 工作面巷道中心处。首先判定降温系统是否合格,然后通过降温前后 C 点的温度和焓值变化情况并结合整个降温系统的投资和月运行费用建立降温系统有效性评价指标体系。

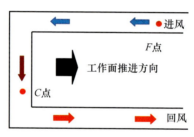

图 5.9 工作面 C 点示意图

5.3.1 降温系统合格指标

我们以工作面 C 点空气干球温度来判定降温系统是否合格,降温后 C 点空气干球温度低于 30℃ 为合格,高于 30℃ 为不合格,该标准建立依据如下:

(1) 为了研究高温环境对瓦斯逸出的影响,通过试验观察不同温度下吸附瓦斯的逸出量,对古生代、中生代、新生代等年代以及不同地区的煤样试验发现,当温度超过 30℃ 时,吸附瓦斯逸出量突增。图 5.10 为鹤岗煤矿中生代煤样试验结果,可以看出,不论是瓦斯总量还是一氧化碳和乙烷单个气体的逸出量,在温度超过 30℃ 时突然剧增。为此从矿井安全角度出发设定工作面 C 点温度不能超过 30℃。

(2) 通过室内人体耐热力试验发现,当人在温度超过 30℃ 的环境中从事体力活动时,人体的血液温度开始升高,刺激下丘脑中的热受体并开始启动汗腺,增加汗液的分泌,使皮肤的血管舒张。但是由于环境温度过高使得体内热量很难通过皮肤散热,室内血液一直在高温状态下运行,脏器负担过重,长时间工作会严重损害脏器。为此,从人体健康角度出发设定工作面温度不能超过 30℃。

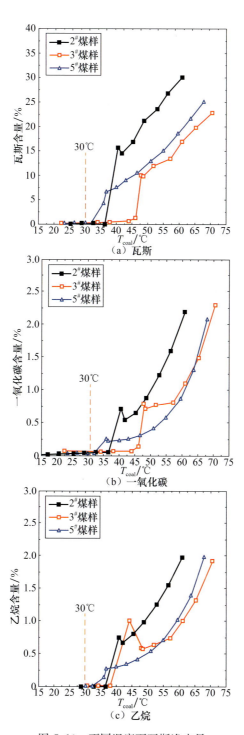

（a）瓦斯

（b）一氧化碳

（c）乙烷

图 5.10　不同温度下瓦斯逸出量

以上 C 点工作面温度仅仅是对降温系统是否合格进行评判的合格指标,评判一个降温系统还需要对其投资和运行费用进行有效性评价,因此,需要建立准确快捷的有效性评价指标。

5.3.2 降温有效性评价指标体系

降温能力指标体系是以工作面降温前后的温度变化为依据建立起来的有效性评价指标体系,主要指标如下。

1) 降温能力指数 K

影响降温能力的指标主要有两个,一是工作面风量,风量越大,降温幅度就越小;二是工作面走向长度,走向越长,降温后沿途损耗就越大,最后风流到达工作面后的温度就越高。降温系统降温能力指数中必须同时考虑工作面风量和工作面走向长度,因此,降温能力指数 K 为

$$K = \frac{\sum_{i} Q_{\mathrm{F}i} L_i (T_{\mathrm{C}o} - T_{\mathrm{C}n})}{1000 \times 1000 \times \Delta T_G} \tag{5.1}$$

式中,K 为降温能力指数,无量纲数;$Q_{\mathrm{F}i}$ 为第 i 个工作面风量,$\mathrm{m^3/min}$;ΔT_G 为设计工作面 C 点降温前后温度差,℃;$T_{\mathrm{C}o}$ 为降温后工作面 C 点实测风流温度,℃;$T_{\mathrm{C}n}$ 为降温前工作面 C 点实测风流温度,℃。

降温能力指数 K 表示降温系统在走向长度为 1000m 的工作面对 $1000\mathrm{m^3/min}$ 风量进行降温后工作面 C 点的温度变化,表征降温系统的降温能力。

2) 单位降温投资指标 K_1

单位降温投资指标 K_1 表示对 $1000\mathrm{m^3/min}$ 的风量在工作面 C 点降低 1℃所需要的投资,可由式(5.2)计算:

$$K_1 = \frac{E}{K} \tag{5.2}$$

式中,K_1 为单位降温投资指标,万元;E 为降温系统总投资,万元。

3) 单位降温月运行费用指标 K_2

单位降温月运行费用指标 K_2 表示对 $1000\mathrm{m^3/min}$ 的风量在 C 点降低 1℃所需要的月运行费用,可由式(5.3)计算:

$$K_2 = \frac{C}{K} \tag{5.3}$$

式中,K_2 为单位降温月运行费指标,万元;C 为降温系统月运行总费用,万元。

5.3.3 除湿有效性评价指标体系

温度有效性评价指标体系主要依据工作面降温前后的温度来进行判定,没有

考虑工作面湿度变化情况,为了全面地反映湿度因素,建立以工作面降温前后湿度变化为依据的有效性评价指标体系。

影响工作面相对湿度因素主要有工作面进风中所含的水蒸气以及沿途所增加的水蒸气。降温系统运行后工作面的湿度变化如下:首先经过空冷器降温的风量达到露点温度后开始凝结多余的水蒸气,此时风流中的相对湿度为 100%,然后沿着工作面走向沿途岩壁的加温风流温度逐渐升高,而空气中的相对湿度逐渐降低,同时沿途工作面排水以及其他湿源向空气中蒸发水蒸气增加湿度。

1) 除湿能力指数

影响工作面湿度的指标主要有两个:一是工作面进风中的含湿量,二是工作面排水量,排水量越大说明增加的湿度越多。在评价降温系统除湿能力时需要考虑工作面风量和排水量。因此,降温系统除湿能力指数 M 为

$$M = \frac{\sum\limits_i Q_{Fi} Q_{wi}(d_{Co} - d_{Cn})}{1000 \times 100 \Delta d_i} \tag{5.4}$$

式中,M 为除湿能力指数,无量纲数;Q_{Fi} 为第 i 个工作面风量,m^3/min;Δd_i 为设计工作面 C 点每立方米风流中降温前后含湿量之差,g/m^3;d_{Co} 为工作面 C 点每立方米风流中降温前实测含湿量,g/m^3;d_{Cn} 为工作面 C 点每立方米风流中降温后实测含湿量,g/m^3;Q_{wi} 为工作面总的排水量,m^3/h。

降温系统除湿能力指数 M 表示降温系统在一个排水量为 $100\ m^3/h$ 的工作面对 $1000m^3/min$ 风量进行降温后工作面 C 点风流中含湿量的变化情况,表征降温系统的除湿能力。

2) 单位除湿投资指标 M_1

单位除湿投资指标 M_1 表示对 $1000m^3/min$ 的风量进行单位除湿所需要的投资,可由式(5.5)计算:

$$M_1 = \frac{E}{M} \tag{5.5}$$

式中,M_1 为单位除湿投资指标,万元$/(g/m^3)$;E 为降温系统总投资,万元;M 为除湿能力指数,g/m^3。

3) 单位除湿月运行费用指标 M_2

单位降温月运行费用指标 M_2 表示对 $1000m^3/min$ 的风量进行单位除湿所需要的月运行费用,可由式(5.6)计算:

$$M_2 = \frac{C}{M} \tag{5.6}$$

式中,M_2 为单位除湿投资指标,万元$/(g/m^3)$;C 为降温系统总投资,万元;M 为除湿能力指数,g/m^3。

5.4 矿井降温系统设计步序

以上降温系统各有优缺点,进行热害控制研究要根据矿井具体的条件进行降温系统设计,图5.11为矿井降温系统设计步序。首先收集井上、井下的参数,计算井上供热热负荷和井下制冷冷负荷,同时分析矿井可能利用的各种冷热源条件;然后选择适合矿井的热害资源化工艺流程设计井下降温系统和井上热能综合利用系统;最后进行现场热力学平衡试验并调整优化运行参数。

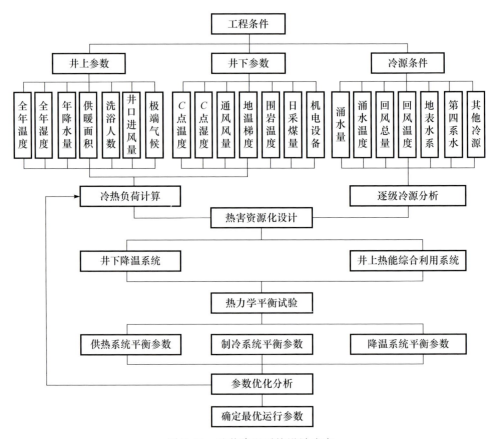

图 5.11 矿井降温系统设计步序

参 考 文 献

[1] 何满潮,郭平业.深部岩体热力学效应及温控对策.岩石力学与工程学报,2013,12:2377-2393.

［2］　何满潮,徐敏.HEMS 深井降温系统研发及热害控制对策.岩石力学与工程学报,2008,07：
1353－1361.

［3］　乔华,王景刚,张子平.深井降温冰冷却系统融冰及技术经济分析研究.煤炭学报,2000,
S1：122－125.

［4］　张辉,菅从光,张博,等.高温矿井冰制冷降温系统经济性.西安科技大学学报,2009,02：
149－153.

［5］　苗素军,辛嵩,彭蓬,等.矿井降温系统优选决策理论研究与应用.煤炭学报,2010,04：
613－618.

［6］　褚召祥,辛嵩,骆伟.多目标决策法在赵楼矿降温系统优选中的应用.矿业安全与环保,
2010,05：19－21,25,95.

［7］　朱艳艳.深井降温工作面冷负荷反分析计算方法.北京：中国矿业大学（北京）硕士学位论
文,2009.

［8］　傅允准,林豹,张旭.深井水源热泵技术经济分析.同济大学学报（自然科学版）,2006,10：
1383－1388.

第6章　HEMS热害控制模式及技术

目前深井高温热害治理主要有德国的气冷降温技术和南非的冰冷式降温技术。德国技术存在的主要问题是：①井下系统排热困难；②混风降温模式，降温效果差，降湿不明显；③地面系统投资太高，建设周期长，运行费用高。南非技术存在的主要问题是：①系统长，投资大；②混风或喷淋降温，湿度增加；③运行费用高。因此，研发一种降温降湿效果好、投资不大、运行费用低的深井高温热害治理技术及其相应的装备系统，已经成为深部煤矿安全生产的重大需求。针对以上问题，结合煤矿生产工艺系统特点，综合运用工程地质和水文地质学、工程热物理学、地热学、采矿学、热力学等多学科理论，本着变害为利、热害资源化的角度，提出深井热害治理与矿井热能综合利用系统（high temperature exchange machinery system，HEMS），该技术以矿井涌水为介质，将井下的热害资源提取出来，通过工艺系统输送到地面进行工业广场井口防冻、建筑物和洗浴供热。

6.1　HEMS介绍

HEMS主要利用矿井涌水、矿井回风等冷源进行降温，并通过矿井排水系统实现井下热害资源化、变废为宝，在有效改善井下热环境的同时，成功提取井下热能代替井上燃煤锅炉供热，最终解决深部矿区面临的热害和环境污染两个问题，促进矿区低碳环境经济，实现可持续发展[1~3]。

该降温系统针对矿井热害防治和热能利用两问题统一考虑，提出井上供热与井下降温一体化设计工艺，其工作原理是利用矿井各水平现有涌水，通过能量提取系统从中提取冷量，然后运用提取出的冷量与工作面高温空气进行换热作用，降低工作面的环境温度及湿度，并且以矿井涌水为介质将工作面热害转化为热能输送到井上代替燃煤锅炉进行供热，工作原理见图6.1。

整个工艺系统分井上和井下两部分，井下部分由HEMS-T换热工作站、HEMS-Ⅰ制冷工作站、HEMS-PT压力转换工作站及HEMS-Ⅱ降温工作站组成；井上部分由HEMS-T换热工作站、HEMS-Ⅲ热能利用工作站、洗浴供热及井口HEMS-Ⅱ-Shaft防冻工作站组成。各个工作站详细介绍如下：

1）矿用三防换热器HEMS-T

由于矿井涌水具有矿化度高、悬浮物多、腐蚀性强等特点，为使矿井涌水不直接进入主机系统，在矿井涌水与HEMS-Ⅰ（HEMS-Ⅲ）机组之间加入了HEMS-T

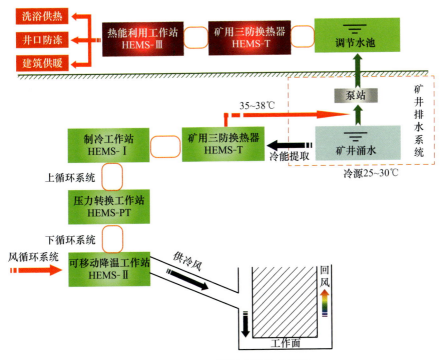

图 6.1　HEMS 降温系统技术原理

三防换热器,以保证 HEMS 机组的换热效率及使用寿命。

2) HEMS-Ⅰ制冷工作站

HEMS-Ⅰ制冷工作站的功能是从井下冷源中提取冷量,供应给 HEMS-PT 系统,同时将井下工作面所置换上来的热量传送给矿井排水系统,主体设备是 HEMS-Ⅰ制冷器。根据工作面总冷负荷要求和机组所能提供的制冷量,合理选择机组型号并进行有机组合,要充分发挥机组性能,满足系统循环的要求,同时考虑一定的安全储备。

3) HEMS-PT 压力转换工作站

由于不同矿井开拓水平之间高差较大,对 HEMS-Ⅰ和 HEMS-Ⅱ之间管道及相关设备的承压性提出很高的要求,为了克服高压流体所带来的问题,在 HMES-Ⅰ制冷工作站和 HEMS-Ⅱ降温工作站之间设置 HEMS-PT 压力转换工作站,减小两个工作站之间设备的压力,使其在常规设备可以承受的压力范围之内。

4) HEMS-Ⅱ降温工作站

HMES-Ⅱ降温工作站是深井热害控制系统中的末端设备。在系统运行中,风流与冷冻水闭路循环形成下循环,工作面进风风流从 HEMS-Ⅱ降温器的过风面通过,完成冷冻水循环水体与热风的换热作用,从热风中交换出的热量以水为载体带走,冷却进风风流,降低进风温度。

5) HEMS-Ⅲ 热能利用工作站

HEMS-Ⅲ 热能利用工作站设在井上,主要作用是通过一系列工艺系统利用少量高品位能源将深井低品位热能转化为高品位热能,提供给各个供热场所。

6) HEMS-Ⅱ-Shaft 井口防冻工作站

该工作站主要是用在煤矿井口防冻中,冬季气温在 0℃ 以下时,北方地区煤矿井口会结冰,严重威胁井口安全,因此,煤矿安全规程要求冬季井口温度大于 2℃ 以上。对煤矿井口敞开通风方式,且对噪声要求比较高,不能加风机强制换热。利用井口形成的负压场特点,设计 HEMS-Ⅱ-Shaft 井口高效散热器并合理布局,保障井口冬季防冻。

6.2　HEMS 热控模式

根据矿井热害和冷源特点,将 HEMS 热控分为四种典型模式:矿井涌水丰富型,即矿井用水中所蕴含的冷能远远大于矿井热害控制所需要的冷源;矿井涌水适中型是指矿井涌水和井下回风中所蕴含的可利用冷能大于矿井降温所需要的冷负荷;矿井涌水缺乏型 Ⅰ 是井下无矿井涌水但地表有丰富的水体;矿井涌水缺乏型 Ⅱ 是井下、井上均无可利用水体[2,4]。

6.2.1　矿井涌水丰富型

涌水丰富型矿井是指矿井涌水中所蕴含的可利用冷能大于矿井降温所需要的冷负荷,即满足:

$$Q_{涌水} > Q_w \tag{6.1}$$

式中,$Q_{涌水}$ 为矿井涌水中能够提取的可利用冷能;Q_w 为满足整个矿井降温所需要的冷能。

矿井涌水丰富型模式的热力学原理是应用两个逆卡诺循环:地面的供热逆卡诺循环和井下降温逆卡诺循环(见图 6.2)。两个循环均属于逆卡诺循环,但采用正、反两种使用方法,分别为地面的冷凝器放热吸冷和井下的蒸发器吸热放冷,具体的热力学过程原理如下:

(1)地面的供热逆卡诺循环包括两个等温过程和两个等熵过程,整个过程是通过制冷剂作为工质来实现循环,在环路中,被蒸发的制冷剂进入压缩机中,被压缩为高温高压的蒸汽(过程 1—4),这些气态制冷剂携带着热量和压缩机消耗的电能一起进入冷凝器,被井下排出的 41℃、600m³/h 的热矿井涌水吸取热量后冷凝为液态(过程 4—3),然后经过节流装置(过程 3—2),压力降低,温度也相应降低,低压低温的制冷剂液体流入蒸发器,再次被来自地下环路的热量蒸发(过程 2—1),从

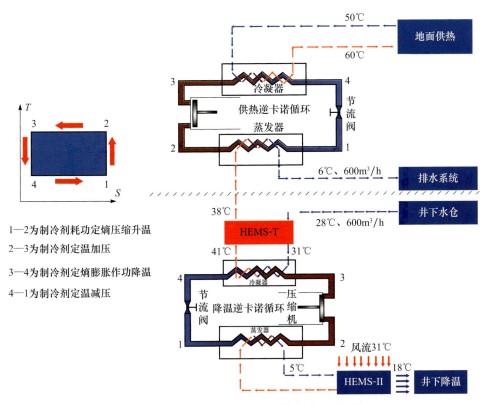

1—2为制冷剂耗功定熵压缩升温

2—3为制冷剂定温加压

3—4为制冷剂定熵膨胀作功降温

4—1为制冷剂定温减压

图6.2　矿井涌水冷源丰富型热害治理原理图

而使循环继续进行。

（2）井下的降温逆卡诺循环也包括两个等温过程和两个等熵过程,整个过程也是通过制冷剂作为工质来实现循环,在环路中,制冷剂被井下水仓排出的41℃、600m³/h矿井涌水吸取热量后冷凝为液态(过程4—3),然后经过节流装置(过程3—2),压力降低,温度也相应降低,低压低温的制冷剂液体流入蒸发器被冷冻水蒸发(过程2—1),被蒸发的制冷剂进入压缩机中,被压缩为高温高压的蒸汽(过程1—4),这些气态制冷剂携带着热量和压缩机消耗的电能一起进入冷凝器,循环继续进行。

综上所述,该模式充分利用了矿井涌水里的冷量和热量,实现井上井下一体化大循环,达到地面供热和井下降温的目的。这种模式既实现了节能减排,使煤矿形成产煤但是不烧煤的绿色产业模式,又实现了井下热害治理,为矿井的安全生产和煤炭工人的身体健康创造了良好的条件。

6.2.2　矿井涌水适中型

涌水适中型矿井[3,5~8]是指矿井涌水和井下回风中所蕴含的可利用冷能大于矿井降温所需要的冷负荷，即满足：

$$Q_{回风} + Q_{涌水} > Q_W \qquad (6.2)$$

式中，$Q_{回风}$为从井下回风中可提取的冷能。

矿井涌水一般型模式的热力学原理是应用一个逆卡诺循环：井下降温逆卡诺循环，循环属于逆卡诺循环，采用的是井下的蒸发器吸热放冷，如图 6.3 所示，具体的热力学过程原理如下：

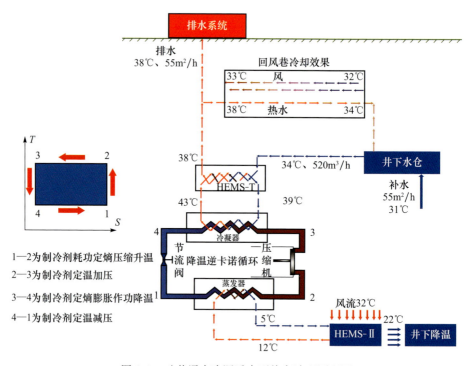

图 6.3 矿井涌水冷源适中型热害治理原理图

井下降温逆卡诺循环包括两个等温过程和两个等熵过程，整个过程是通过制冷剂作为工质来实现循环，在环路中，制冷剂被井下水仓矿井涌水吸取热量后冷凝为液态(过程 4—3)，然后经过节流装置(过程 3—2)，压力降低，温度也相应降低，低压低温的制冷剂液体流入蒸发器，被来自降温工作面环路的热水里面热量蒸发(过程 2—1)，被蒸发的制冷剂进入压缩机中，被压缩为高温高压的蒸汽(过程 1—4)，这些气态制冷剂携带着热量和压缩机消耗的电能一起进入冷凝器，循环继续进行。其中，矿井涌水被提取冷量后直接经过煤矿的排水系统排至地面。

6.2.3 矿井涌水冷源缺乏型Ⅰ

矿井涌水冷源缺乏型是指井下可利用有效冷源几乎为零，只能利用地表河流、空气等冷源进行降温。

　　矿井涌水缺乏型Ⅰ的热力学原理(见图 6.4)是应用一个逆卡诺循环:井下降温逆卡诺循环采用的是井下的蒸发器吸热放冷,具体的热力学过程原理如下。

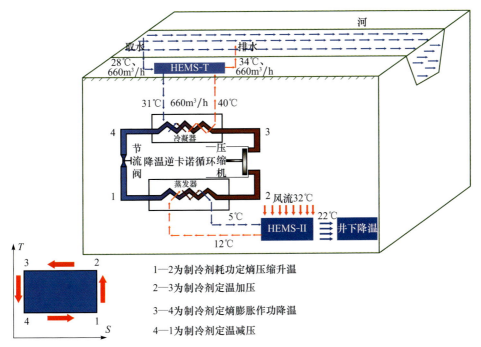

　　1—2 为制冷剂耗功定熵压缩升温

　　2—3 为制冷剂定温加压

　　3—4 为制冷剂定熵膨胀作功降温

　　4—1 为制冷剂定温减压

图 6.4　矿井涌水冷源缺乏型Ⅰ热害治理原理图

　　井下的降温逆卡诺循环包括两个等温过程和两个等熵过程,整个循环过程是通过制冷剂作为工质来实现循环,在环路中,制冷剂被地表水体吸取热量后冷凝为液态(过程 4—3),然后经过节流装置(过程 3—2),压力降低,温度也相应降低,低压低温的制冷剂液体流入蒸发器,被来自降温工作面环路的热水里面热量蒸发(过程 2—1),被蒸发的制冷剂进入压缩机中,被压缩为高温高压的蒸汽(过程 1—4),这些气态制冷剂携带着热量和压缩机消耗的电能一起进入冷凝器,循环继续进行。

6.2.4　矿井涌水冷源缺乏型Ⅱ

　　矿井涌水冷源缺乏型Ⅱ[9,10]是采用矿井涌水和井下回风两种混合冷源,其热力学原理是应用一个逆卡诺循环:井下降温逆卡诺循环采用的是井下的蒸发器吸热放冷,如图 6.5 所示,具体的热力学过程原理如下:

　　井下降温逆卡诺循环包括冷凝器、节流阀、蒸发器、压缩机四大部件,整个循环过程是通过制冷剂作为工质来实现,在环路中,制冷剂被井下水仓矿井涌水吸取

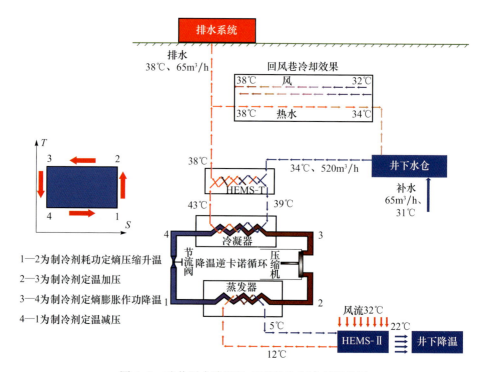

图 6.5　矿井涌水冷源缺乏型 II 热害治理原理图

热量后冷凝为液态(过程 4—3),然后经过节流装置(过程 3—2),压力降低,温度也相应降低,低压低温的制冷剂液体流入蒸发器,被来自降温工作面环路的热水里面热量蒸发(过程 2—1),被蒸发的制冷剂进入压缩机中,被压缩为高温高压的蒸汽(过程 1—4),这些气态制冷剂携带着热量和压缩机消耗的电能一起进入冷凝器,循环继续进行。其中,矿井涌水被提取冷量后直接经过煤矿的排水系统排至地面。

6.3　HEMS 关键技术

由于井下环境的复杂性和特殊性,矿井降温系统容易受到矿井条件和空间限制,必须克服矿井环境带来的诸多困难,为此,HEMS 针对煤矿自身条件,研发了"三防"换热技术、全风降温技术等关键技术来克服矿井降温和热能利用中的难点。

6.3.1　"三防"换热技术

"三防"换热技术是针对煤矿矿井涌水所具有的"高污染、高矿化度、强腐蚀性"

特点而研发的具有"防堵、防垢、防腐"式换热器。一般情况下,矿井涌水流经采掘工作区时必然发生水岩、水煤作用,而带入了大量的煤粉和岩粉等悬浮颗粒,故矿井涌水具有高悬浮物的特性,同时可溶出易溶物质,水的矿化较高,甚至含重金属或毒性物质。对于开采高硫煤的矿井,由于所夹带的硫铁矿的氧化分解作用,矿井涌水会呈现酸性或高铁性。而矿工在井下的生产和生活活动,使矿井涌水带有较多的细菌。微生物的生化作用对矿井涌水的影响也不容忽视。图 6.6 为徐州张双楼煤矿涌水图片。

图 6.6　矿井涌水(张双楼煤矿)

一般的矿井降温系统对循环冷却水水质要求(见表 6.1)主要有以下四点:

(1) 水的浑浊度要低。水中悬浮物带入系统中,会因流速降低而沉积在换热设备和管道中,影响热交换,严重时会使管道堵塞。此外,浑浊度过高还会加速金属设备的腐蚀。

(2) 水质不易结垢。循环冷却水在使用过程中,要求在换热设备的表面不易结成水垢,以免影响换热效果。

(3) 水质对金属设备不易产生腐蚀。循环冷却水在使用过程中,要求对金属设备最好不产生腐蚀,如果腐蚀不可避免,则要求腐蚀性越小越好,以免传热设备因腐蚀太快而使有效传热面积迅速减少或过早报废。

我国大部分煤矿的矿井涌水均具有颗粒杂质多、矿化度高、腐蚀性强等特点,很难达到一般工业冷却水循环水标准。矿井涌水直接进入降温机组主要有如下问题:

(1) pH 过低。一般矿井涌水 pH 过低,呈酸性,偏酸性的环境容易加剧矿井涌水对换热设备和管道的腐蚀强度。

(2) 腐蚀性阴离子含量高。矿井涌水中含有大量的腐蚀性阴离子,其中,Cl^-、Br^-、I^-、SO_4^{2-} 等活性离子能破坏碳钢、不锈钢和铝等金属或合金表面的钝化膜,增加其腐蚀反应的阳极过程速度,引起金属的局部腐蚀。

表 6.1　循环冷却水的水质标准

序号	项目	单位	要求及使用条件	允许值
1	SS	mg/L	根据生产工艺要求确定	<20
			换热设备为板式、翅片管式、螺旋板式	<10
2	pH	—	根据药剂配方确定	7～9.2
3	Ca^{2+}	mg/L	根据药剂配方及工况条件确定	<500
4	Cl^-	mg/L	碳钢换热设备	<1000
			不锈钢换热设备	<300
5	石油类	mg/L	—	<5
6	含盐量	mg/L	—	<3000
7	SO_4^{2-}	mg/L	要求 Ca^{2+} (mg/L)×SO_4^{2-} (mg/L)	<500000
8	CODcr	mg/L	—	<60

注:引自国家标准《工业循环冷却水处理设计规范》(GB 50050—2007)和《城镇污水再生利用工程设计规范》(GB 50335—2016)。

特别是 Cl^-,它的离子半径小,穿透力强,容易穿过金属表面已有的保护层,促进金属的腐蚀,其次,他有很强的吸附能力,使金属的钝化变得困难。Cl^- 含量高,还会破坏碳酸钙的平衡条件,妨碍成垢,而微垢恰是一种保护层。另外,Cl^- 还能通过形成某种中间性的交联结合物,对腐蚀会起催化作用。

(3)过高的络合剂。络合剂又称配体。矿井涌水中常遇到的络合剂有:NH_3、CN^-、EDTA 和 ATMP 等。它们能与水中的金属离子生成可溶性的络离子,使水中金属离子的游离浓度降低,金属的电极电位降低,从而加快金属的腐蚀速度。

(4)硬度过高。矿井水中 Ca^{2+}、Mg^{2+} 浓度过高,会和水中的 CO_3^{2-}、PO_4^{3-} 或 SiO_3^{2-} 作用,生成碳酸钙、磷酸钙和硅酸镁垢,引起换热设备表面结垢。结垢引起换热管管径减小,甚至堵塞,同时降低换热设备的传热效率,增加系统阻力。

(5)悬浮物过高。矿井涌水中存在的悬浮物由泥土、沙粒、尘埃、腐蚀产物、水垢、微生物黏泥等组成。当涌水在系统中的流动速度降低时,这些悬浮物容易在换热器看不见的表面生成疏松的沉积物,引起垢下腐蚀。当流动速度过高时,这些悬浮物的颗粒容易对硬度较低的金属或合金产生磨损腐蚀。

因此,矿井涌水水质无法满足工业循环冷却水水质标准,而工业上水处理净化工程由于其工艺方法的限制,设备均较为庞大,占地面积较广,高度较高,不能适应巷道、硐室等狭小的空间。更重要的是,由于纷繁复杂的处理过程,势必导致涌水水体中可利用的热能或冷能的大量耗损,甚至不再能够满足矿井降温与热能利用工程上的需要。此外,水处理系统投资高、工艺复杂、施工难度高、施工周期长。

矿用三防换热器允许具有颗粒杂质多、矿化度高、腐蚀性高等特点的矿井涌水无需经过水处理净化环节即可直接进入该设备,省去了整个热能或冷能利用系统中较为复杂、庞大的水处理净化工艺,简化了处理过程,提高了矿井涌水热能或冷能利用率。由于其省去了以往矿井涌水利用前的净化处理过程,缩减了费用开支,简化了安装过程。

矿用三防换热器利用换热管束中的矿井涌水与壳体内的工业用水进行能量交换,同时,利用壳体内横截面方向顺序排列的折流环对工业用水水流进行阻挡和方向限制,不断产生扰流,减薄层流边界层,降低水流速度,保证水流与换热管束外壁充分、均匀接触,提高换热效率。其结构剖面见图 6.7。

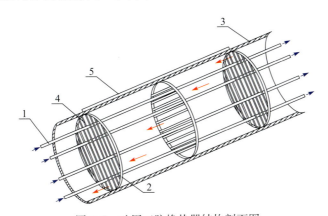

图 6.7　矿用三防换热器结构剖面图
1. 换热管束;2. 折流环;3. 壳体;4. 折流杆;5. 定位杆

该矿用三防换热器具有以下特点:

(1)防堵功能。煤矿涌水中杂质很多,颗粒不大于 10mm 的杂质均可通过。

(2)防污功能。流体顺着管束流动时,遇到折流杆就产生扰流,遇到下一个折流杆再次产生扰流,如此多次扰动减薄了层流边界层,对设备内部进行自动清洁和洗刷,使腐蚀结垢现象大大降低,延长了清洗、维护周期。

(3)防腐功能。换热管束使含有腐蚀性离子(如 Cl^-)的矿井涌水不经过水处理净化环节,就直接进入该设备,更充分利用了水中的能量,减少了能量损失,增强了传热效果。

(4)整个设备体积小、重量轻,容易进入巷道、硐室等狭小的运输系统使用。

(5)具有防爆功能和可以下井的特点。

矿用三防换热技术的应用,使得矿井涌水无需复杂庞大的水处理过程,这不仅大大降低了投资运行成本,而且最大限度地保持了原有涌水的水温,减少了热量的损失,使涌水水质不再成为技术应用的主要障碍。

6.3.2　采掘工作面全风降温技术

目前,现有的德国和南非降温技术都是在工作面供冷末端采用混风降温模式,如

图 6.8(a)所示,经过末端降温器的冷风和没有降温的工作面其他风量混合进入,造成工作面降温效果差,特别是混风模式不能除湿,采掘工作面的空气湿度依然很大。

为了克服混风模式的缺点,发明了全风模式降温技术,如图 6.8(b)所示,在工作面进风口处另外开拓一个联通巷道布置末端降温器,所有的风流都经过降温器降温,同时绕开工作面生产,不影响工作面其他设备布置空间。使得风流只能从降温专用巷道进入,这样就保证只有经过热交换后的纯冷风流经工作面,有效地解决了以往降温系统存在的混风问题,可以大大提高降温换热效率。其特征是:

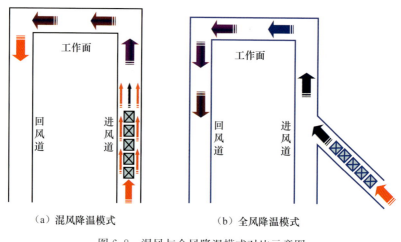

（a）混风降温模式　　　　　（b）全风降温模式

图 6.8　混风与全风降温模式对比示意图

（1）解决了以往降温系统存在的混风问题,有效地降低通入工作面风流的温度和湿度,提高降温降湿效果。

（2）采用将降温末端设备设置在专用降温巷道中的方法,使得更多低温低湿的空气通入了降温工作面,有效地提高了整个降温系统的热交换效率。

6.3.3　高差循环冷源获取技术

随着矿井开采不断向深部延伸,高温热害也越来越严重,当冷负荷需求很大时,要求必须具备足够的冷源,而矿井涌水的水量毕竟是有限的,往往很难满足要求。针对上述情况,提出了井下高差循环冷源技术[10]（见图 6.9）,即将冷却水回水从水仓 B 经由管路和水沟排至矿井浅部一水平的冷却水仓,利用矿井浅部巷道较低的环境温度,使得冷却水回水与巷道内的空气及岩壁进行充分的热交换,降低冷却水的回水温度,达到冷却的目的,冷却后再排至冷却水储水仓 A,从而形成不同水平间高差循环冷却。

该技术利用矿井浅部环境温度低、风量大的特点,通过不同水平间所形成的高差循环,冷却 HEMS-I 机组的冷却水回水,操作简单。

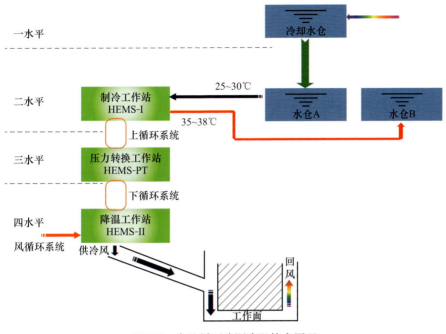

图 6.9　高差循环冷源降温技术原理

6.3.4　水平循环冷源技术原理

水平循环冷源技术[11~14]是利用与冷却水储水仓在同一水平的闲置巷道作为冷却水仓,冷却水仓中的冷却水回水在水平巷道中经过一定距离的管路排至冷却水仓内,通过与巷道空气及岩壁的热交换来达到冷却目的,冷却后的水源作为降温系统的冷源进行能量的提取、冷量的输送以及对工作面进风风流的冷却,完成工作面降温。技术原理见图 6.10。

该技术的特点是冷却水在同一个水平循环冷却,所需的循环动力小、耗电低,但当同一水平的环境温度较高时,对冷却效果会有很显著的影响,可以根据冷量需求及冷却水水量大小,采取合理的增强冷却措施。

6.3.5　模块化组装移动式降温技术

深井模块化组装移动式降温器为了满足深井高温工作面降温降湿的需要、适应高温工作面冷量需求及位置不断变化而设计的。以往的降温末端设备,如铺设的喷淋管道、冷辐射管道,均是在降温设计初期根据工作面冷负荷要求设计的,一旦管道铺设完毕,其所能提供的冷量即是一个固定值。并且随着工作面的不断推进,管道所能提供的有效冷量与降温工作面所需要的冷负荷差距越来越大,以至于不能满足工作面降温的要求,深井模块化组装移动式降温器的发明正是针对这一

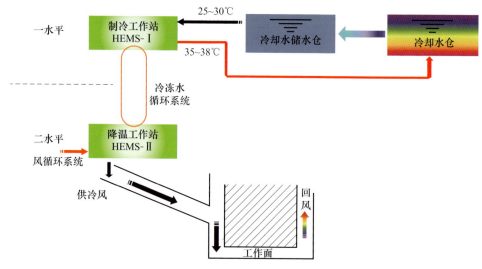

图 6.10　水平循环冷源降温技术原理

问题的。其每一个模块可提供的冷量是固定的,即可以通过降温器的数量来匹配降温工作面冷负荷的要求,实现降温器的设计模块化(见图 6.11);而且它可以根据降温工作面冷负荷需求的不断变化,通过降温器的组装来控制其所提供的冷量,实现降温器的设计组装化,更有效地满足现场复杂多变的条件;同时,降温器可随工作面的不断推进而移动,实现降温器的设计移动化,从而提供有效的冷量,更容易满足现场降温工作面复杂多变的冷负荷要求。

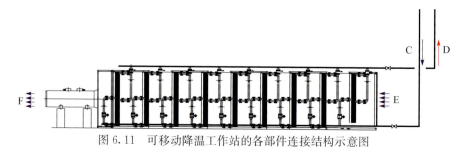

图 6.11　可移动降温工作站的各部件连接结构示意图

6.3.6　HEMS-Ⅲ 热能利用技术

深井降温系统将工作面的热量以水为载体置换出来后通过矿井的排水系统排至地表,如不进行合理的应用,则排至自然环境中,不但浪费资源,而且会造成严重的环境污染。热害资源化利用技术就是针对以上问题而进行开发和设计的一套技术,就是将携带有井下大量热量的水体在地表经过水处理系统处理达标后,进入地面热能利用 HEMS-Ⅲ 工作站,把热量提取出来,作为供热、洗浴用水系统的热源。

同时,可以根据可提取热量的大小,取代部分或全部的地面供热洗浴锅炉,大大节约运行成本。技术原理见图 6.12。

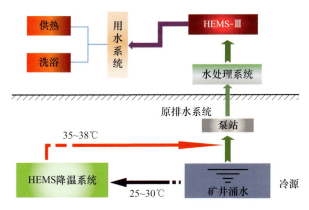

图 6.12　热害资源化利用技术原理

该技术利用清洁能源代替了污染型能源,与井下降温系统形成了一套完整的循环生产工艺系统,巧妙地将井下置换出来的热量作为一种资源进行利用,做到了热害资源化利用,深刻体现了节能减排、绿色环保的设计理念。

6.3.7　循环冷(热)源利用技术

当深井降温冷负荷较大时,所需的冷量即冷却水量相应增大,井下冷却循环技术往往不能满足水量及水温的要求,循环冷(热)源利用技术正是针对以上情况开发设计的。该技术在井下 HEMS-I 制冷工作站与地面 HEMS-Ⅲ 工作站之间设置了 HEMS-PT 压力转换工作站,形成了 HEMS-I 与 HEMS-PT 的水平闭路循环和 HEMS-Ⅲ 与 HEMS-PT 的垂直闭路循环,将井下降温置换出来的热量通过水体循环带到地面,作为地面 HEMS-Ⅲ 工作站的热源,HEMS-I 冷却水回水经 HEMS-Ⅲ 冷却后再回排至井下,成为 HEMS-I 的冷源,而 HEMS-PT 的设置使得水路循环形成两个闭路循环,起到减压作用。技术原理见图 6.13。

该技术完全可以满足冷却水大流量的需求,且冷却水回水经过地面 HEMS-Ⅲ 工作站后可以有效达到冷却效果,同时还实现了地面用热、井下用冷的双重功效。

6.3.8　地热异常利用技术

由于地质构造、水文地质条件等因素的影响,某些矿井存在热异常现象,例如,徐州矿务集团三河尖煤矿存在奥陶系含水层,水温高达 48～50℃,水量高达 1020m³/h,水压也达到了 7.6MPa,是一种很好的地热资源。地热异常利用技术[11,12]就是针对这种得天独厚的地热资源利用进行设计的,即通过抽水井将奥陶

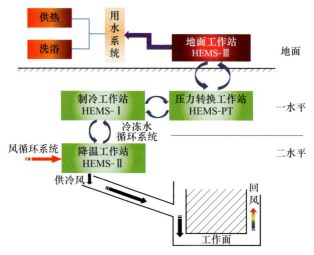

图 6.13　循环冷(热)源利用技术原理

系灰岩水引致地表,经水处理系统处理达标后,利用 HEMS-Ⅲ 工作站将热量提取出来,作为供热、洗浴用水系统的热源,奥陶水经 HEMS-Ⅲ 机组冷却后,回灌到第四系含水层。技术原理见图 6.14。

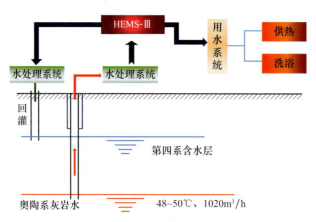

图 6.14　热异常利用技术原理

该技术是对矿井热异常中地热资源的利用,通过建立地面 HEMS-Ⅲ 供热工作站,进而取代现有的锅炉供热系统,运行费用低、节能减排、绿色环保。

6.3.9　井口防冻供热技术

矿山中通常包括主井和副井,主、副井作为行人和下料的主要通道对于煤矿的安全性至关重要。冬季我国北方大部分矿井会由于寒冷而在井口内形成冰遛,这对井底工人造成严重的生命威胁,因此,我国北部和中西部的大部分副井冬季需采取防冻措施,防止井筒出现结冰现象。根据《煤炭工业矿井设计规范》(GB 50215—2015)规定:"当采暖室外计算温度等于或低于−4℃地区的进风立井、等于或低于−5℃地区的进风斜井和等于或低于−6℃地区的进风平硐,当有淋帮水、排水管和排水沟时,应设置空气加热设备"。

当前的井口防冻主要通过燃煤锅炉生产蒸汽,将蒸汽直接输送至井口对入风井下预加热。由于井口供热具有开放性、无噪声、负荷大等特点,因此,采用蒸汽的井口防冻供热极易造成能源浪费,以徐州地区为例,一个年产量 250 万 t 的矿井仅井口防冻供热一项,在一个采暖季就需消耗煤炭 7000t 以上。

煤矿副井主要的功能是行人升降、矸石提升和井下所用生产资料输送,另一功能就是作为主要进风通道。副井的功能决定了副井井口必须是一个开放的环境,每分钟都有大量的新鲜冷空气流入。另外,副井由于操作人员通过铃声来操作,因此对噪声控制要求极高。副井井口的这些自身条件决定了副井是一个特殊的供热场所,主要有以下特点:

(1) 供热场所为一个开放系统,由于副井是运输、行人的主要通道,因此井口房时刻敞开,是一个开放供热空间。

(2) 负荷大,副井是矿井主要的进风通道,因此进风量大,例如,张双楼副井进风量为 5410m³/min,热负荷大。

(3) 防噪要求高,副井井口对噪音控制要求极高,采用风机强制换热容易诱发安全事故。

目前已有的蒸汽供热方式是将 100℃以上的蒸汽直接用管路接到井口,直接对着井口压入高温蒸汽,高温蒸汽和冷风换热混合后保证井口温度不低于 0℃从而防止结冰。如图 6.15 所示,直接将高温蒸汽通入井口处,从而保证井口处防止结冰。这种供热方式主要有三个问题:①效率低下,能源浪费;②高温蒸汽容易在井口处发生烫伤等事故;③不能保证井口房其他地方的温度达标。

为此,改变井口供热方式,利用井口形成负压进行强制换热,其原理见图 6.16,整个井口房进风分两部分,一半的风量通过左右两侧的门不加热直接进入,另一半风量穿过对流散热器加热后进入。详细设计如下:

(1) 改变原有井口入风方式,由原来前后门入风改为井口四周入风,在井口四周墙设计入风口。

(2) 在四周入风口处布置特制换热器,使得井口的入风通过换热器加热变为热风。

(3) 在前后门顶部安装热风幕,阻止新鲜风流从井口前后门进入。

现有井口防冻供热技术为蒸汽井口直接供热,该供热方式有能源利用效率低下、安全隐患和温度场不均匀三个问题。改变井口供热方式后可实现利用矿山

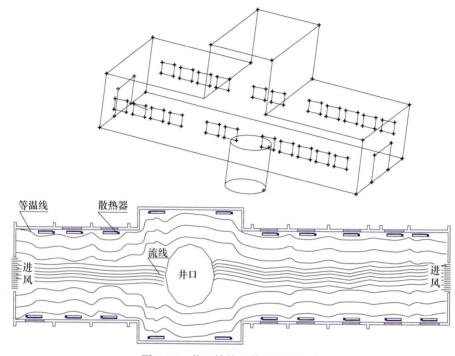

图 6.15　井口结构及传统供热模式

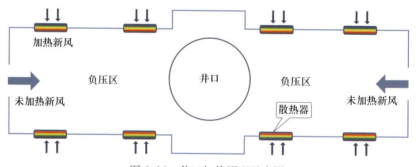

图 6.16　井口加热原理示意图

地热进行井口防冻供热,与原有技术相比有三个特点:①能源效率大幅提高;②撤去安全隐患;③保证整个井口房温度场均匀,改善作业环境。

6.3.10　地面洗浴供热技术

传统矿区原有的蒸汽洗浴系统是将高温蒸汽直接通入水箱中加热,加热后的水直接供洗浴,当水箱中水量不足时,用自来水直接补到水箱中,这样就容易造成供水温度忽高忽低的温度不稳定等问题,对此,设计在满足洗浴用水水量的同时,通过对水温以及水箱液位的精确控制,使洗浴用水水温稳定且最大限度地减少热量损失,不仅达到节能的效果,而且取得了良好的经济运行效益。

6.3.11　工业广场建筑物空调技术

在夏季,利用 HEMS-I 提取矿井涌水中的冷能,满足工业广场建筑空调冷负荷的需求。与传统空调技术相比,省去了冷却塔,节省了投资,最大限度地使用了矿井涌水中的能量,提高了能量的利用效率。

6.4　热控系统自动化监控技术

深井换热循环生产系统参数远程实时监测系统及方法主要是针对以往监测工作只能在现场进行,消耗大量的人力、物力,且监测结果既不能实时地传送到远程主机又不够准确等问题而发明的。

深井换热循环生产系统参数远程实时监测系统包括:传感装置、数据采集装置、传输网络、信号接收装置、计算分析装置和工程演示装置。

深井换热循环生产系统参数远程实时监测系统将传感装置设置在待监测的深井巷道及深井换热循环生产系统内,传感装置与数据采集装置连接,数据采集装置通过传输网络与信号接收装置连接,信号接收装置通过网络与用于处理传感装置获取的数据信号的计算分析装置连接,再通过工程效果演示系统将深井换热循环生产系统的工作状况演示出来,以便更有效地监测深井巷道及深井换热循环生产系统的工作状况。该系统结构简单,数据传送和接收不受距离限制,可以及时准确地了解深井巷道降温、降湿的实际情况,以及深井换热循环生产系统的工作状况,不但确保了安全生产,而且节省了防治成本。

深井换热循环生产系统参数远程实时监测系统工作原理见图 6.17。

6.4.1　现场数据采集技术

深井换热循环生产系统参数远程实时监测系统的数据采集装置需要通过设备中的温度传感器进行,将温度传感器接入现有的井下监测网络,温度传感器需要具备标准的工业接口,如 CAN、RS232 或 RS485 接口。

传感装置为多个电子温度传感器,分别设置在待监测的深井巷道的侧壁及深井换热循环生产系统内,数据采集装置中传感器持续采集深井中的深井温度信号,并通过其上设置的数据输出接口与所述的数据采集装置连接。

6.4.2　现场数据传输技术

深井换热循环生产系统参数远程实时监测系统将采集到的深井温度信号通过

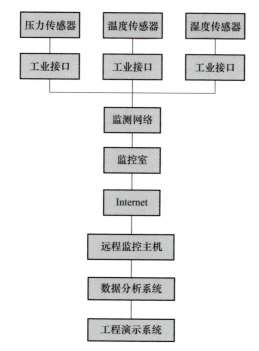

图 6.17 深井换热循环生产系统参数远程实时监测系统工作原理

与数据采集装置连接的传输网络将温度信号传送至接收装置。

数据采集装置将采集到的温度数据首先传送到监控室，再通过传输网络传送到远程监控主机。传输网络包括无线网络或有线网络。

6.4.3 现场数据接收分析技术

深井换热循环生产系统参数远程实时监测系统通过信号接收装置将接收到的深井温度信号传送至远程控制中心主机的分析装置系统。

分析装置系统根据接收的深井温度信号，建立动态监测曲线。根据将收到的深井温度信号建立的动态监测曲线与基准监测预警曲线进行对比，做出待监测的深井巷道温度和湿度是否满足工作面要求的判断，以及深井换热循环生产系统是否正常工作的判断。

6.4.4 工程效果演示技术

深井换热循环生产系统参数远程实时监测系统通过显示装置将分析装置建立的动态监测曲线与用于作为监测基准的对比监测预警曲线一同演示出来。通过动态监测曲线和预警曲线对比分析，使操作人员掌握现场数据，同时，现场温度超过预警温度时报警，提醒工作人员重新设定运行参数。

参 考 文 献

[1] 何满潮. HEMS 深井降温系统研发及热害控制对策. 中国基础科学,2008,10(2):11—16.

[2] 郭平业. 我国深井地温场特征及热害控制模式研究. 北京:中国矿业大学(北京)博士学位论文,2009.

[3] 何满潮,郭平业. 深部岩体热力学效应及温控对策. 岩石力学与工程学报,2013,32(12):2377—2393.

[4] 闫玉彪. 张双楼煤矿深井热害控制技术研究. 北京:中国矿业大学(北京)博士学位论文,2012.

[5] 张毅. 夹河矿深部热害发生机理及其控制对策. 北京:中国矿业大学(北京)博士学位论文,2006.

[6] 杨生彬. 矿井涌水为冷源的夹河矿深井热害控制技术. 北京:中国地质大学(北京)博士学位论文,2008.

[7] 何满潮,徐敏. HEMS 深井降温系统研发及热害控制对策. 岩石力学与工程学报,2008,27(7):1353—1361.

[8] 许云良,张雷. 夹河矿深井开采岩体温度场特征与热害控制研究. 能源技术与管理,2009,(3):82—84,148.

[9] 张毅,郭东明,何满潮,等. 深井热害控制工艺系统应用研究. 中国矿业,2009,18(1):85—87.

[10] 田景. 夹河矿高差循环冷源技术及其热害控制效果分析. 北京:中国矿业大学(北京)硕士学位论文,2010.

[11] 曹秀玲. 三河尖矿深井高温热害资源化利用技术. 北京:中国矿业大学(北京)硕士学位论文,2010.

[12] 赵玮. HEMS 系统降温二期扩容工程研究及应用. 煤炭科技,2010,(1):81—82.

[13] 李强,李国兵. 三河尖煤矿井下 HEMS 制冷系统的优化. 煤炭科技,2013,(4):60—61.

[14] 李红,庞坤亮. 周源山煤矿深井降温系统设计. 制冷与空调(四川),2013,(5):469—472.

第7章 现场试验Ⅰ——张双楼煤矿

深井热害控制与热能利用是一个复杂的系统工程,需要根据不同的矿井条件作出具体的分析,为了进一步研究,我们选取徐州矿区进行现场试验研究。徐州矿区是一个已经有120年开采历史的矿区,处于苏鲁豫皖四省交界的徐州市境内,矿区总面积2094km²,含煤面积361.3 km²,煤系地层主要为石炭纪-二叠纪。目前8对生产矿井均已超过千米,是我国典型的深部井群矿区,高温热害现象严重。本书第7~10章基于HEMS降温系统原理,建立了不同冷源条件下的HEMS提能降温模式。通过现场试验,掌握深井降温逆卡诺循环机理,建立相应的热力学模型,掌握多冷源联动以及多方式降温的作用机理。同时,获取不同模式下降温与热能利用运行参数并进行系统能耗分析与参数优化,建立适合于不同模式下的HEMS降温与热能利用设计方法。

徐州张双楼煤矿是典型的矿井涌水水源丰富型热害矿井,不仅井下高温热害严重,而且井上供热的燃煤锅炉污染严重。本章主要介绍张双楼热害控制与热能利用试验系统,分析其运行特点,为矿井热害资源化利用提供参考。

7.1 热害特征及冷源分析

7.1.1 热害特征

张双楼煤矿位于江苏省徐州市北部沛县,东临微山湖,距徐州市78km,年产煤225万t,地面标高37m,现采深1200m。属南温带黄淮区,气象具有长江流域的过渡性质,接近北方气候特点,冬季寒冷干燥,夏季炎热多雨,春季有干旱及寒潮、霜冻等自然灾害,但四季分明,气候温和。年平均降水量811.7mm,最大年降水量1178.9mm,最小年降水量550mm,降水多集中于7~9月份,占全年降水量的50%~70%,1~3月为枯水季节。年平均蒸发量1873.5mm,年最小蒸发量1273.9mm。年平均气温13.8 ℃,最高气温40.7 ℃,最低气温−21.3 ℃。图7.1~图7.3分别为徐州地区日平均气温、日最高气温和相对湿度的统计变化值。

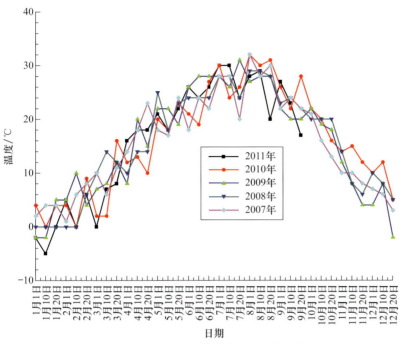

图 7.1　2007～2011 年徐州日平均气温变化图

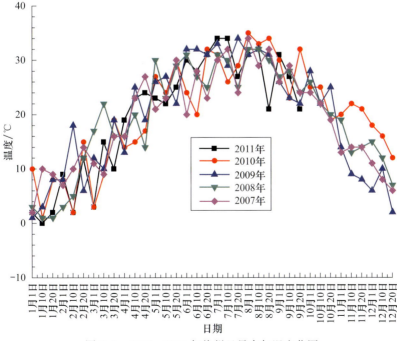

图 7.2　2007～2011 年徐州日最高气温变化图

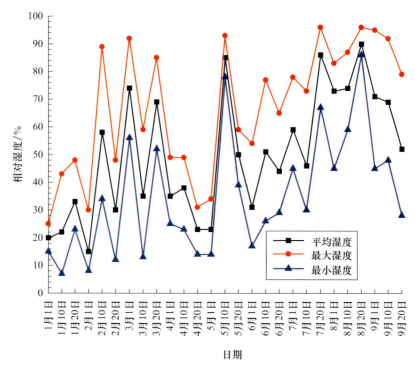

图 7.3 2011 年徐州相对湿度变化图

图 7.4 为张双楼煤矿地温随深度变化曲线,平均地温梯度 2.52℃/100m,—300m 水平岩温 23℃,—500m 水平岩温 27.7℃,—800m 水平岩温 40.6℃,—1000m 水平岩温 43.7℃。—800m 水平以下岩温高于 37℃为二级高温区。

高地温导致张双楼—800m 水平以下采区热害现象严重,以东翼 7119 工作面为例,该工作面埋深 875～900m,走向长度 810m,倾斜长度 120m,平均倾角 22°,平均煤厚 2.8m,采用综合机械化采煤,皮带连续化运输,采用下行式通风,配风量为 1440m³/min。

表 7.1 为 7199 工作面空气温、湿度变化情况,可以看出,7119 工作面温度高达 34℃,由于开采深度增加、通风路径加大,使得工作面温度与地面温度关系不大;由于矿井水和高温等原因,—500m 水平以下工作面相对湿度为 100%饱和状态。井下高温、高湿现象严重,亟须治理。

张双楼煤矿主要供热地点为冬季井口防冻和建筑物供暖,全年洗浴供热。供热方式为燃煤锅炉,现有供热系统年耗煤量 11970t,年排放 CO_2 约 31122t,年排放 SO_2 约 98.3t,年排放氮氧化物量约 83.9t,年排放烟尘约 16t,急需对燃煤供热系统进行改造,以降低运行费用,改善矿区环境质量。

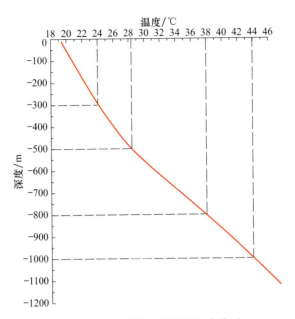

图 7.4　张双楼煤矿地温变化曲线图

表 7.1　工作面温/湿度　　（单位：℃/%）

测温地点	日期			
	6 月 9 日	6 月 16 日	6 月 25 日	5 月 14 日
地面	33.6/72	34/71	33.4/70	22.2/65
−500m 水平	27/92	27.4/94	27.2/95	25.2/94
−750m 水平	28/96	28/95	28.6/97	27/96
7119 材料道进口	28.6/95	28.4/100	29/97	28/95
7119 进风隅角	32.3/100	31.9/100	32.6/100	32/100
7119 回风隅角	34/100	34/100	34.5/100	34/100

7.1.2　冷源分析

张双楼矿相比其他矿井具有得天独厚的冷源优势，即张双楼矿拥有丰富的矿井涌水冷源。张双楼煤矿矿井正常涌水量为 995m³/h。其中，−500m 水平正常涌水量为 600m³/h（山西组砂岩裂隙水为 480m³/h，太灰水为 120m³/h，太灰水和山西组砂岩裂隙水的比例接近 35%），−1000～−750m 水平矿井涌水量为 160m³/h（山西组砂岩裂隙水为 125m³/h，太灰水为 35m³/h，太灰水和山西组砂岩裂隙水的比例接近 28%），现由−500m 中央泵房负责上排至地面；西四采区涌水量为 225m³/h，由西风井单独上排至地面，该水源均为太灰水（见表 7.2）。矿井井口排放水温 28℃。

表 7.2　张双楼矿矿井涌水水量

序号	位置	种类	水量/(m³/h)
1	−500m 水平	山西组砂岩裂隙水	480
2		太灰水	120
3	−1000~−750m 水平	山西组砂岩裂隙水	125
4		太灰水	35
5	西四采区	太灰水	225
	总计		985

将张双楼矿矿井涌水水质情况(见表 7.3)与国家循环冷却水的水质标准相比较,可以看出,张双楼矿矿井涌水的特点是:

(1) 矿化度高。矿化度是水化学成分测定的重要指标,用于评价水中总含盐量。矿化度无机盐总含量大于 1000mg/L 的矿井水,主要含有 SO_4^{2-}、Cl^-、Ca^{2+}、K^+、Na^+ 等离子,硬度相应较高。硬度较高的水,在系统使用中很容易出现结垢的情况,从而降低了设备的换热效率,减少其使用寿命。

表 7.3　张双楼矿矿井涌水水质分析

序号	项目	参数	过高或过低的危害
1	矿化度	大于 3g/L	过高结垢
2	Cl^-	300~330mg/L,最大接近 400mg/L	过高会加剧局部腐蚀
3	Ca^{2+}	35%~45%	过高结垢,过低则腐蚀
4	K^+、Na^+	34%~45%	—
5	SO_4^{2-}	71.9%~77%	过高使 $CaSO_4$ 沉积
6	氨氮	0~2.67mg/L	过高引起铜合金的应力腐蚀
7	COD	75.5~133mg/L	—
8	SS	93~208mg/L	结垢沉积
9	石油类	0~2.21mg/L	过高促进污垢沉积
10	全盐量	3380~3440mg/L	腐蚀或结垢

(2) Cl^- 浓度高。因为 Cl^- 的离子半径小,穿透性强,容易穿过膜层,置换氧原子形成氯化物,加速阳极腐蚀,所以 Cl^- 是引起腐蚀的原因之一。另外,对于不锈钢制造的换热器,Cl^- 还是引起应力腐蚀的主要原因,如果水中 Cl^- 浓度过高,常使设备上应力集中的部分迅速受到腐蚀破坏。因此,不锈钢制的换热器要求 Cl^- 浓度<300 mg/L。

(3) 总悬浮固体(SS)高。SS 总固体悬浮物高出规定值 10~20 倍。主要污染悬浮物来自矿井涌水流经开采工作区时冲刷、携带的煤粉(粒)、岩粉(粒)等悬浮物。

(4) COD_{Cr} 含量高。COD_{Cr} 是衡量水中有机物质含量多少的指标,称为化学需氧量。化学需氧量越大,说明水体受有机物的污染越严重。有机物对工业水系统的危害很大,它主要是破坏离子交换树脂。含有大量的有机物的水在通过除盐系统时会污染离子交换树脂,特别容易污染阴离子交换树脂,使树脂交换能力降低,从而影响水处理效果。矿井水中,COD 主要来自煤粉,其原因是矿井水中的微细煤粉颗粒,在强氧化剂重铬酸钾的作用下,被氧化而显示较高的 COD 值。随着煤粒等悬浮物的去除,COD 值会随之下降。

由此可看出,张双楼矿矿井涌水属于悬浮物含量高,高矿化度矿井水,COD 含量高,有一定腐蚀性。

7.2 热害控制方案

7.2.1 系统工艺设计

根据张双楼煤矿具体工程条件,设计出张双楼煤矿现场试验工艺流程框图[1,2](见图 7.5),详细介绍如下:

(1) 在井下−500m 水平设置冷却水泵站,通过三级过滤系统将矿井涌水粗滤后供给 HEMS-T 三防换热工作站,同时将井下所置换的热能传给井上 HEMS-Ⅲ热能利用工作站。

(2) 在井下−750m 水平设置 HEMS-T 三防换热系统,从高污染、高矿化度、强腐蚀的矿井涌水中提取冷能并传递给 HEMS-Ⅰ降温工作站,同时 HEMS-T 还有压力转换的功能,由高压系统转换为低压系统。

(3) HEMS-Ⅰ降温工作站主要作用是提取冷能并且将冷能通过冷冻水直接供给 HEMS-Ⅱ全风降温系统。

(4) 在井下−1000m 水平设置 HEMS-Ⅱ降温工作站,对−1000m 水平高温工作面和掘进端头进行降温。

(5) 在地面设置 HEMS-Ⅲ热(冷)能利用工作站,通过提取矿井水中的热(冷)能,通过 HEMS-T 进行热量交换,HEMS-T 二次侧的水进入 HEMS-Ⅲ机组的蒸发器端,通过 HEMS-Ⅲ机组工作后以水为介质带出的热量进行建筑物供暖、洗浴及井口加热等,从而取代地面锅炉系统实现地面供暖系统零污染。

为了减少因长距离传送而产生的冷量损失,系统设计将 HEMS-Ⅰ机组制冷工作站放在−750m 水平。由于−500m 水平中央水仓与−750m 水平制冷工作站之间存在 250m 高差,而 HEMS-Ⅰ机组的承压能力小于 1MPa,所以系统设计时在−750m 水平 HEMS-Ⅰ机组前引入 HEMS-PT 换热器,在−750m 水平增加压力转化装置,减小末端 HEMS-Ⅰ机组的压力,以保证制冷机组的正常运转。

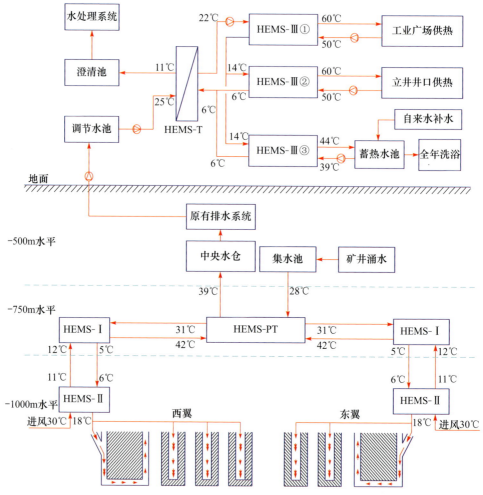

图 7.5　张双楼现场试验工艺流程图

根据张双楼东西两翼同时开采的生产特点,设计时将制冷工作站分为东、西两翼两个制冷工作站,如图 7.5 所示。东翼制冷工作站放置 12 个 HEMS-PT 换热器(六台一组,两组串联梯级提取冷能)和两台 HEMS-I 机组(主要提供东翼采区冷能),西翼制冷工作站放置三台 HEMS-I 机组(主要提供西翼采区冷能),由－500m 水平中央水仓 28℃冷却水进入－750m 水平东翼制冷工作站的 HEMS-PT 换热升温至 39℃后回至－500m 水平中央水仓,形成上开路系统。由－750m 水平制冷工作站 HEMS-PT 出来的冷却水分别进入东翼 HEMS-I 和西翼 HEMS-I 机组,作为制冷机组的冷却水,经机组升温至 39℃后回至 HEMS-PT,形成中循环闭路系统。

考虑管路沿程的冷量损失,选用五台 1200 型 HEMS-I 机组,从中提取冷量。

－750m 水平工作站的 HEMS-I 制冷机组制出的 5℃冷冻水经下循环闭路系统管路温升 1℃达到 6℃,进入－1000m 水平工作站的 HEMS-II 机组升至 12℃,再由管路返回至－750m 水平工作站的 HEMS-I 机组处循环使用,形成下循环闭路循环。HEMS-II 机组产生的冷风直接送入巷道,对工作面进行降温。

7.2.2　冷源工程设计

HEMS 降温系统以矿井涌水作为冷源。从前面涌水统计数据可知,矿井三个水平涌水量总计 995 m³/h,其中,－500m 水平涌水量为 600m³/h,夏季水温 28℃,蕴含约 7700kW 冷量,满足张双楼井下所需冷量 4000kW,因此,冷源采用－500m水平矿井涌水。

在－500m 水平施工一集水池,将－500m 水平矿井涌水引至－750m 水平HEMS-PT 进行能量交换后,排至－500m 水平中央水仓,HEMS-PT 主体设备设计如图 7.6 所示。鉴于矿井涌水中的煤粉等杂质较多,容易形成堵塞,因此水口采用多级处理方式,从冷却水储水仓开始,通过设置具有过滤、除沙功能的专用装置完成水处理工作,具体设计为:

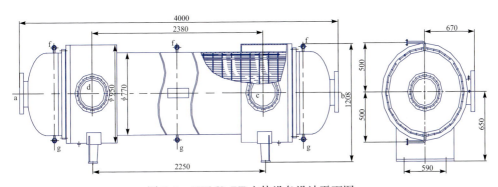

图 7.6　HEMS-PT 主体设备设计平面图

(1) 一级处理。在－500m 水平集水池中设置一个沉淀池和一个吸水池,矿井涌水首先进入沉淀池,将煤粉和塑料等杂物沉淀,然后进入吸水池,由水泵输入到HEMS 系统中。

(2) 二级处理。紧靠冷却水泵出水口设置二级处理,即安装一台除沙器,以除去水中的沙石等杂质。

(3) 三级处理。在冷却水进入机组之前再设置一台管道式过滤器,从而完成水处理的三级处理。

张双楼矿矿井涌水水质无法满足工业循环冷却水水质标准,因此,根据其水质情况设计 HEMS-T 三防换热器。

根据张双楼矿井水水质、实际情况和降温系统要求,张双楼煤矿 HEMS-T 三防换热器主要设计参数见表 7.4。

表 7.4　张双楼 HEMS-T 三防换热器主要参数

设备名称	HEMS-T
设备型号	消窝型-750
换热量	750kW
换热面积(单台)	85m²
一次侧介质	高污染、高矿化度、强腐蚀的张双楼矿井涌水
一次侧温度	28℃/39℃
二次侧温度	35.5℃/42℃
一次侧总流量	600m³/h
二次侧总流量	1000m³/h
二次侧水质	工业冷却水
一次侧承压	4MPa
二次侧承压	1.6MPa
机组尺寸	外包装控制尺寸在 4000mm×1300mm×1300mm 内
机组重量	4000kg

7.2.3　高效制冷系统设计

HEMS-I 工作站是制冷工作站,其主要功能是从井下冷源中提取冷量,供应给 HEMS-PT 系统,主体设备是 HEMS-I 制冷器。根据工作面总冷负荷要求和机组所能提供的制冷量,要合理选择机组型号并进行有机组合,充分发挥机组性能,满足系统循环的要求,同时考虑一定的安全储备。

1. HEMS-I 换能技术

HEMS-I 制冷机组是通过消耗少量高品位能量,将矿井涌水中的低品位冷能变成可直接利用的高品位冷能的装置。HEMS-I 利用逆卡诺循环,通过两个定温过程和两个绝热过程提取矿井涌水中的冷能再输送给工作面降温工作站,同时,将工作面换出热量传递到矿井涌水中。

2. 主体设备参数设计

根据冷负荷计算[3],系统总冷负荷为 6000kW,结合 HEMS-I 制冷器的制冷量及机组尺寸,选择 5 台型号为 1200 型的机组作为 HEMS-I 工作站的主体设备,总制冷量为 6125kW,满足设计要求。单台机组主要性能参数见表 7.5,机组尺寸为 4500mm×1150mm×1900mm(长×宽×高),最大输入功率 308kW,最大输入电流498A,最大启动电流715A。

表7.5 HEMS-I 工作站主体设备主要性能参数

机组型号	制冷量/kW	输入功率/kW	COP	蒸发器			冷凝器		
				进出口温度/℃	水流量/(m³/h)	水阻力/kPa	进出口温度/℃	水流量/(m³/h)	水阻力/kPa
1200	1225	308	3.98	12/5	150	45	35.5/42	200	40

根据主体设备性能要求,并兼顾相邻工作站之间的协调运行,选择维持系统循环运行的动力设备、控制系统等辅助设备,见表7.6。

表7.6 HEMS-I 工作站辅助设备配置

序号	设备名称	单位	数量	规格型号	备注
1	冷却水泵	台	2	流量660m³/h,扬程30m	一用一备
2	冷冻水泵	台	2	流量400m³/h,扬程70m	一用一备
3	排污过滤器	台	3	管道式,DN300	—
4	排污过滤器	台	1	管道式,DN250	—
5	软水器	套	1	双罐,罐体直径400mm	全自动
6	除砂器	台	1	TYC-130	—
7	补水箱	个	2	2m³	—
8	水表	个	2	DN250	—
9	变频柜	台	4	—	分别为冷却水泵、冷冻水泵配置

7.2.4 全风降温系统设计

针对其他降温系统中混风模式存在的降温除湿效果差问题,本系统中降温工作站设计时改进为全风降温模式(见图7.7),所有热风都通过降温工作站。HEMS-II 工作站运行如下:在系统运行中,其一次侧参与由水体闭路循环所形成

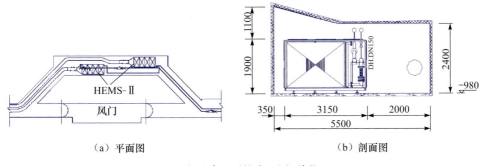

（a）平面图 　　（b）剖面图

图7.7 全风降温系统布置图(单位:mm)

的下循环，二次侧由于巷道风流的介入，主要完成冷冻水循环水体与热风的换热作用，也就是说，二次侧是参与了气液两相换热的开路循环。根据该工作站功能需求，选择表面式冷却器作为主体设备，内部结构为管束翅片式，由于采用封闭式水系统，可省去冷水箱和回水箱，管路连接简单，冷冻水漏损少，且水和空气不相互污染。

1. 运行工况设置

HEMS-I 冷冻水供水温度为 5℃，同样考虑循环系统运行中能量的损失，温升按 1℃计，则 HEMS-II 的进水温度为 6℃，该工况下其他运行参数要求如下：

换热能力：1600kW；　　　　　进风温度：31℃；

相对湿度：100%；　　　　　　出风温度：18℃；

供风风量：1400m³/min；　　　工作压力：3MPa；

外形尺寸：长×宽×高≤3000mm×1300mm×1900mm。

2. 主体设备参数设计

根据以上运行工况及参数，运用传热学原理进行表冷器热工计算及设计。经计算，每4台表冷器通过串、并联组合后形成一套 HEMS-II 系统，HEMS-II 降温器见图7.8。采煤工作面布置2套 HEMS-II 系统，沿巷道轴并联连接，掘进工作面布置1套 HEMS-II 系统，冷冻水与热风逆向流动，换热性能满足设计要求。

图 7.8　HEMS-II 降温器

7.3　热能利用方案

7.3.1　深井热能梯级开发利用系统

深井热能梯级开发利用系统(见图7.9)是针对深井开采高温热害开发并利用

所研发的一套工艺系统,其工作原理是在井下建立深井热能井下利用系统,提取矿井水冷能,解决深井热害问题;在井上建立深井热能井上利用系统,提取矿井水热能,解决矿区供暖、洗浴供热以及食品加工和衣服烘干等供热问题;同时解决夏季的制冷问题。整个系统分为地热机房设计、外网工程设计、洗浴系统设计、井口加热系统设计、水源设计和自动控制系统设计六大部分[4~6]。

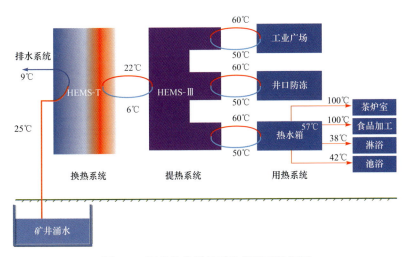

图 7.9 深井热能梯级开发利用系统框图

在地面设置 HEMS-Ⅲ 热(冷)能利用工作站,通过提取矿井水中的热(冷)能,通过 HEMS-T 进行热量交换,二次侧的水进入 HEMS-Ⅲ 机组的蒸发器端,通过 HEMS-Ⅲ 机组工作后以水为介质带出的热量进行建筑物供暖、洗浴及井口加热等,从而取代了地面锅炉系统实现了地面供暖系统零污染。

深井热能开发利用工艺系统所利用的热源是矿井涌水,充分利用地层能,保证了资源的可持续利用和发展,整个生产系统无污染,最大限度地减少了废气废物的排放,有效地保护了生态环境,具有显著的社会效益。

系统运行后所提取的热量以水为载体(以热水的形式)返回地表,通过 HEMS-Ⅲ 机组进行热量的提取,最终通过向建筑物、井口供热及洗浴、食品加工和衣服烘干的形式完成能量的充分利用,形成上、下循环生产系统,实现井下制冷。地面供热节能系统可以大大降低深井热害控制及供暖系统的运行成本,取得良好的经济效益。

7.3.2 井口防冻系统

张双楼矿区需要进行井口防冻的区域为主井、副井和新副井井口房。其中,新副井的平面尺寸、进风量和用热负荷是三个井口房最大的(见表 7.7)。

表 7.7 各井口房参数

井口防冻区域	平面尺寸/m	层数	层高/m	进风量/(m³/min)	计算负荷/kW
主井	10×8	2	4	2650	746
副井	54.6×9	2	4.5	3850	1083
新副井	42×14.1	2	4.5	5410	1522

为了增强井口供热效果,提高能源利用效率,在井口防冻系统设计时需要对不同的方案进行数值分析,下面以张双楼新副井为例建模计算分析。

1. 模型建立

以新副井井口房为例设计模拟区域,模拟四种不同设计方案下新副井井口房的温度场情况,找出最佳设计方案,指导实际工程。

张双楼矿位于江苏省徐州市沛县境内,冬季采暖室外计算温度为−5℃,冬季空调室外计算温度为−8℃,大气压力为100.26kPa,新副井井口房进风量为5410m³/min,详见表7.8。

表 7.8 新副井井口房计算参数

序号	项目	数值
1	冬季采暖室外计算温度/℃	−5
2	冬季空调室外计算温度/℃	−8
3	大气压力/kPa	100.26
4	新副井进风量/(m³/min)	5410

张双楼矿新副井井口房为二层建筑,长42m,宽14.1m,高4.5m,两层共高9m,东、西两侧大门及窗口都是进风口。井口房因生产需要对噪声有控制要求,所以井口进风方式为无风机送风,靠井口自身负压向井口进风。原防冻供暖方式为室内加装铸铁散热器,通过加热室内空气,保障井口处空气温度不低于结冰温度。具体新副井井口房平面尺寸如图7.10所示。

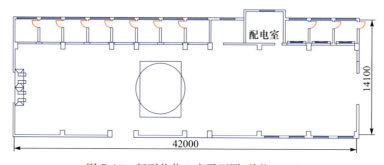

配电室

14100

42000

图 7.10 新副井井口房平面图(单位:mm)

鉴于新副井井口房的布局和尺寸,模拟类型为三维问题。同时考虑计算的难度和计算机的配置,采用结构化网格划分方式,网格密度取为 0.5m,模型如图 7.11 所示,计算边界条件见表 7.9。

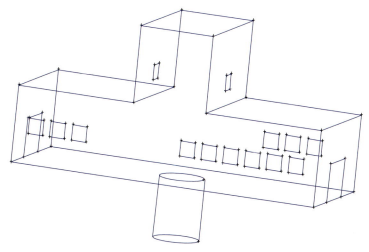

图 7.11　新副井井口房模型

表 7.9　新副井井口房数值模拟边界条件

序号	项目	参数
1	模拟计算室外温度/℃	−10
2	大门进风风速/(m/s)	1
3	窗户进风风速/(m/s)	0.5
4	维护结构性质	绝热面

综合比较徐州沛县地区气象资料,模拟室外温度取 −10℃,此温度低于冬季空调室外计算温度(−8℃),略高于极端最低温度平均值(−11.7℃),即从大门和窗户进风口的进风风温为 −10℃。

按照进风量及新副井井口房大门和窗户的面积折算出大门和窗户的进风风速,井口房大门进风风速为 1m/s,窗户进风风速为 0.5m/s。

新副井井口房温度控制目标(见表 7.10)为保证井口进风空气温度不低于 4℃,即保证井口一层地面 1m 以下处空气温度不低于 4℃。井口房内室内温度不低于 15℃,即井口房内一层地面以上 2m 区域内平均温度不低于 15℃。

表 7.10　新副井井口房数值模拟控制目标

序号	位置	参数
1	井口附近一层地平 1m 以下处空气温度/℃	≥4
2	一层地面以上 2m 区域内平均温度/℃	≥15

该模拟的目的是研究新副井井口房内气流组织及热舒适性的影响因素。一般来说,影响气流组织的因素很多,如送风温差、送风速度、送风高度、风口形式以及室内热源和辐射情况等。针对张双楼矿新副井井口房的具体情况,其送风速度、送风高度、风口形式以及室内热源和辐射等参数已经固定,本书主要研究送风温度,即HEMS机组出水温度、进风口位置和数量对井口房内气流组织及热舒适性的影响。

2. 计算结果分析

1) 方案一

在新副井井口房一层北侧均匀安装 5 个 HEMS-Ⅱ shaft 末端设备,南侧安装 3 个,二层东西两侧各安装一个,进风风温为 37℃。

由图 7.12~图 7.15 计算结果可以看出,大门进风处室温较低,室内温度场呈现出南北两侧靠墙附近 HEMS-Ⅱ-shaft 末端设备处较高,东西两侧及井口处较低。如图 7.13 所示,一层所有区域温度接近−1℃。井口一层地平 1m 以下处最低风温为−3℃。

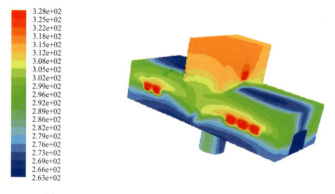

图 7.12　方案一模拟效果——温度场三维立体图

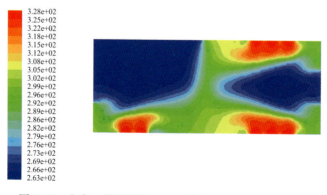

图 7.13　方案一模拟效果——一层地面以上 1m 处温度场

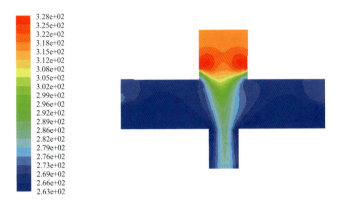

图 7.14　方案一模拟效果——东西方向纵向剖面温度场

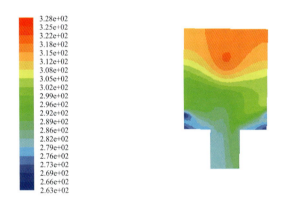

图 7.15　方案一模拟效果——南北方向纵向剖面温度场

　　从数值模拟的结果来看,方案一不管是室内温度还是井口处风温,都远未达到控制要求。

　　2) 方案二

　　HEMS-II-shaft 末端设备的布置位置与方案一相同。设定进风风温提高到 48℃。

　　从图 7.16～图 7.19 可以看出,方案二在方案一的基础上,将进风温度,即 HEMS 机组出水温度提高了 5℃,达到了 60℃。从计算结果可以看出,其井口房室内温度及井口处风温较方案一有所提高。但井口房内平均温度仍然很低,平均仅为 5℃。井口地平 1m 以下处仍有部分区域风温低于 0℃。在同一水平上,温度分布极不均匀,靠近 HEMS-II-shaft 末端设备的区域温度较高,而离末端设备较远的地方,温度较低。空间区域温度场的热分布不均匀,井口与室内均未达到控制要求。

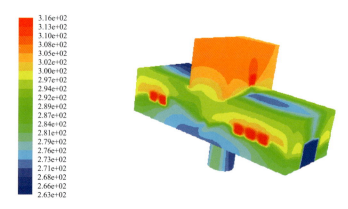

图 7.16　方案二模拟效果——温度场三维立体图

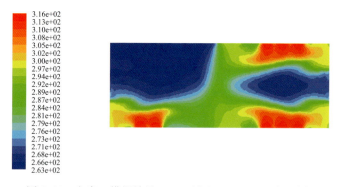

图 7.17　方案二模拟效果——一层地面以上 1m 处温度场

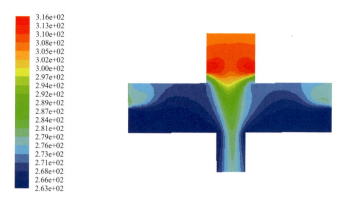

图 7.18　方案二模拟效果——东西方向纵向剖面温度场

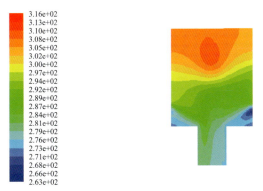

图 7.19　方案二模拟效果——南北方向纵向剖面温度场

3）方案三

在新副井井口房南北所有窗户上加装 HEMS-II-shaft 末端设备。设定进风风温为 37℃。

从图 7.20～图 7.23 可以看出，方案三增加了 HEMS-II-shaft 末端设备的布置数量，室内温度场分布较均匀。但由于进风风温不高，室内温度及井口控制温度都未达到控制要求。

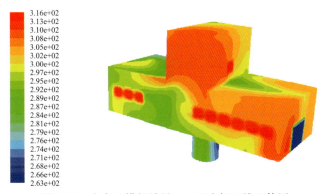

图 7.20　方案三模拟效果——温度场三维立体图

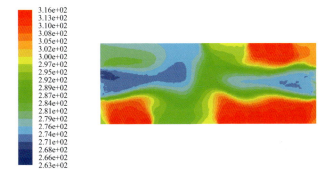

图 7.21　方案三模拟效果——层地面以上 1m 处温度场

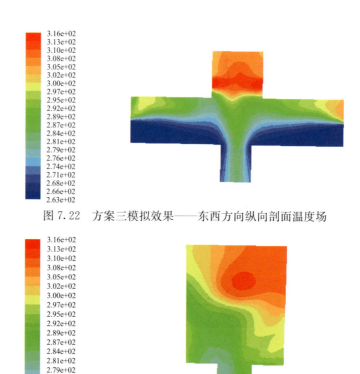

图 7.22　方案三模拟效果——东西方向纵向剖面温度场

图 7.23　方案三模拟效果——南北方向纵向剖面温度场

4）方案四

在新副井井口房东西所有窗户上加装 HEMS-Ⅱ-shaft 末端设备,其布置位置与方案三相同。将进风风温提高到 48℃。

从图 7.24～图 7.27 可以看出,方案四在方案三的基础上,将进风温度,即

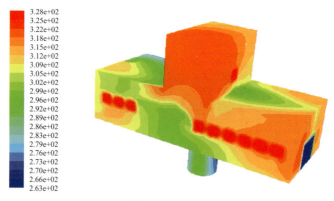

图 7.24　方案四模拟效果——温度场三维立体图

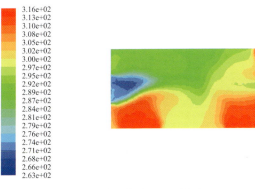

图 7.25　方案四模拟效果——一层地面以上 1m 处温度场

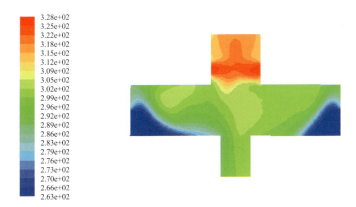

图 7.26　方案四模拟效果——东西方向纵向剖面温度场

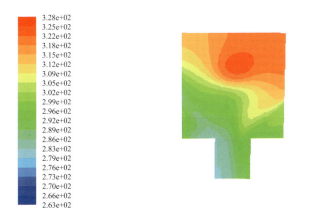

图 7.27　方案四模拟效果——南北方向纵向剖面温度场

HEMS 机组出水温度提高了 10℃,达到了 60℃。其井口房室内温度及井口处风温较方案一有所提高。井口房内地面以上 2m 内区域平均温度达到了 16℃,且温度场分布均匀、稳定,人体舒适感良好。一层地平 1m 以下处井口附近空气温度为 5℃。室内温度及井口控制温度都达到了控制要求。

四种方案模拟效果比较见表 7.11。

表 7.11 新副井井口房数值模拟效果比较

方案主要特征	方案一	方案二	方案三	方案四
HEMS-Ⅱ-shaft 布置位置、数量	一层北侧 6 个、南侧 3 个,二层东西各一个	一层北侧 6 个、西侧 3 个,二层东西各一个	一层北侧 9 个、南侧 3 个,二层东西各一个	一层北侧 9 个、南侧 3 个,二层东西各一个
HEMS 机组出水温度/℃	50	60	50	60
室内温度场	一层地面以上 2m 区域内平均温度仅为 −1℃,温度分布不太均匀	一层地面以上 2m 区域内平均温度为 3℃,但温度场分布极不均匀	一层地面以上 2m 区域内平均温度为 5℃,温度分布较均匀	一层地面以上 2m 区域内平均温度为 16℃,温度分布较均匀
与控制要求温差	−16℃	−12℃	−10℃	1℃
井口处温度场	一层井口地面以下 1m 处风温仅为 −3℃	一层井口地面以下 1m 处风温仅为 0℃	一层井口地面以下 1m 处风温 2℃	一层井口地面以下 1m 处风温 5℃
与控制要求温差	−7℃	−4℃	−2℃	1℃

综合分析四个方案温度场的模拟效果,可以看出,方案四的模拟效果最好:温度分布均匀,井口房室内温度和井口进风风温均满足了控制要求。

图 7.28～图 7.31 分别为方案四条件下的压力场、流速场分布图。

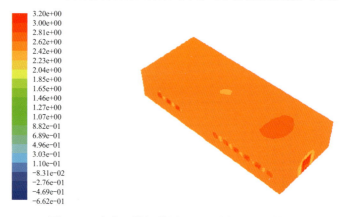

图 7.28 方案四模拟效果——压力场三维立体图

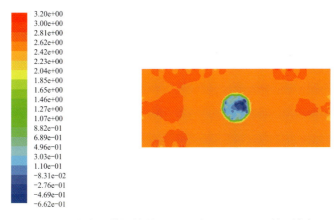

图 7.29 方案四模拟效果——一层地面以上 1m 处压力场

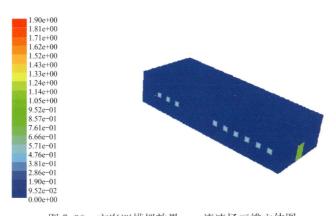

图 7.30 方案四模拟效果——流速场三维立体图

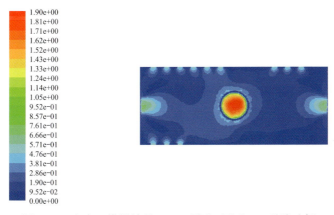

图 7.31 方案四模拟效果——一层地面以上 1m 处流速场

由压力场、流速场的模拟效果来看,井口处呈明显负压,大门及窗户处风速较大,风速向室内中心衰减,井口处风速为 2m/s。HEMS-Ⅱ-shaft 末端设备的安装与使用并没有破坏原有井口房的压力场、流速场分布,满足矿井井口房对压力及流速的生产要求。

7.3.3 工人洗浴系统

张双楼矿洗浴系统需保证 2900 人次/日的热水量,按每人每日洗澡用水量 100kg/日计算所需要的热负荷为 1316kW。针对矿区原有蒸汽洗浴系统是将高温蒸汽直接通入水箱中加热,加热后的水直接供洗浴,当水箱中水量不足时,用自来水直接补到水箱中,这样就容易造成供水温度忽高忽低温度不稳定等问题,本设计在满足洗浴用水量的同时,通过对水温以及水箱液位的精确控制,使洗浴用水水温稳定且最大限度地减少热量损失,达到节能的效果,取得了良好的经济效益。

洗浴系统设计思路如下:

(1) 浴室一楼有一个容量为 160m³ 的大保温水箱作为储水箱,楼顶有两个容量为 30m³ 的小保温水箱作为供水水箱。

(2) 大保温水箱与 HEMS-Ⅲ 机组之间形成开式循环,水箱内的水通过循环水泵进入 HEMS-Ⅲ 机组加热,直至达到设计温度后停止。

(3) 温度控制。当大保温水箱中热水水温由于自然冷却等原因低至 39℃(夏季)/42℃(冬季)时,置于大保温水箱内的温度控制计控制循环水泵工作,信号再传至 HEMS-Ⅲ 机组,随后机组开始工作,当水箱内热水水温升至 43℃(夏季)/44℃(冬季)时,温度控制计控制机组自动停机,水泵随后停止工作。当作为供水水箱的小保温水箱内的热水水温低于 37℃时,置于小保温水箱内的温度控制计控制电动阀再回流到大保温水箱内,从而实现了对洗浴用热水水温的精确控制。

(4) 液位控制说明。当作为供水水箱的小保温水箱内的热水液位下降到距水箱底部 0.3m 时,置于小保温水箱内的液位控制计控制补水泵,从大保温水箱中抽取热水进行补水,当水位上升到距水箱底部 0.8m 时停止补水。当大保温水箱水位下降 0.2m,置于大保温水箱内的液位控制计控制电动阀开始补自来水,从而实现了对洗浴用热水水量的精确控制。

洗浴系统设计示意如图 7.32 所示。

7.3.4 自动控制系统

根据张双楼煤矿深井热能梯级开发利用系统特点,自控设计包括机房设备控制系统、井口控制系统、洗浴控制系统三大部分。自控设计总框图如图 7.33 所示。

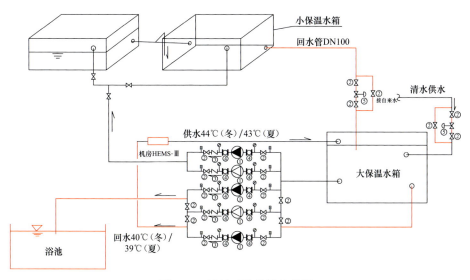

图 7.32 洗浴系统设计示意图

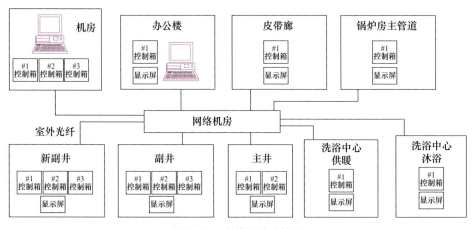

图 7.33 自控设计总框图

通过光纤网络将主井、副井、新副井、办公楼、洗浴、机房集成,数据共享,使得机房掌握末端温度需求,及时调整热源供给量。

自动控制控制内容主要包括:

(1)一次供、回水温度和压力。

(2)二次供、回水温度和压力。

(3)水池超高、高、低、超低液位。

(4)水箱补水电磁阀控制。

(5)水循环泵的启/停控制、运行状态反馈、故障状态反馈、手/自动状态反馈。

(6) 变频水泵的主回路启/停控制、运行状态反馈、变频器的启/停控制、运行状态反馈、故障、转速控制、转速反馈。

自动控制方式主要有:

(1) 一次泵根据负荷控制。通过冷冻水一次供水流量、冷冻水一次供水温度、回水温度的差值计算出所需要的冷量和,以此确定一次泵与冷水机组的运行台数。

(2) 根据水箱的液位自动控制补水电磁阀的开启,以保证水箱的水位维持在正常范围之内。

(3) 所有循环水泵可实现设备的自动转换,运行过程中设备发生故障时,备用设备可自动投运;自动累计水泵运行时间,自动排序水泵组进行设备轮运,平均分配水泵组各泵运行时间,合理进行设备运营;监测循环泵启动运行时间,进行时限保护控制,当循环泵运行时间大于设定及设计时限时,自动启动备用泵。

(4) 趋势记录。机组的各动态运行参数、能量管理参数及能耗均可自动记录、储存、列表,并可以做到定时打印,以便管理人员的查询、管理和分析。

(5) 设备的监测。系统设备运行状态、故障、手/自动状态、水温、压力等各监测参数超限或异常时均会自动发出声光报警,并可以做到同步打印。

所有预设程序均可按实际需要和要求,在中央管理工作站上调整修改,以满足用户的使用需求。

7.4 现场试验参数分析

依据张双楼煤矿现场系统运行数据进行分析,测试参数期间降温区域为东翼7119 工作面和西翼大巷掘进头,测试时间 2011 年 7 月 4 日～8 月 1 日,主要测试点及测试内容见表 7.12,测试监测点布置如图 7.34 所示。

表 7.12 系统运行参数测试点

序号	监测点	监测内容
1	−500m 水平冷却泵站	冷却水温,水量
2	−750m 水平东翼制冷站	HEMS-T、东翼 HEMS-I 运行工况
3	−750m 水平西翼制冷站	西翼 HEMS-I 运行工况
4	−838m 水平东翼降温站	工作面 HEMS-II 运行工况
5	−1000m 水平西翼降温站	掘进头 HEMS-II 运行工况
6	7119 工作面	工作面降温除湿效果
7	西翼掘进头	掘进头降温除湿效果

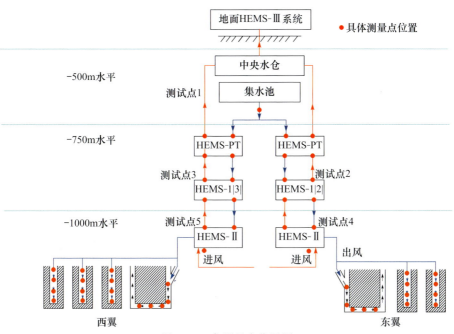

图 7.34 各测量点位置图

1. 系统启动后参数平衡变化过程

机组于 2011 年 7 月 4 日启动,开始运行后 6h 达到平衡,以下是各个点测试参数曲线。

1) HEMS-PT 平衡曲线

由图 7.35 可以看出,HEMS-PT 启动后从开始进出水温都 28℃开始变化,由

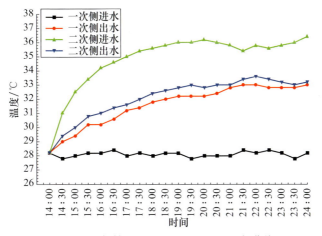

图 7.35 东翼 HEMS-PT 7 月 4 日运行曲线

于系统启动后需要带走 HEMS-I 排出的热量,经过 2h 运行逐渐趋于平稳。

2) HEMS-I 平衡曲线

由图 7.36 可以看出,系统运行后 2h HEMS-I 冷凝侧首先达到平衡,蒸发侧需要接近 6h 才能达到平衡状态,这是由于井下降温冷冻水管路一般都比较长(超过 2000m),加上工作面负荷偏大,系统达到平衡需要一定时长。管路越长、工作面负荷越大,平衡所需时长就越长,反之则越短。

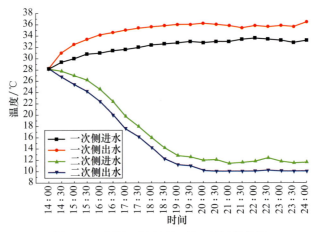

图 7.36 东翼 HEMS-I 7 月 4 日运行曲线

3) HEMS-II 平衡曲线

图 7.37 为 7119 工作面降温工作站 HEMS-II 运行曲线,可以看出,HEMS-II 进出水温度在 7h 后趋于平稳。

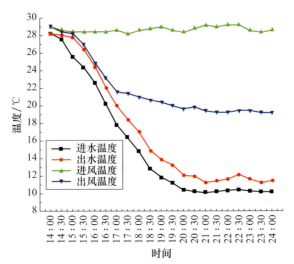

图 7.37 7119 工作面 HEMS-II 7 月 4 日运行曲线

2. 系统平衡后热力平衡参数

1) HEMS-PT 热力平衡参数

从图 7.38~图 7.42 中可以看出,东翼 HEMS-PT 一次侧进出水温差为 5℃左右,二次侧进出水温差为 3~4.4℃。一次侧水平均流量为 290m³/h,二次侧水平均流量为 446m³/h,运行状态稳定。

2) HEMS-Ⅰ 热力平衡参数

从图 7.43~图 7.47 可以看出,东翼 HEMS-Ⅰ 冷却水进出水温差为 3.3℃左右,冷冻水进出水温差为 3.5℃左右。冷却水平均流量为 446m³/h,冷冻水平均流量为 356m³/h,东翼 HEMS-Ⅰ 制冷机组蒸发侧和冷凝侧进出水温比较平稳,说明东翼 HEMS-Ⅰ 制冷效果明显,运行状态稳定。

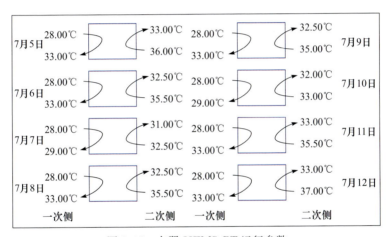

图 7.38 东翼 HEMS-PT 运行参数

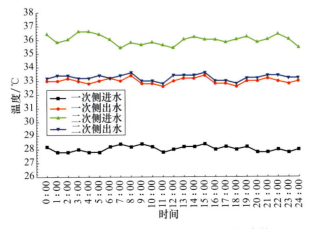

图 7.39 7月5日东翼 HEMS-PT 运行参数

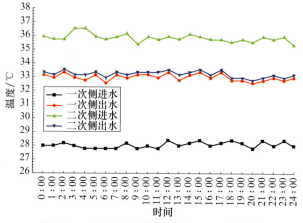

图 7.40　7 月 6 日东翼 HEMS-PT 运行参数

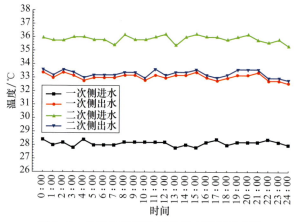

图 7.41　7 月 7 日东翼 HEMS-PT 运行参数

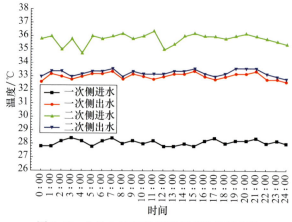

图 7.42　7 月 8 日东翼 HEMS-PT 运行参数

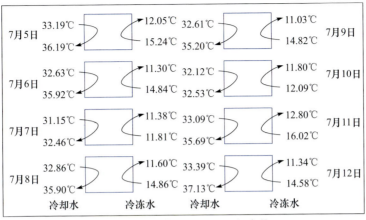

图 7.43 东翼 HEMS-Ⅰ 运行参数

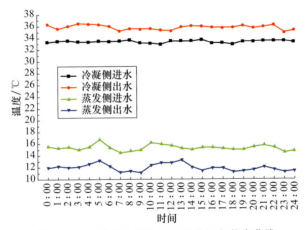

图 7.44 7月5日东翼 HEMS-Ⅰ 运行状态曲线

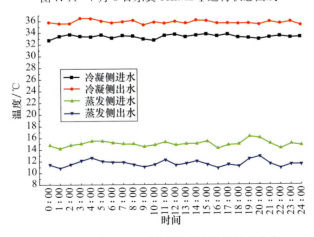

图 7.45 7月6日东翼 HEMS-Ⅰ 运行状态曲线

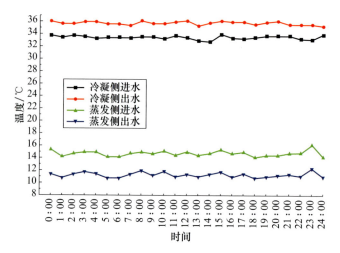

图 7.46　7 月 7 日东翼 HEMS-Ⅰ 运行状态曲线

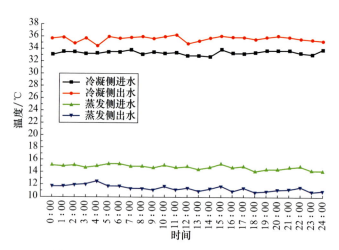

图 7.47　7 月 8 日东翼 HEMS-Ⅰ 运行状态曲线

3) HEMS-Ⅱ 热力平衡参数

从图 7.48~图 7.52 可以看出，−838m 水平 HEMS-Ⅱ 水循环进水温度 11.50~13.00℃，出水温度 14.50~16.00℃，进出水温差为 3℃，水循环流量 356m³/h；进风温度 28.80~29.40℃，出风温度 19.20~20.80℃，进出风温差为 8.60~9.60℃，风量为 800m³/min，东翼 HEMS-Ⅱ 进出水温度和进出风温度比较平稳，说明东翼 HEMS-Ⅰ 换热效果明显，运行状态稳定。

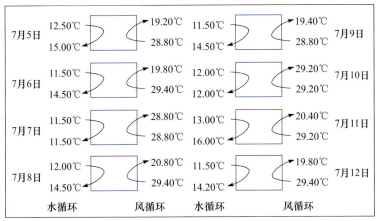

图 7.48　东翼－838m 水平 HEMS-II 运行参数

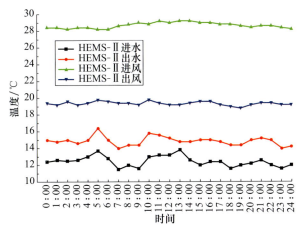

图 7.49　7 月 5 日东翼－838m 水平 HEMS-II 运行参数

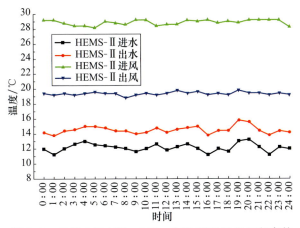

图 7.50　7 月 6 日东翼－838m 水平 HEMS-II 运行参数

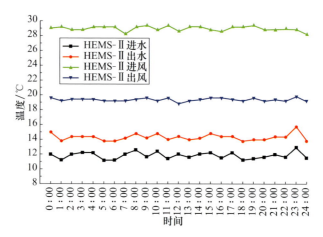

图 7.51　7 月 7 日东翼－838m 水平 HEMS-Ⅱ运行参数

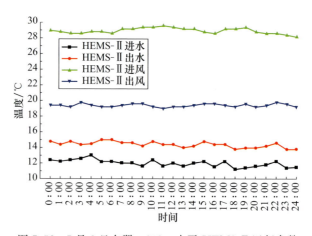

图 7.52　7 月 8 日东翼－838m 水平 HEMS-Ⅱ运行参数

3. HEMS 降温系统运行能量平衡参数计算

根据 HEMS 降温系统运行监测数据,针对系统始端及末端设备的工作性能,进行系统运行能耗平衡计算,分析以下能量平衡参数:－500m 水平集水池水与东西翼 HEMS-PT 之间冷量交换、东西翼 HEMS-Ⅰ制冷器排热量和制冷量、东西翼 HEMS-Ⅱ降温器水循环冷量和风循环冷量,如图 7.53 所示。

通过实际监测(2011 年 7 月 5 日~12 日),测得 HEMS 降温系统能量运行平衡参数,如表 7.13 所示。

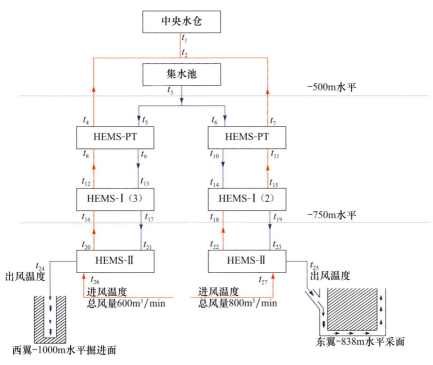

图 7.53 HEMS 降温系统能量运行平衡参数点图

表 7.13 HEMS 降温系统运行参数表

名称	参数点	温度/℃	名称	参数点	温度/℃
−500m 水平 HEMS-PT 出水	t_1	30	东翼 HEMS-I 冷凝侧出水	t_{15}	35.5
东西翼 HEMS-PT 交汇处	t_2	31.25	西翼 HEMS-I 蒸发侧进水	t_{16}	12.91
−500m 水平积水池水	t_3	28	西翼 HEMS-I 蒸发侧出水	t_{17}	10.63
西翼 HEMS-PT 一次侧出水	t_4	33.2	东翼 HEMS-I 蒸发侧进水	t_{18}	15.06
西翼 HEMS-PT 一次侧进水	t_5	28	东翼 HEMS-I 蒸发侧出水	t_{19}	11.68
东翼 HEMS-PT 一次侧出水	t_6	28	西翼 HEMS-II 出水	t_{20}	12.63
东翼 HEMS-PT 一次侧进水	t_7	33	西翼 HEMS-II 进水	t_{21}	11.13
西翼 HEMS-PT 二次侧进水	t_8	32.3	东翼 HEMS-II 出水	t_{22}	14.78
西翼 HEMS-PT 二次侧出水	t_9	30	东翼 HEMS-II 进水	t_{23}	12
东翼 HEMS-PT 二次侧出水	t_{10}	32.75	西翼 HEMS-II 出风	t_{24}	19.45
东翼 HEMS-PT 二次侧进水	t_{11}	35.75	东翼 HEMS-II 出风	t_{25}	19.9
西翼 HEMS-I 冷凝侧出水	t_{12}	32.57	西翼 HEMS-II 进风	t_{26}	29.05
西翼 HEMS-I 冷凝侧进水	t_{13}	30.41	东翼 HEMS-II 进风	t_{27}	29
东翼 HEMS-I 冷凝侧进水	t_{14}	32.96			

1）东翼 HEMS 降温系统各循环冷量平衡计算

（1）东翼 HEMS-PT 冷量交换：

$$Q_{东PT一次侧}=Cm\Delta t=Cm(t_7-t_6)=1.163\times290\times5=1686.35(\text{kW})$$

$$Q_{东PT二次侧}=Cm\Delta t=Cm(t_{11}-t_{10})=1.163\times496\times3\approx1730.54(\text{kW})$$

（2）东翼 HEMS-I 冷量交换：

$$Q_{东I冷凝侧}=Cm\Delta t=Cm(t_{15}-t_{14})=1.163\times496\times2.98\approx1719(\text{kW})$$

$$Q_{东I蒸发侧}=Cm\Delta t=Cm(t_{18}-t_{19})=1.163\times356\times3.38\approx1399.41(\text{kW})$$

（3）东翼 HEMS-II 冷量交换：

$$Q_{东II进水侧}=Cm\Delta t=Cm(t_{22}-t_{23})=1.163\times356\times2.78\approx1151(\text{kW})$$

$$Q_{东II进风侧}=G\Delta i=1.2\times\frac{800}{60}\times(95.47-57.8)\approx602.72(\text{kW})$$

通过以上计算可知，东翼 HEMS 降温系统 HEMS-PT 换热效果明显，HEMS-PT 与 HEMS-I 之间距离为 35m，由于管道较短，冷量损失为 11kW。HEMS-I 制冷量为 1399kW，基本达到该机组的额定制冷量。HEMS-I 与 HEMS-II 之间距离为 1100m，管道距离较长，一部分位于进风巷道，一部分位于回风内，冷量损失为 249kW，HEMS-II 进水侧与进风侧冷量损失为 547kW，−838m 水平制冷工作站开一台风机，主要是另一套 HEMS-II 降温器和降温器管路表面结露后生成冷凝水所损失的冷量。

通过以上分析可知，东翼 HEMS 降温系统各循环冷量基本保持平衡状态，HEMS 降温系统运行稳定。

2）西翼 HEMS 降温系统各循环冷量平衡计算

（1）西翼 HEMS-PT 冷量交换：

$$Q_{西PT一次侧}=Cm\Delta t=Cm(t_4-t_5)=1.163\times280\times5.2\approx1693.33(\text{kW})$$

$$Q_{西PT二次侧}=Cm\Delta t=Cm(t_8-t_9)=1.163\times647\times2.3\approx1730.66(\text{kW})$$

（2）西翼 HEMS-I 冷量交换：

$$Q_{西I冷凝侧}=Cm\Delta t=Cm(t_{12}-t_{13})=1.163\times647\times2.16\approx1625.32(\text{kW})$$

$$Q_{西I蒸发侧}=Cm\Delta t=Cm(t_{16}-t_{17})=1.163\times490\times2.28\approx1299.30(\text{kW})$$

（3）西翼 HEMS-II 冷量交换：

$$Q_{西II进水侧}=Cm\Delta t=Cm(t_{20}-t_{21})=1.163\times490\times1.25\approx712.34(\text{kW})$$

$$Q_{西II进风侧}=G\Delta i=1.2\times\frac{760}{60}\times(98.93-54.63)\approx673.36(\text{kW})$$

通过以上计算可知，西翼 HEMS 降温系统 HEMS-PT 换热效果明显，HEMS-PT 与 HEMS-I 之间距离为 2300m，由于管道较长，冷量损失为 105kW。HEMS-I 制冷量为 1299kW，基本达到该机组的额定制冷量。HEMS-I 与 HEMS-II 之间距离为 1050m，管道距离较长，冷量损失为 587kW，HEMS-II 进水侧与进风侧冷量损失为 39kW,西翼－1000m 水平制冷工作站,主要是 HEMS-II 降温器管路表面结露后生成冷凝水所损失的能量。

通过以上分析可知,西翼 HEMS 降温系统各循环冷量基本保持平衡状态,HEMS 降温系统运行稳定,HEMS-I 与 HEMS-II 之间冷量较大,管路保温效果不明显。

7.5　效　果　评　价

7.5.1　热害治理效果

降温前 7119 工作面 C 点温度为 $34℃$,降温后 7119 工作面 C 点温度由原来的 $34℃$ 降低到 $27℃$,如图 7.54 所示。

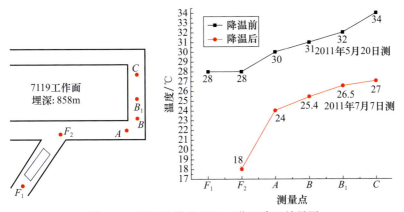

图 7.54　张双楼煤矿 7119 工作面降温效果图

降温前工作面 C 点湿度为 100%,降温后工作面 C 点湿度为 93%,比原来降低了 7%,如图 7.55 所示。

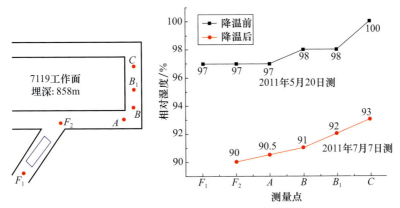

图 7.55　张双楼煤矿 7119 工作面除湿效果图

降温前掘进头迎头温度为 32.6℃，降温后为 27.4℃，系统运行后温度降低了 5.2℃，如图 7.56 所示。

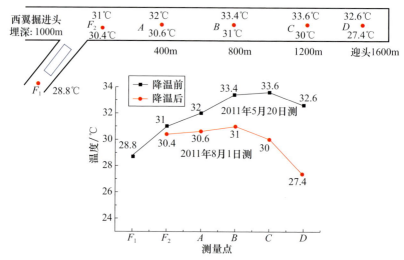

图 7.56　张双楼煤矿−1000m 水平西翼掘进头降温效果图

降温前掘进头迎头湿度为 97%，降温后湿度为 77%，系统运行后湿度降低了 20%，如图 7.57 所示。

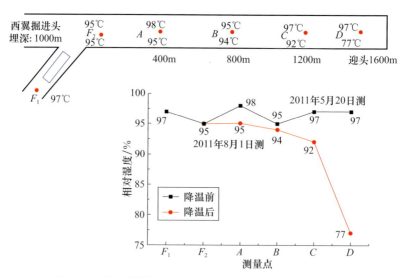

图 7.57　张双楼煤矿−1000m 水平西翼掘进头除湿效果图

7.5.2　热能利用效果

热能利用效果以张双楼煤矿地面热能利用系统运行数据为依据，测试张双楼当地温度最低的两周,1 月是徐州地区历史最冷月,如图 7.58 所示,在 2010 年 1 月 3 日～18 日这 15 天中,日平均温度为－0.89℃。有 8 天日最低温度低于－5℃,13 天日最低温度低于 0℃,2 天日平均气温低于－5℃,10 天日平均气温低于 0℃(见表 7.14)。所选时期能够代表徐州地区最冷气象状态。因此,选取 1 月 3 日～18 日的系统运行数据进行整理分析,监测系统运行状态与效果是否达到设计要求。

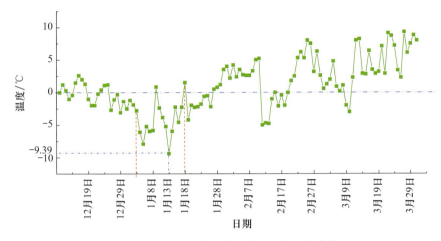

图 7.58　2010 年张双楼日最低温度监测曲线

表 7.14　徐州沛县地区 2010 年 1 月 3 日～18 日气温统计

序号	项目	天数
1	日最低温度低于－5℃	8
2	日最低温度低于 0℃	13
3	日平均气温低于－5℃	2
4	日平均气温低于 0℃	10

系统在工业广场建筑物室内、井口房及井口进风处、洗浴供水水箱中均装有温度探测器,对用户端用热情况进行监测。图 7.59 反映了 2010 年 1 月 3 日～18 日内用户端实际温度。可以看出,井口进风及井口房一级用户端,其日平均温度保持在 5℃和 15℃,满足了井口防冻及井口房供暖的设计要求。洗浴用热的二级用户,其供水平均温度在 45℃,高于设计温度(42℃)。工业广场建筑物作为三级用户,其室内平均温度为 17.4℃,也满足设计要求。

2010 年 1 月 13 日室外气温最低,最低气温为－9.8℃,接近历史极端最低温度平均值－11.7℃,日平均温度仅为－5.22℃。图 7.60 和图 7.61 为建筑物和洗浴供暖运行曲线图。

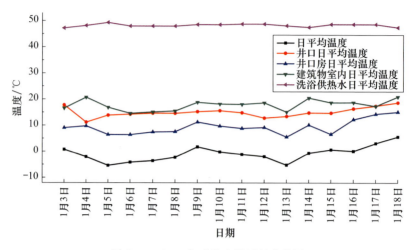

图 7.59　2010 年系统末端运行曲线图

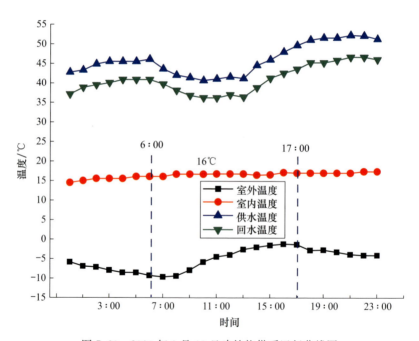

图 7.60　2010 年 1 月 13 日建筑物供暖运行曲线图

　　为了检验井口防冻效果,特对张双楼井口数据进行自动监测,图 7.62 为各个监测点位置平面图,图 7.63 为张双楼室外温度监测曲线,图 7.64 为新副井井口监测曲线,可以看出,室外温度达到 −10℃ 时,井口依然高于 2℃,满足规程要求。

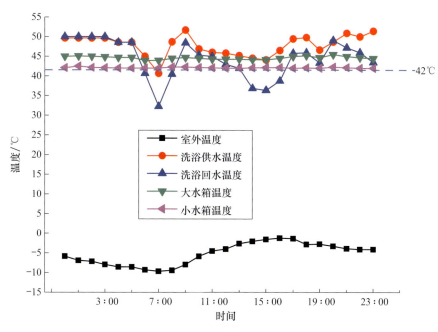

图 7.61　2010 年 1 月 13 日洗浴系统供暖运行曲线图

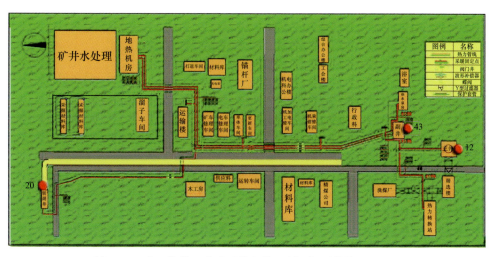

图 7.62　张双楼井口防冻系统主井、副井、新副井位置平面图

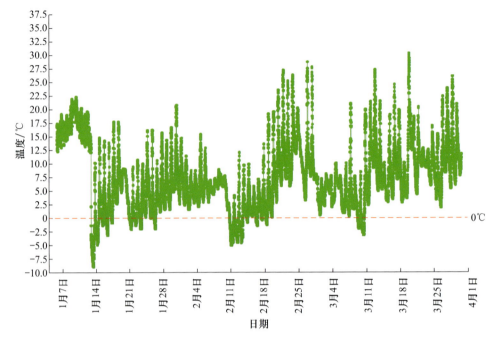

图 7.63　2010 年张双楼室外温度曲线图

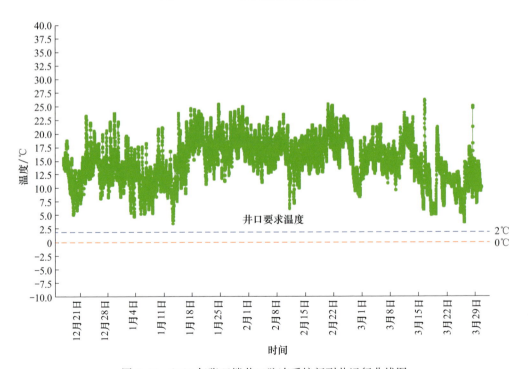

图 7.64　2010 年张双楼井口防冻系统新副井运行曲线图

参 考 文 献

［1］ He M C. Application of HEMS cooling technology in deep mine heat hazard control. Mining Science and Technology(China),2009,19(3):269—275.

［2］ He M C,Cao X L,Xie Q,et al. Principles and technology for stepwise utilization of resources for mitigating deep mine heat hazards. Mining Science and Technology(China),2010,20(1):20—27.

［3］ 郭平业,朱艳艳. 深井降温冷负荷反分析计算方法. 采矿与安全工程学报,2011,28(3):483—487.

［4］ 闫玉彪. 张双楼煤矿深井热害控制技术研究. 北京:中国矿业大学(北京)博士学位论文,2012.

［5］ 杨清. 张双楼矿以矿井涌水为热源井口防冻梯级供热系统研究. 北京:中国矿业大学(北京)硕士学位论文,2010.

［6］ 郭平业,秦飞. 张双楼煤矿深井热害控制及其资源化利用技术应用. 煤炭学报,2013,(S2):393—398.

第8章 现场试验Ⅱ——三河尖煤矿

徐州三河尖煤矿是我国东部典型的热害矿井之一,地温场纵向分布属于典型的地温异常,热害极其严重。三河尖煤矿井下有大量的高温奥陶系灰岩水,而高达50℃的水不能用作降温系统冷源,为此在三河尖煤矿采用以地表通过矿区的河流作为冷源来进行热害防治,本章以三河尖煤矿为例介绍以地表水为冷源的热害防治技术。

8.1 热害特征及冷源分析

8.1.1 热害特征

三河尖煤矿位于徐州市东北部,目前开采深度1100m,由于特殊的地质条件,热害异常严重[1,2]。工作面最高温度高达40℃,相对湿度95%~100%,且井下温度受地面温度影响较小,热害持续时间长。

1) 三河尖地温随深度的变化规律

根据煤炭部147队在三河尖井田外施工的恒温带观测孔所测得的1985年1~12月资料,丰沛矿区(包括三河尖井田)的恒温带深度为30m,温度为16℃。根据三河尖矿19个测温钻孔和8个井下炮眼测温点的资料拟合出三河尖地温随深度的变化曲线[3,4],如图8.1所示。

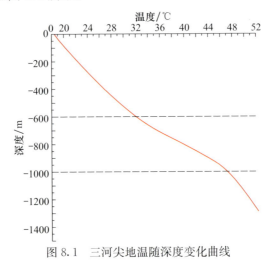

图8.1 三河尖地温随深度变化曲线

从三河尖地温随深度变化曲线可以看出,三河尖地温较其他地温正常地区明显偏高,温度随着深度的加深而增加,并且随着深度的不断加大,－700～－600m深度温度变化明显加大,局部异常。

2)三河尖地温梯度横向变化规律[5]

从三河尖井田地温梯度等值线图(见图 8.2)可以看出,三河尖井田测温点少且分布不均,在煤层埋藏较浅的龙固背斜、F_2 断层上盘地温梯度大,而煤层埋藏较深的部位地温梯度较小。三河尖井田地温梯度为 2.75～3.46℃/100m,平均大于3℃/100m,属高温类矿井。

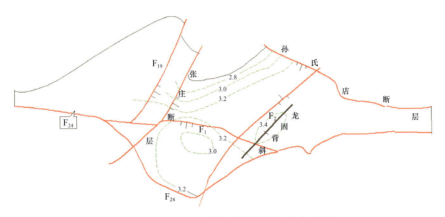

图 8.2　三河尖煤矿地温梯度等值线图(单位:℃/100m)

3)三河尖煤矿地温异常原因

从三河尖地温随深度变化曲线可以看出,该地温较其他地温正常地区明显异常偏高,其地温异常主要有以下原因:

(1)区域地温场背景。三河尖井田所处的丰沛矿区及整个鲁西南地区在中新生代经历了压、拉、剪多次交替构造运动,在本区不仅形成了以正断层为主的区域构造格局,而且影响了现代地温场的形成,造成区域地温偏高。整个滕沛煤田比相邻徐州其他煤田地温梯度高。

(2)完整的地壳热结构。丰沛矿区具有完整的地壳热结构:基底壳、沉积壳、披盖壳。三河尖井田第四系较厚,平均 220m,起着较好的隔热保温作用;煤系基底及基底壳的变质岩热导率高,起到良好的导热作用,易把下部的热量传导上来,而在煤系地层聚集了大量的热量。

(3)良好的聚热构造。三河尖井田位于丰沛复向斜中的滕鱼背斜向西南的延伸部分(龙固背斜);东西向的刘吴庄断层(F_{24}),落差大于 1500m,使位于下盘的三河尖井田基底相对抬高。刘吴庄断层和丰沛复向斜、龙固背斜共同组成了一个良好的聚热构造。

丰沛矿区的其他井田都是单斜散热构造；虽然也有断层造成基底抬高，但井田位于大地热流峰值之外。

（4）地下水影响微弱。三河尖井田地下水主要在各含水层间孤立循环。地下水与围岩热交换已达平衡，水温等于岩温。如−700m水平东大巷过F_2断层带时出水，水温为39℃，与岩温基本一致。而相邻的其他井田（如张双楼井田）虽然也是断层把基底抬高，但各基岩含水层易从第四系底部含黏土沙砾层中得到补给，地下水径流相对较强，起到一定的降温作用。这也是丰沛矿区其他井田比三河尖井田地温梯度小的原因之一。

8.1.2 冷源分析

表8.1为三河尖矿井井下和地面河水水量统计，可以看出，三河尖地下拥有丰富的奥陶系灰岩水[6]，由于温度高达50℃，可作为热能利用的热源，但用作冷源系统效率过低，不宜作为冷源。同时，可以看出三河尖地表水系丰富，可以作为良好的天然冷源。

表8.1 三河尖矿水量统计

序号	开拓水平/m	涌水量/(m³/h)	平均水温/℃
1	奥灰水	1020	50
2	大沙河	4440	28
3	姚楼河	5400	28
总计	可利用冷源	9840	28
	可利用热源	1020	50

地表冷源提取时需要评估对环境的热污染影响：

（1）水温对旱作灌溉的影响。《农田灌溉水质标准》（GB 5084—2005）规定，对于旱作（小麦、玉米等）灌溉水水温要求不高于35℃。姚楼河流域旱作主要为小麦，灌溉的时间主要集中在秋、春季。这个时期的姚楼河水温较低，HEMS系统排放水与河水混合后，温度升高，但低于35℃。

（2）水温对水稻灌溉的影响。水稻各生长时期适宜温度如表8.2所示，水稻在返青期要求水温28～30℃，徐州水稻返青期为5月末至6月初，河水温度较低，加上灌溉期抽水导致河水流动加快，HEMS系统排放水与河水混合后换热效率高，混合后水温一般可以达到返青期水稻的适宜温度，对水稻的生长无不良影响。

表8.2 水稻生长期适宜温度表

生长时期	适宜温度/℃
萌芽期	10～40
返青期	28～30

续表

生长时期	适宜温度/℃
分蘖期	$19\sim39$
孕穗至开花期	$\geqslant24$
乳熟至黄熟期	$\geqslant20$

(3) 水温对河流生物的影响。河中的生物以鱼类和水草为主。鱼类属变温动物,体温随水温的变化而变化,北方养殖鱼类主要有泥鳅、鲤鱼、草鱼、鲢鱼、鲫鱼。生长的适温为 15～32℃,最适生长水温为 20～28℃。HEMS 系统排放水,在姚楼河水域属于局部水域温升,对鱼类没有影响。

综上所述,姚楼河在灌溉时期,水流量大,HEMS 系统排放水与河水混合后换热效率高,混合后水温一般可以达到农作物灌溉的适宜温度。HEMS 系统排放水在姚楼河水域属于局部水域温升,对鱼类没有影响。所以,HEMS 系统排放水对姚楼河水域环境没有影响。

8.2　热害治理方案设计

三河尖矿井涌水冷源缺乏,但井田内的河流(姚楼河、苏鲁河、义河、复兴河、大沙河、徐沛运河等)有足够的水量作为冷源。同时,这些河流均与微山湖相通,可以保证水源的连续性。地表河水属季节性河流,农业上用河道引水灌溉,地面南北、东西向的灌溉渠道纵横交错。经分析,三河尖矿需要降温的工作面与姚楼河距离最近。姚楼河水量为 $90\text{m}^3/\text{min}$(估),夏季水温为 28℃,东部与微山湖相通,南部与长江相连,水量充足,可以满足井下的降温冷源需求。

将姚楼河河水输送到地面 HEMS-T,形成开路循环,由地表姚楼河附近至 -700m 水平打两口输水井(ϕ350mm),输送到井下 HEMS-PT,形成闭路循环,在姚楼河内开路循环进水侧和出水侧建一简易坝,使开路循环冷热水隔开。将上游的水通过泵房输送到井下的 HEMS-PT 中,利用完的水再通过泵房的作用排放到姚楼河中。图 8.3 为冷源提取工程示意图。

根据三河尖煤矿具体工程条件,设计出三河尖矿工艺框图和流程图[7,8](见图 8.4 和图 8.5),具体如下:

(1) 在地面设置 HEMS-T 三防换热系统,从高污染的河水中提取冷能并传递给井下 HEMS-PT 工作站。

(2) 井下 HEMS-PT 压力转换工作站主要作用是将系统流体压力由高压转变为低压,同时将冷能输送给 HEMS-I 制冷工作站。

(3) HEMS-I 降温工作站主要作用是提取冷能并且将冷能通过冷冻水直接供给 HEMS-II 全风降温系统。

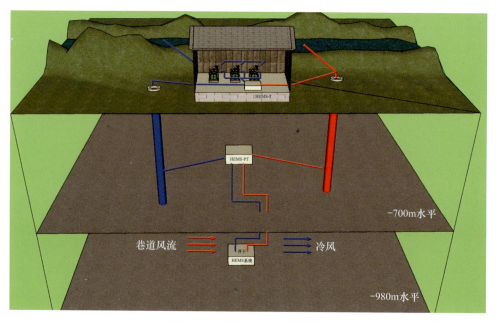

图 8.3　冷源提取工程示意图

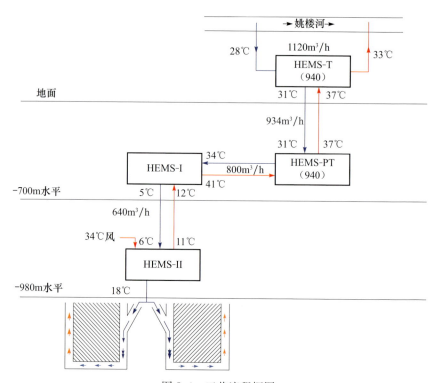

图 8.4　工艺流程框图

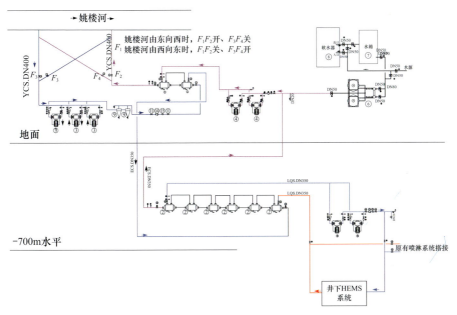

图 8.5 系统流程图

（4）在井下−980m 水平设置 HEMS-Ⅱ降温工作站，对−980m 水平高温工作面和掘进端头进行降温。

8.3 现场试验参数分析

冬季运行降温系统主要是对系统的关键设备进行调试，而系统调试是一个很重要的环节，在调试过程中，首先可以检验整个降温系统运行的可靠性，尽早暴露整个降温系统的安装及其工艺上所存在的问题和安全隐患，以便及时采取合理的补救措施予以处理；其次通过不同工况下运行参数的设置，安全平稳地进行调试工作，根据实际参数作出相应的控制曲线，为整个降温系统的正常运行提供科学的依据。依据三河尖煤矿现场系统运行数据进行矿井涌水冷源缺乏型矿井热害治理热力平衡参数分析[9,10]，测试时间为 2011 年 12 月 22 日～24 日，主要测试点及测试内容见表 8.3。

表 8.3 系统运行参数测试内容

序号	监测点	监测内容
1	地面换热工作站	HEMS-T 运行工况
2	−700m 水平制冷工作站	HEMS-I 运行工况
3	−980m 水平降温工作站	HEMS-II 运行工况

各个具体的温度测量点如图 8.6 所示。

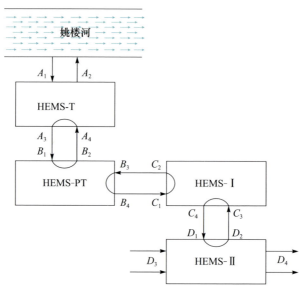

图 8.6　系统运行平衡参数温度测量点

1. 制冷主机未开启之前热力学平衡

（1）制冷主机未开启时，A 点 HEMS-T 和 B 点 HEMS-PT 温度平衡曲线参数如图 8.7 和图 8.8 所示。

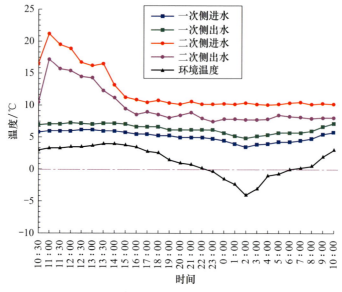

图 8.7　A 点 HEMS-T 运行参数变化曲线

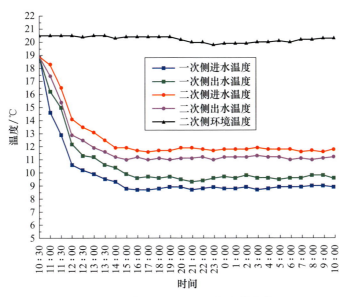

图 8.8　*B* 点 HEMS-PT 运行参数曲线

（2）制冷主机未开启时，*C* 点 HEMS-Ⅰ 和 *D* 点 HEMS-Ⅱ 温度平衡曲线参数如图 8.9 和图 8.10 所示。

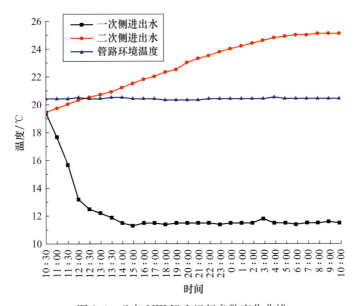

图 8.9　*C* 点 HEMS-Ⅰ 运行参数变化曲线

综合以上图表可以得出系统在冬季机组未开启时的无负荷运行情况下的系统热力学平衡参数（见图 8.11）。

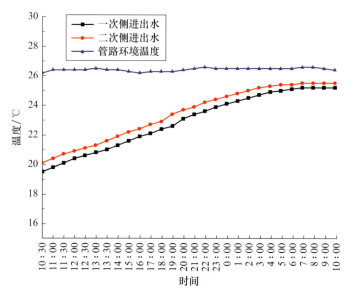

图 8.10 D点 HEMS-Ⅱ 运行参数变化曲线

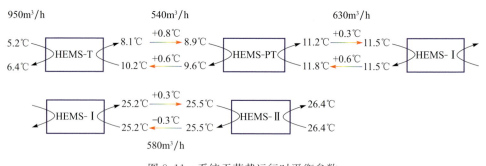

图 8.11 系统无荷载运行时平衡参数

计算各段管道冷量损失。

(1) HEMS-T 与 HEMS-PT 之间：

$$Q=Cm\Delta t=4.187\times\frac{540\times1000}{3600}\times[(10.2-9.6)+(8.9-8.1)]\approx879(\text{kW})$$

(2) HEMS-PT 与 HEMS-Ⅰ 之间：

$$Q=Cm\Delta t=4.187\times\frac{630\times1000}{3600}\times[(11.8-11.5)+(11.5-11.2)]\approx440(\text{kW})$$

(3) HEMS-Ⅰ 与 HEMS-Ⅱ 之间：

$$Q=Cm\Delta t=4.187\times\frac{580\times1000}{3600}\times(25.5-25.2)\approx202(\text{kW})$$

通过以上计算可以看出：由于井上与井下距离远，温差较大，整个系统此处的冷量损失较大。无荷载运行下的最终结果是，HEMS-Ⅱ一次侧的进水管路所损失的冷量与 HEMS-Ⅱ一次侧的出水管路所获得的冷量达到平衡状态。

2．制冷主机开启之后的热力学平衡

12 月 23 日，系统在制冷主机运转之后，对运行的监测数据分别见相应的图表。

（1）制冷主机开启后，A 点 HEMS-T 和 B 点 HEMS-PT 温度平衡曲线参数如图 8.12 和图 8.13 所示。

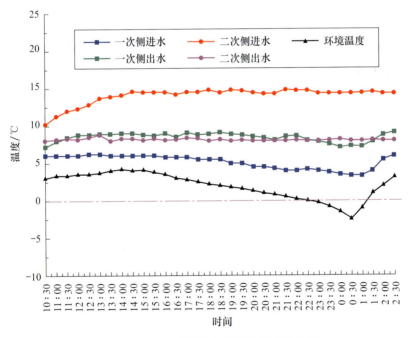

图 8.12　A 点 HEMS-T 运行参数变化曲线

（2）制冷主机开启后，C 点 HEMS-Ⅰ和 D 点 HEMS-Ⅱ温度平衡曲线参数如图 8.14 和图 8.15 所示。

综合以上图表可以得出系统在冬季机组开启后的有荷载运行情况下的系统热力学平衡参数（见图 8.16）。

（1）降温系统从河水中提取的冷量 Q_1：

$$Q_1 = Cm\Delta t = 4.187 \times \frac{730 \times 1000}{3600}(8.5 - 5.1) \approx 2886.7(\text{kW})$$

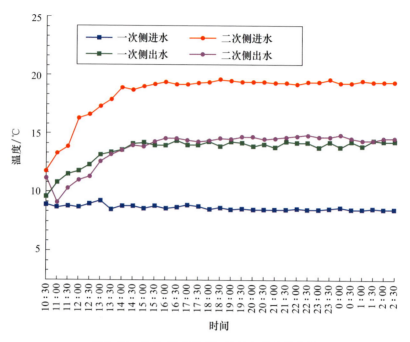

图 8.13　B 点 HEMS-PT 运行参数变化曲线

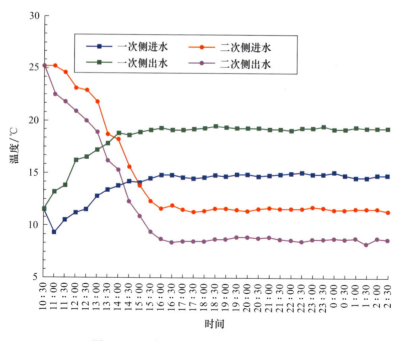

图 8.14　C 点 HEMS-I 运行参数变化曲线

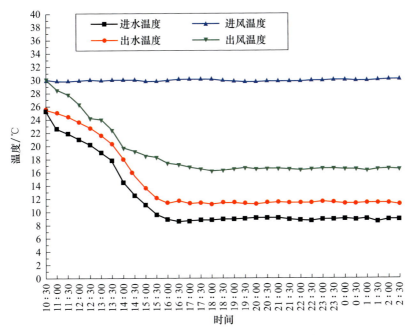

图 8.15　D 点 HEMS-II 运行参数变化曲线

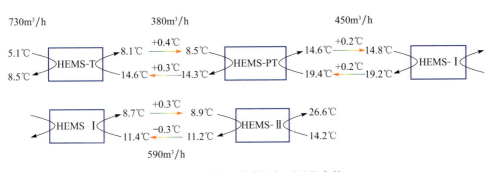

图 8.16　系统有荷载运行时平衡参数

（2）降温系统机组冷凝侧吸热量 Q_2：

$$Q_2 = Cm\Delta t = 4.187 \times \frac{450 \times 1000}{3600}(19.2 - 14.8) \approx 2302.9(\text{kW})$$

（3）降温系统机组制冷量 Q_3：

$$Q_3 = Cm\Delta t = 4.187 \times \frac{590 \times 1000}{3600} \times (11.4 - 8.7) \approx 1852.7(\text{kW})$$

（4）降温系统空冷器 HEMS-II 水循环冷量 Q_4：

$$Q_4 = Cm\Delta t = 4.187 \times \frac{590 \times 1000}{3600} \times (11.2 - 8.9) \approx 1578.3(\text{kW})$$

（5）降温系统空冷器热风循环冷量 Q_5：

空冷器 HEMS-II 的入口风温为 26.6℃，相对湿度为 98%，所对应的空气焓值为 84.8kJ/kg；出口风温为 14.2℃，相对湿度为 83%，所对应的空气焓值为 30.1kJ/kg；工作面风量为 1400m³/min，可得热风所获得的冷量 Q_5 为

$$Q_5 = G\Delta i = 1.2 \times \frac{1400}{60} \times (84.8 - 30.1) \approx 1531.6(\text{kW})$$

根据以上计算可知：系统在换热工作站的冷量损失为 2886.7kW−2302.9kW＝583.8kW（包括在管道中的冷量损失），说明系统在换热工作站中冷量损失较大，此冷量损失为系统使用换热器的弊端，不可避免产生的温度跃升；平衡时，压缩机的功率为 2302.9kW−1852.7kW＝450.2kW，说明机组的压缩机没有达到满负载运行；系统在 HEMS-II 换热器的冷量损失为 1578.3kW−1531.6kW＝46.7kW，说明 HEMS-II 的换热效率并非 100%，但是冷量损失较少。

计算各段管道冷量损失。

（1）HEMS-T 与 HEMS-PT 之间 Q_1：

$$Q_1 = Cm\Delta t = 4.187 \times \frac{380 \times 1000}{3600} \times [(14.6 - 14.3) + (8.5 - 8.1)] \approx 309.4(\text{kW})$$

（2）HEMS-PT 与 HEMS-I 之间 Q_2：

$$Q_2 = Cm\Delta t = 4.187 \times \frac{450 \times 1000}{3600} \times [(19.4 - 19.2) + (14.8 - 14.6)] \approx 209.4(\text{kW})$$

（3）HEMS-I 与 HEMS-II 之间 Q_3：

$$Q_3 = Cm\Delta t = 4.187 \times \frac{590 \times 1000}{3600} \times [(11.4 - 11.2) + (8.9 - 8.7)] \approx 274.5(\text{kW})$$

由以上计算可知：系统在管道中总的冷量损失为三部分之和（793.3kW），是机组制冷量的 42.8%，如何加强管道保温能力是提高 HEMS 降温系统降温效率的关键所在。

8.4　热力平衡参数分析

8.4.1　运行参数测试

夏季是降温系统的运行期间，本测试主要是对降温系统的实施效果进行分析，这对以后的降温设计具有指导意义。依据三河尖煤矿现场系统运行数据对涌水冷源缺乏型矿井热害治理热力平衡参数进行分析[9,10]，测试时间为 2012 年 5 月 16 日～17 日。

8.4.2　系统热力平衡参数分析

5 月 16 日，系统在制冷主机运转之后，对运行的监测数据分别见相应的图表。

（1）制冷主机开启后，*A* 点 HEMS-T 和 *B* 点 HEMS-PT 温度平衡曲线参数如图 8.17 和图 8.18 所示。

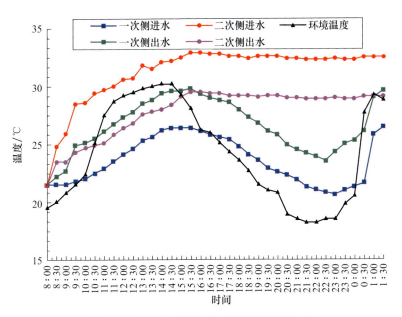

图 8.17 *A* 点 HEMS-T 运行参数变化曲线

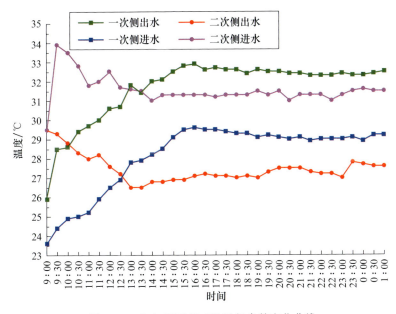

图 8.18 *B* 点 HEMS-PT 运行参数变化曲线

（2）制冷主机开启后，C 点 HEMS-Ⅰ 和 D 点 HEMS-Ⅱ 温度平衡曲线参数如图 8.19 和图 8.20 所示。

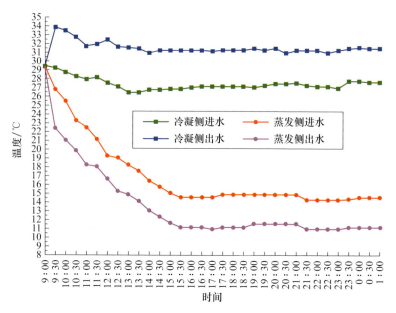

图 8.19　C 点 HEMS-Ⅰ 运行参数变化曲线

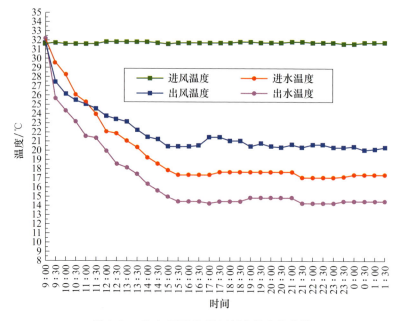

图 8.20　D 点 HEMS-Ⅱ 运行参数变化曲线

综合以上图表可以得出系统在夏季机组开启后的有负荷运行情况下的系统热力学平衡参数(见图 8.21)。

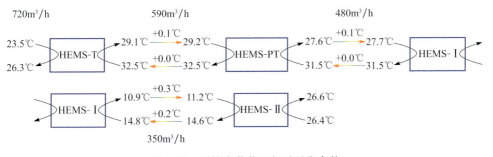

图 8.21 系统有荷载运行时平衡参数

(1) 降温系统从河水中提取的冷量为 Q_1 :

$$Q_1 = Cm\Delta t = 4.187 \times \frac{720 \times 1000}{3600} \times (26.3 - 23.5) \approx 2344.7(\text{kW})$$

(2) 降温系统机组冷凝侧吸热量 Q_2 :

$$Q_2 = Cm\Delta t = 4.187 \times \frac{480 \times 1000}{3600} \times (31.5 - 27.7) \approx 2121.4(\text{kW})$$

(3) 降温系统机组制冷量 Q_3 :

$$Q_3 = Cm\Delta t = 4.187 \times \frac{350 \times 1000}{3600} \times (14.8 - 10.9) \approx 1587.6(\text{kW})$$

(4) 降温系统空冷器 HEMS-Ⅱ 水循环冷量 Q_4 :

$$Q_4 = Cm\Delta t = 4.187 \times \frac{350 \times 1000}{3600} \times (14.6 - 11.2) \approx 1394(\text{kW})$$

(5) 降温系统空冷器热风循环冷量 Q_5 :

空冷器 HEMS-Ⅱ 的入口风温为 28.8℃,相对湿度为 100%,所对应的空气焓值为 94.6kJ/kg;出口风温为 17.5℃,相对湿度为 86%,所对应的空气焓值为 46.2kJ/kg;工作面风量为 1400m³/min,可得热风所获得的冷量 Q_5 为

$$Q_5 = G\Delta i = 1.2 \times \frac{1400}{60} \times (94.6 - 46.2) \approx 1355.2(\text{kW})$$

根据以上计算可知:系统在换热工作站的冷量损失为 2344.7kW−2121.4kW=223.3kW(包括在管道中的冷量损失),说明系统在换热工作站中冷量损失较大,但由于夏季河水温度高,与井巷空气温度相差小,所以换热量少,冷量损失较冬季已有减少;平衡时,压缩机的功率为 2121.4kW−1587.6kW=533.8kW,说明机组的压缩机没有达到满负载运行;系统在 HEMS-Ⅱ 换热器的冷量损失为 1394kW−1355.2kW=38.8kW,说明 HEMS-Ⅱ 的换热效率并非 100%,但是冷量损失较少。

计算各段管道冷量损失。

（1）HEMS-T 与 HEMS-PT 之间 Q_1：

$$Q_1 = Cm\Delta t = 4.187 \times \frac{590 \times 1000}{3600} \times (29.2 - 29.1) \approx 68.6(\text{kW})$$

（2）HEMS-PT 与 HEMS-I 之间 Q_2：

$$Q_2 = Cm\Delta t = 4.187 \times \frac{480 \times 1000}{3600} \times (27.7 - 27.6) \approx 55.8(\text{kW})$$

（3）HEMS-I 与 HEMS-II 之间 Q_3：

$$Q_3 = Cm\Delta t = 4.187 \times \frac{480 \times 1000}{3600} \times (11.2 - 10.9) \approx 203.5(\text{kW})$$

由以上计算可知：系统在管道中总的冷量损失为三部分之和（327.9kW），是机组制冷量的 20.7%。对比各个管道冷量损失可以看出：由于冷冻水温度低，与巷道热环境较容易换热，因而管道冷量损失最大，如何加强冷冻水管道保温能力是提高 HEMS 降温系统降温效率的关键所在。

8.4.3　工作面降温效果分析

深井热害控制最主要的还是对工作面温度及湿度两个指标进行控制，改善工作面的环境，主要还是将工作面温度和湿度降低到安全生产的目标要求。

72302 工作面测量点布置如图 8.22 所示。

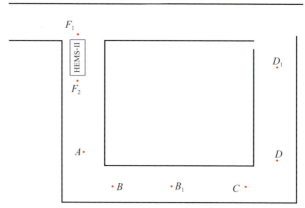

图 8.22　72302 工作面温度测量示意图

F_1. HEMS-II 进风口；F_2. HEMS-II 出风口；A. 皮带机道结尾；

B. 工作面入风隅角；B_1. 工作面中部；C. 工作面出风隅角；

D. 材料道入口；D_1. 材料道出口

1）工作面温度

从图 8.23 中的数据可以看出：HEMS-Ⅱ初始进出风温度为 28.7℃左右，运行 72h 后，HEMS-Ⅱ出风温度控制在 17.5℃左右，而工作面控制点（C 点）控制在 27.5℃左右，与降温系统运行前工作面控制点风温（32.3℃）比较，系统运行后工作面控制温度降低 5℃左右。

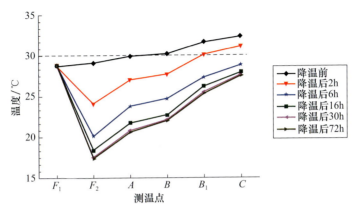

图 8.23　工作面各个监测点温度变化曲线

2）工作面湿度

由图 8.24 中的数据可以看出，巷道进风经过 HEMS-Ⅱ表面式换热器后其相对湿度明显降低，最高降低幅值为 13%，但是由于围岩加热的作用，巷道风流在向工作面输送的过程中其相对湿度又不断升高，工作面控制点 C 点在系统运行前其相对湿度为 100%，系统运行后为 94.5%降低了 5.5%，工作面的入风口 B 点降低的幅值最大，其初始相对湿度为 100%，系统运行后降低到 87%，足足降低了 13%。

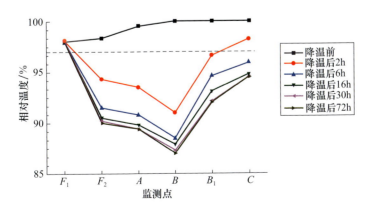

图 8.24　工作面各个监测点相对湿度变化曲线

8.5 降温系统热排放对生态环境影响评估

水温是影响河水生态环境的重要因素。三河尖矿利用 HEMS 降温系统将井下热负荷间接地排入姚楼河水中，势必导致水温升高。本章基于 FLUENT 软件，模拟 HEMS-T 出水口温度场，分析 HEMS 系统对姚楼河生态环境的影响。

8.5.1 热水排放对河流生态影响的分析

1. 对水体理化性质的影响

（1）溶解氧。水中的氧气是绝大多数水生物生命活动所必需的，其主要来自于大气中的氧气直接溶解于水和水中水生植物的光合作用所释放的氧气。研究表明，水温与水中溶解氧的相互关系非常密切。水温升高后，提高了水体有机生物降解速率，同时加大了水中需氧生物的呼吸强度，因此，水温对水中溶解氧影响极大（见表 8.4）。

表 8.4 温度对水体溶解氧的影响

水温/℃	0	5	10	15	20	25	30	35	40
溶解氧/(mg/L)	14.6	12.8	11.3	10.2	9.2	8.4	7.6	7.2	6.6

（2）其他化学性质。非离子态氨对水生生物具有不利影响。同时非离子态氨的含量是随着水温的升高而不断升高的，其相关方程为

$$A = 0.042e^{0.417T}, \quad r = 0.98$$

式中，A 为非离子态氨质量浓度，mg/L；T 为水温，℃；r 为相关系数。

有些废热的排放还有可能使澄清的水颜色变暗，增加水体的浊度同时降低水体的透明性。水体中的氨、氮含量也会因废热排放而提高，加重水体矿化程度，提高水体中的磷、氮含量，在这种情况下会加重水体的富营养速率。

2. 对浮游生物的影响

（1）浮游植物。2℃的温度上升会导致水体藻类种群内生物资源及数量的不断变化。温度的不断升高使得蓝藻、绿藻明显增多、硅藻减少，在一年的时间内，蓝藻与绿藻大量繁殖，数量占绝对的优势，从而对其他生物的生长产生抑制作用。大量热排放量将扩大藻类的生长季节，真菌活力增强，加速内源性营养素沉积物的分解，增加水体富营养化。在一定的温度范围内，藻类生物的生长速率与温升成正比，而与藻类生物的多样性种类成反比，这种相互关系又因季节不同而呈显著差异。只有当废热排热量同时具备了足够广的影响范围、足够大的温升幅度以及足

够长的影响时间时,才能较为明显地对水体富营养化进程起到加快的作用。

(2) 浮游动物。排放的热污染也同样会影响浮游动物的种类、数量以及多样性。根据相关文献结果显示,河水温度在 20～40℃时,在水温 30℃时,浮游动物种类数量最多,其多样性指数也达到最大值,同样的在水温 30℃时,桡足类浮游动物的数量及多样性指数也达到最大值,而在水温上升至 40℃时,则是轮虫种类占优势。

3. 对底栖动物的影响

底栖动物一般绝大部分栖息在水底浅层的表面,它们一般都是具有相对固定位置的活动范围,其本身不具备较强的迁移能力,当受到突然的大量热排放后,很难避开这种不利因素,容易遭受到不利影响,大量的热害对底栖动物造成极大伤害。大量的研究表明,当底栖动物遭受到这种大量热排放时,对应的不利因素反映为底栖动物的大量消失,大部分因不适应这种环境而死亡,一部分受到微弱伤害而躲避。因此,大量热排放会造成底栖动物物种减少以及栖息场所的不断减少。

湘潭热电厂的热排放对生态的影响研究表明,在一定的温度范围内,温度提升能够催促节肢动物种类的增加,同时温度提升后,物种活动频繁,繁殖量大,其数量会成倍地增加,然而温升超过一定量后便会导致某些物种的灭绝。比对水体中的划蝽、蜉蝣、钩虾、箭蜓、河蚬、尾鳃蚓等物种,这些物种均会在适度的温升区殆尽,导致这种现象的原因可能是这些动物本身对温升感知较强烈,例如,摇蚊会在温降区出现较少而在温升区出现较多,这些都是趋温类动物的表现。但是,当水温升高后,敏感物种会在温升区不断消失,最终导致的结果是整个动物的类别组成向趋温的物种变化。对强增温区进行动物采集,发现所有物种几乎绝迹,研究结果显示,当水温升高高出自然水体 6℃以上时,将会对底栖类动物造成极大危害,冬季水温高出 7℃也是同样的结果。而对于适度的增温,能够对某些动物起到催促的作用,例如,底栖动物在增温 5℃时活动会加速。在特定的温度范围内,自然水体的温度越低,适度的增温条件会对底栖动物数量及种类的增加有催促的作用,从而表明,一定程度的弱增温能够提高生物物种多样性指数。在一年当中的 7～9 月,大多数亚热带地区的自然水温会保持在 26℃以上,最高可达 30℃以上,在这种超高水温情况下,如果继续提高此时的自然水温,那么就有可能导致动物生长受到抑制或是直接导致死亡。因此,夏末至初秋季节时自然水体温度高,在这种较不利情况下,一旦有废热排放至水体中,将会对底栖动物造成极大的不利影响,动物会在极短的时间内减少,并且锐减的区域会逐渐向中增温区扩大。但是,在其他季节里,自然水体温度会保持在 28℃以下,这样,相对较弱的温升区域内底栖动物的种类及数量可能会高于自然水体。

4. 对鱼类的影响

在浅层水体中,影响鱼群种类分布的最重要的环境因素就是温度。普通鱼类物种能够在水温 22～26℃ 以内不受任何影响;当水体温度升高至 35℃ 时,便能影响鱼类的呼吸作用;一旦水体温度到达 38℃ 鱼类将失去平衡状态;如果温度高达 40℃ 时,鱼类便会出现抽筋和眩晕等情况;44℃ 以上时,鱼类将开始出现大量死亡现象。同时,大量的热排放进入受纳水体后,将会影响鱼类等水生生物在水体中的分布情况。例如,大亚湾核电站系统运行后,附近的水域中银汉鱼科的仔鱼消失殆尽,而且河鲈的数量也迅速减少。主要原因是鱼类等生物对高温的承受能力较弱,鱼体表面的活性物质会在高温下变性而失去作用;如果水温突然升高,鱼类会因为不能马上适应新的环境而相继死亡,而且鱼体表面相当脆弱,受高温后容易受伤,容易被寄生虫感染和侵袭,使得鱼体本身抵抗力变弱而致病死亡。

8.5.2 数学模型

1. 取排水口设计

HEMS 降温系统在地表设置换热工作站,取河水作为冷却水进入 HEMS-T,在对取排水口进行设计时,严格按照《给水排水设计手册》中的相关规定,设计取水时,取水口应设置隔栅,而水流的过栅流速是设计中的主要参数,如果所设计的隔栅水流速度过大,不易过滤掉不需要的泥沙、杂草等;而当设计的隔栅水流速度过小,将造成成本费用的巨大增加,因此,水流经过隔栅的流速应根据取水量的大小、取水地点的水流速度以及水中漂浮物数量等多种因素确定,一般来说,可以参考以下数据:以岸边方式取水时设计流速,无冰凌时为 0.4～1.0m/s;而以河床式取水时设计流速,无冰凌时为 0.2～0.6m/s。同时,需要保证取排水口位置之间应有一定的安全距离,以防止二次热回归现象的发生。

2. 数学模型

为了简化问题,作如下假设:①涉及流体均为不可压缩流体,忽略由流体黏性力做功引起的耗散热;②流体的湍流黏性具有各向同性;③涉及流体均为三维定常流动;④忽略环境与河水的能量交换;⑤忽略壁面间的热辐射。

在上述假设条件下,温度和速度变量的控制方程如下:

(1) 连续性方程。对于不可压缩流体,有

$$\frac{\partial}{\partial x_i}(\rho u_i) = \mathrm{div}(\rho \boldsymbol{v}) = 0$$

(2) 动量方程在惯性(非加速)坐标系中 i 方向上的动量守恒方程为

$$\frac{\partial}{\partial x_i}(\rho u_i) + \frac{\partial}{\partial x_j}(\rho u_i u_j) = \frac{\partial p}{\partial x_i} + \frac{\partial \tau_{ij}}{\partial x_j} + \rho g_i + F_i$$

式中,p 是静压;τ_{ij} 是应力张量,$\tau_{ij}=\left[u\left(\dfrac{\partial u_i}{\partial x_j}+\dfrac{\partial u_j}{\partial x_i}\right)\right]-\dfrac{2}{3}u\dfrac{\partial u_i}{\partial x_i}\delta_{ij}$;$g_i$ 和 F_i 分别为 i 方向上的重力体积力和外部体积力。

(3) FLUENT 求解的能量方程为

$$\frac{\partial}{\partial t}(\rho E)+\frac{\partial}{\partial x_i}[u_i(\rho E+p)]=\frac{\partial}{\partial x_i}\left(k_{\text{eff}}\frac{\partial T}{\partial x_i}\right)-\sum_{j.}h_{j.}J_{j.}+u_j\,(\tau_{ij})_{\text{eff}}+S_h$$

式中,$E=h-\dfrac{p}{\rho}+\dfrac{u_i^2}{2}$;$k_{\text{eff}}=k_t+k$,为有效导热系数;$J_{j.}$ 是组分 $j·$ 的扩散通量。

(4) 标准 k-ε 模型的湍动能 k 和耗散率 ε 方程为

$$\rho\frac{\mathrm{d}k}{\mathrm{d}t}=\frac{\partial}{\partial x_i}\left[\left(\mu+\frac{\mu_t}{\sigma_k}\right)\frac{\partial k}{\partial x_i}\right]+G_k+G_b-\rho\varepsilon-Y_M$$

$$\rho\frac{\mathrm{d}\varepsilon}{\mathrm{d}t}=\frac{\partial}{\partial x_i}\left[\left(\mu+\frac{\mu_t}{\sigma_k}\right)\frac{\partial\varepsilon}{\partial x_i}\right]+C_{1\varepsilon}\frac{\varepsilon}{k}(G_k+C_{3\varepsilon}G_b)-C_{2\varepsilon}\rho\frac{\varepsilon^2}{k}$$

8.5.3 物理模型

1. 物理模型的建立

姚楼河自南向北流,河面宽 45m,河底宽 35m,水深 4m,取水管管径 350mm,HEMS-T 吸水口在水面以下 2m 处,HEMS-T 出水口在河边。为了方便 FLU-ENT 计算软件进行计算,需要将物理模型进行简化,使之既能反映工程实际,又能导入 FLUENT 进行计算。计算模型将河水断面简化为 40m×4m 的矩形,水流进出口根据水量的大小和工程实际情况进行等效,使通过所有进水口的总流量等于物理模型中的总水流量,HEMS-T 吸水口为 0.3m×0.3m,出水口为 1m×2m。简化后的数值计算模型如图 8.25 所示。

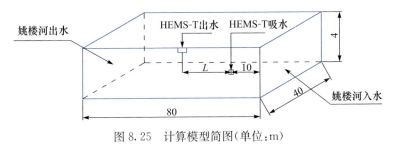

图 8.25 计算模型简图(单位:m)

2. 边界条件和初始条件

求解区域的边界由河水的上下游所划定的边界、河水的两侧岸边边界以及取排水口所定义的边界组成。

(1) 上下游河水进出口边界。上游设置为定常的速度入口边界条件,而下游则可以设置为自由出流的边界条件。

（2）河水两侧的岸边边界。岸边都是采用黏性无滑移的条件，并假定岸边与河水没有热质交换。

（3）取排水口边界。取排水口都设置成速度出口边界条件，具体的速度及温度数值见表 8.5，取水口没有考虑二次热回归效应。

（4）初始条件。初始的水温以工程实际为准，同时针对不同模拟情况，设计不同的初始条件，具体如表 8.5 所示，速度初始条件可根据流量计算得出。

表 8.5　初始条件参数

控制条件	井下热负荷 Q/kW	HEMS-T 进水温度 T_1/℃	HEMS-T 出水温度 T_2/℃	HEMS-T 流量 q_1/(m³/s)
HEMS-T 出水流量(0.28m³/s)	5000	28	34	0.28
	6000	28	35.5	0.28
	7000	28	37	0.28
HEMS-T 出水温度(34℃)	5000	28	34	0.28
	6000	28	34	0.36
	7000	28	34	0.42

8.5.4　结果分析

1. 二次热回归效应及生态影响分析

在标准设计的参数（井下热负荷 5000kW，取水温度 28℃，排水温度 34℃，流量 0.28m³/s）下，姚楼河在 HEMS-T 的取排水口附近的温度场分布如图 8.26 所示。沿河水深度方向分别取截面 $Y=4$m（河表面）、$Y=2$m（河中面）、$Y=0$（河地面）查看河水温度场影响范围。

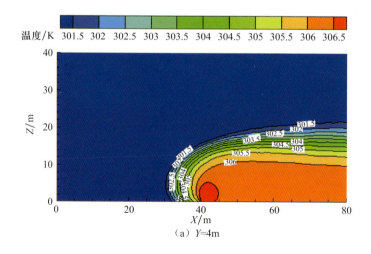

（a）$Y=4$m

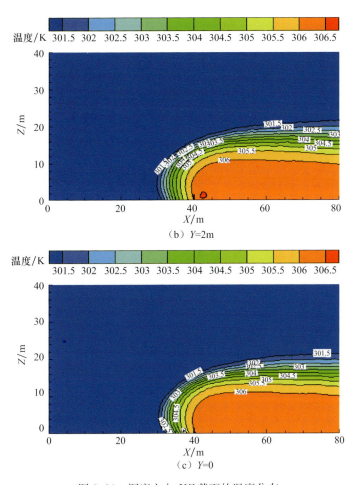

图 8.26　深度方向 XZ 截面的温度分布

沿河水宽度方向分别取截面 $X=43\mathrm{m}$（高温区）、$X=60\mathrm{m}$ 查看河水温度场影响范围（见图 8.27）。

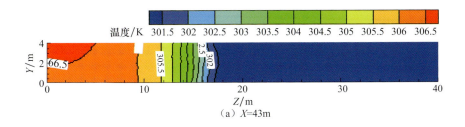

（a）$X=43\mathrm{m}$

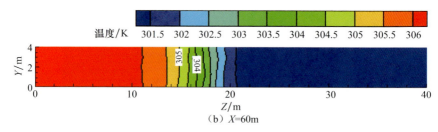

图 8.27　宽度方向 YZ 截面的温度分布

沿河水长度方向分别取截面 $Z=0$（河岸边）、$Z=10$m（最远影响区）查看河水温度场影响范围（见图 8.28）。

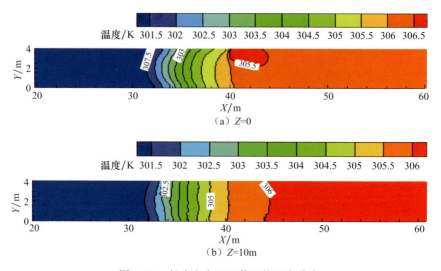

图 8.28　长度方向 XY 截面的温度分布

由图 8.26 可知，姚楼河的水温受 HEMS-T 的出水温度影响范围较大，HEMS-T 一次侧出水温度为 307K（34℃），在出水口 5m 的小范围内，HEMS-T 的高温出水与足量的低温河水充分进行换热，使温度迅速降低到 306K（33℃），高温水对下游产生温升影响。比较图 8.26 和图 8.27 可以看出，热水只是在沿岸边界扩散，向河中心移动的范围较小。主要的影响区温度为 306K（33℃），影响范围为 11m 宽度左右，总的影响宽度为 21m 左右。比较图 8.27 和图 8.28 可以看出，在整个深度方向上，由于河水较浅，高温水在河底面的温度场几乎与河表面相同。

由图 8.28 可以看出，排水口的温度场对上游的影响范围为 9m 左右，因此，设计取水口的位置要保证与排水口的距离大于 9m。但是，考虑到不利因素导致的河水流量变小,流速降低情况时,排水口温度场有上移的现象发生,因此,对河水速度最小时做一补充模拟,具体温度场如图 8.29 所示。

由图 8.29 可以看出,速度降到最小时,排水口温度场向上游迁移,影响范围扩大到 15m 左右,对比前面结论,为了防止取排水二次回归热效应的发生,设计的取排水距离要在 15m 以上。

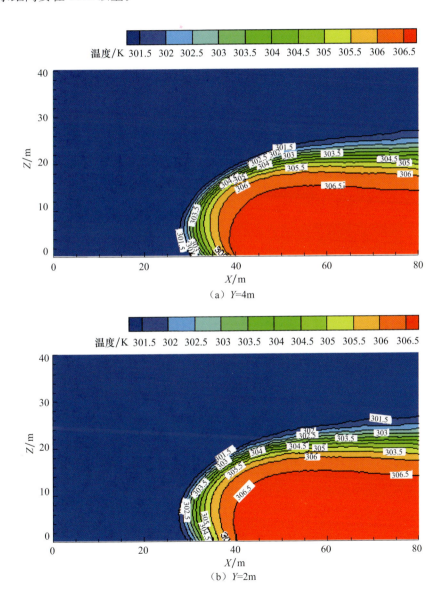

(a) Y=4m

(b) Y=2m

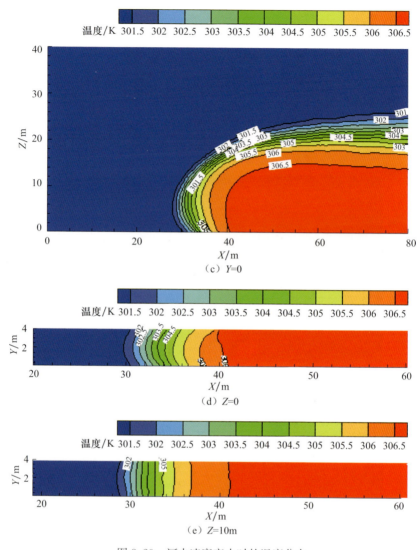

（c）Y=0

（d）Z=0

（e）Z=10m

图 8.29　河水速度变小时的温度分布

2. 不同工况下的数值分析

上述模拟结果是以初始运行参数计算得到的,但是随着井下工作面的不断增多,井下热负荷会逐渐提高,这就要求换热工作站需要在姚楼河中提取更多的冷量来满足井下降温的需求。一般有两种方式来获取更多的冷量:增加取水流量和提高取排水温差。以下是基于这两种方式对排水口温度场进行模拟,比较两种方式的影响程度,合理选择最优方式来提高冷量获取量。

1）井下热负荷 6000kW

（1）增加取排水流量的方式。

沿河水深度方向取截面 $Y=4\mathrm{m}$（河表面），沿河水宽度方向取截面 $X=43\mathrm{m}$、$X=60\mathrm{m}$ 查看河水温度场影响范围（见图 8.30）。

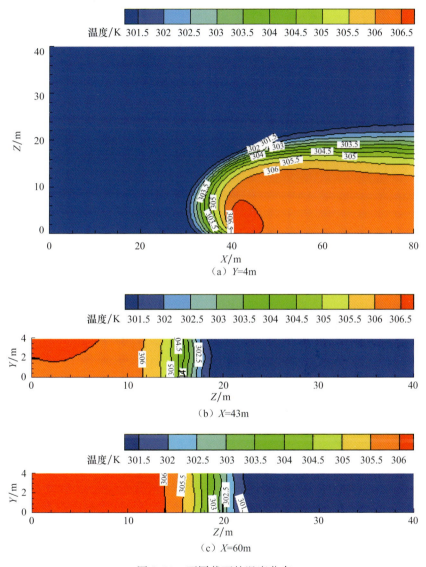

图 8.30　不同截面的温度分布

（2）提高取排水温差的方式。

同样的，沿河水深度方向取截面 $Y=4\mathrm{m}$（河表面），沿河水宽度方向取截面

$X=43$m、$X=60$m 查看河水温度场影响范围(见图 8.31)。

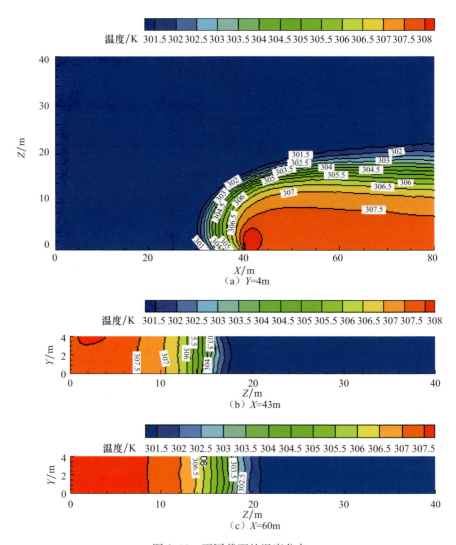

图 8.31　不同截面的温度分布

比较图 8.31 可以看出：流量加大后，河水受影响的宽度加大了，306K 影响线扩大到 12m，总的温升影响线扩大到 22m，但是总体来说变化程度较小。可以看出，提高排水温度后，307K 影响线扩大到 12m，对河水生态影响较严重，所以提高流量较提高温差对姚楼河生态影响更小。

2) 井下热负荷 7000kW

(1) 增加取排水流量的方式。

沿河水深度方向取截面 $Y=4\text{m}$（河表面），沿河水宽度方向取截面 $X=43\text{m}$、$X=60\text{m}$ 查看河水温度场影响范围（见图 8.32）。

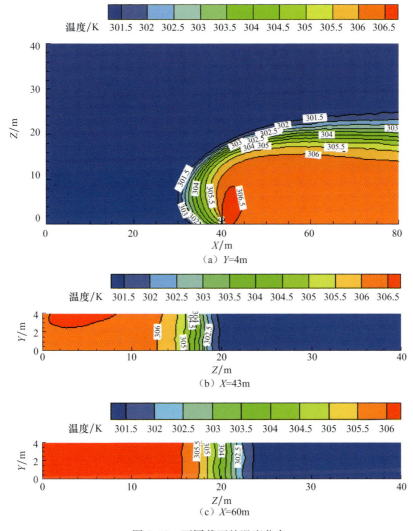

图 8.32 不同截面的温度分布

（2）提高取排水温差的方式。

沿河水深度方向取截面 $Y=4\text{m}$（河表面），沿河水宽度方向取截面 $X=43\text{m}$、$X=60\text{m}$ 查看河水温度场影响范围（见图 8.33）。

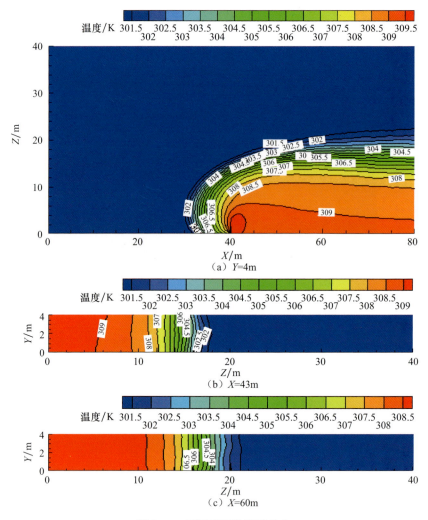

图 8.33　不同截面的温度分布

参 考 文 献

[1]　陈墨香,邓孝.华北平原新生界盖层地温梯度图及其简要说明.地质科学,1990,(3):269—277.

[2]　李荣学,黄修典.三河尖井田地温异常研究.江苏煤炭,1998,(3):23—24.

[3]　何满潮,郭平业,陈学谦,等.三河尖矿深井高温体特征及其热害控制方法.岩石力学与工程学报,2010,(S1):2593—2597.

[4]　何满潮,郭平业.深部岩体热力学效应及温控对策.岩石力学与工程学报,2013,(12):

2377－2393.

[5] 杨晓杰,韩巧云,田弋弘,等. 徐州三河尖矿深井高温热害机制研究. 岩石力学与工程学报,2013,(12):2447－2454.

[6] 褚福贺,岳婷,于明达,等. 徐州矿区三河尖矿井突水地质条件分析. 煤炭科学技术,2014,(S1):223－225.

[7] 何满潮,郭平业. 徐州矿区深部开采热害治理现场试验研究. 煤炭工程,2015,4:1－4.

[8] Guo P Y,Zhu G L,Liu Y Q,et al. Field experiment on coalmine heat disaster governance using cold source from surface water. International Journal of Mining Science and Technology,2014,24(6):865－869.

[9] 孟丽. 三河尖矿水平循环冷源技术及其 HEMS 系统运行分析. 北京:中国矿业大学(北京)硕士学位论文,2010.

[10] 吴军银. 三河尖矿井降温冷源获取技术及热力学研究. 北京:中国矿业大学(北京)硕士学位论文,2013.

第9章　现场试验Ⅲ——夹河煤矿

徐州夹河煤矿是我国东部典型的热害矿井之一,地温场纵向属于非线性分布,热害严重。夹河矿是开采多年的老矿井,具有多个水平,浅部水平存在大量废弃的巷道,且浅部岩温较低,因此,夹河煤矿降温采用矿井涌水结合高差冷源的方式,本章详细阐述夹河矿井试验情况。

9.1　热害特征及冷源分析

9.1.1　热害特征

夹河矿地处徐州市西北九里区境内,距徐州市约11km,以夹河矿主井为中心,其地理坐标为东经117°5′13″,北纬34°18′47″,地面标高37~43m。夹河矿井田东部F1号断层下盘以"徐煤局地(85)55号"、上盘以"苏煤基司(87)252号"文件为界与庞庄矿相邻;西部以西陇海铁路与徐州地方煤炭公司大刘矿和徐州矿务集团公司义安矿为界;浅部自21煤层露头;深部至1煤层-1200m等高线。井田走向长5.5km,倾向长约4.5km,面积约24.75km²。

夹河矿隶属于徐州矿务集团有限公司,是国家"七五"期间投资建设的大型现代化矿井,是一座存在高温热害、水害、严重冲击地压和煤层自燃的多灾害矿井。1980年以后,由于受采区地质构造的影响,以及延伸水平和生产环节的限制,原煤产量变为逐年递减阶段,平均每年减少5.8万t。新副井1985年6月10日开工,1987年11月28日竣工,井深668.3m。全部改扩建后,最终水平确定为:第一水平-280m;第二水平-450m;第三水平-600m;第四水平-800m;第五水平-1010m及第六水平-1200m。原设计生产能力为45万t/年,投产以来,通过系统改造及改扩建,生产能力不断提高,改扩建设计能力120万t/年,2003年核定生产能力为150万t/年,2004年煤炭产量为159.52万t/年。

矿山地温场属于地壳浅部范畴,深部地热背景及地区地质结构会影响其特征,一些其他因素如地下水的活动和局部热源也会对其产生干扰。因此,不仅大地构造单元的差异和深部地热背景的差异会影响地区地温状况,即使大地构造单元和深部地热背景无差异,由于地壳浅部地质结构的不同,地温场也存在差异,强烈的干扰因素会引起地温场的明显变化。

研究不同条件下形成的地温场特征,对于深井热害治理有着重要的指导意义和参考价值。中国科学院地质与地球物理研究所从矿区热害防治出发,以我国东部若干矿区地热实际资料为基础,综合分析了各矿区地温场及地质条件,并进行了地温类型的分类。按照地温状况,将我国东部矿区矿山地温划分为:基底抬高型、基底拗陷型、深大断裂型、地下水活动强烈、深循环热水型和硫化物氧化型六类。由于实际情况的复杂性,一个矿区可能同时显现两种地温场特征,甚至会出现第三种类型的可能。

　　矿井地温参数及其分布规律的测定,是研究矿井气象变化、预测深部热害程度、制定经济合理的热害防治措施以及进行矿井通风、降温设计不可或缺的重要依据。因此,夹河矿地温场的研究对于确定深部开采应采取的降温措施具有重要意义。为了解夹河矿－1200～－200m 深部地温场的分布状况,采取钻孔测温法测量矿区地温场,在井田内共打了 22 个不同深度的测温钻孔,井田 22 个钻孔的测温资料数据统计见表 9.1[1~3]。

表 9.1　各钻孔相同深度温度统计表　　　　　　　　（单位:℃）

钻孔	－200m	－300m	－400m	－500m	－600m	－700m	－800m	－900m	－1000m	－1100m	－1200m
18-12	20.9	22.4	24.2	25.8	27.8	29.4	31.5	33.9	—	—	—
18-14	22.6	23.7	25.2	26.7	28.3	30.2	32.2	34.2	36.3	37.9	40.4
补9	22.7	23.8	24.9	26.2	27.4	28.8	30.7	33.0			
19-9	22.4	23.8	25.3	26.9	28.4	29.9	31.3				
20-3	22.1	23.4	25.6	27.8	30.0	32.9	—				
20-10	23.2	24.1	25.4	27.1	29.0	30.9	32.9	34.8	36.7	38.9	41.2
20-11	20.9	22.3	26.1	27.8	30.4	32.6	34.7	38.9	41.9		
补10	23.4	24.6	26.0	27.5	29.5	31.6	34.1	36.7			
补11	22.0	23.5	26.9	28.6	30.1	31.3	33.3	35.8			
21-5	21.6	23.5	25.4	27.1	30.5						
22-9	22.8	24.5	25.6	27.8	29.8	31.3	33.0	34.7	36.4	38.9	42.2
22-12	23.5	24.9	26.5	28.0	29.9	31.9	34.1	36.1	38.0	39.1	41.2
补13	21.4	23.5	25.5	27.6	29.8	31.8	34.0	37.4			
23-7	21.4	23.0	25.0	27.0	29.0	—					
23-11	22.3	23.5	24.8	26.4	28.1	30.1	32.3	34.2	36.2	38.0	40.0
23-12	21.9	23.5	25.4	26.9	29.0	31.0	32.8	34.6	36.9	38.4	40.7
补6	—	22.5	24.2	26.0	27.7	29.6	31.5	34.0	36.3		
补15	24.3	25.4	26.6	27.8	29.6	31.3	33.2	34.7			
补16	23.9	25.3	26.9	28.6	35.0	32.0	33.8	35.8	38.3	41.5	
24-9	21.9	25.3	25.4	27.1	29.1	30.9	32.8	34.6	36.5	38.5	
26-10	23.5	25.2	26.4	27.8	29.6	31.5	33.4	35.1	37.0	38.9	41.0
26-9	21.1	22.4	26.4	28.7	30.7	33.0	35.8	38.4	42.3		
差异	3.4	3.3	2.7	2.8	2.5	2.6	3.4	3.7	2.4	4.4	2.2

徐州地区处于北纬 34°15′左右,根据中国科学院地质与地球物理研究所地温资料,恒温带深度为 25~30m,温度为 16.6℃。本区取用恒温带深度 30m,温度 16.6℃。对矿区−1200~−200m 地温场测试数据进行了详细的分析。各深度平均地温统计见表 9.2,平均地温随深度变化统计见图 9.1。

表 9.2 各深度平均温度统计表

深度/m	点数/个	平均温度/℃
−200	21	22.4
−300	22	23.8
−400	22	25.4
−500	22	27.2
−600	22	29.0
−700	21	30.9
−800	19	32.8
−900	18	35.0
−1000	13	37.3
−1100	11	39.2
−1200	7	41.0

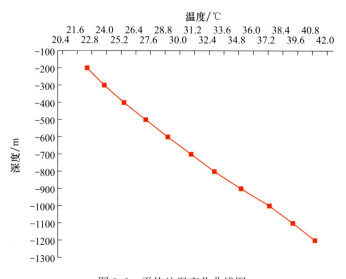

图 9.1 平均地温变化曲线图

夹河矿开采深度最深已达到−1000m 水平以下,随开采深度的增加,地温越来越高。目前,−800m 水平开采工作面和巷道内的围岩岩体表面温度达到 37.5℃,工作面空气温度达 32~34℃,而−1010m 水平各工作面及掘进头的空气温度高达

34～36℃,工作面围岩岩体表面温度高达 40℃左右,相对湿度 100%,各个采掘点的温度普遍较高,湿度较大,即使在冬季,各采掘工作面的迎头温度也超过了《煤矿安全规程》中相关规定。在这种高温,高湿的环境中,工人患热害疾病率非常高,死亡事故也有发生,安全形势十分严峻。解决深部热害问题成为关系到夹河矿可持续发展的关键性因素。本章所涉及的热害控制对象为−1010m 水平的 7443 工作面、2445 工作面及四个掘进头。

由表 9.1 和图 9.2 可以看出,随着深度的增加,地温呈递增趋势,−400m 水平各钻孔平均温度为 25.4℃,−1000m 水平各钻孔平均温度为 37.3℃,两者相差 11.9℃,说明相对于矿井深部,浅部巷道有较低的环境温度,因此,可以将浅部地层冷能转移到深部,实现深部热害的治理。

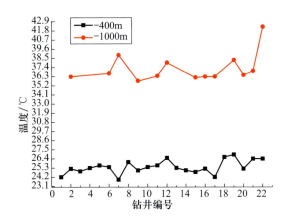

图 9.2 −400m 及−1000m 水平地温变化曲线图

−400m 及−1000m 水平地温变化曲线见图 9.2,可以看出,浅部−400m 水平各钻孔地温差异较小,最大差值为 2.7℃,温度波动较小,而深部−1000m 水平处各钻孔地温变化幅度较大,最大差值为 4.4℃,说明浅部有较为恒定的温度场,可以提供相对稳定的冷源。

综上所述,通过对夹河矿地温场变化规律的分析可知,地温随深度的增加而增大,浅部地层中储存有大量冷能,可以提取其中冷能实现对深部工作面的热害治理,通过高差循环冷源技术获取冷源。

9.1.2 冷源分析

1)水量

目前,夹河矿各水平矿井涌水统计见表 9.3。可以看出,四个水平的总涌水量为 135m³/h,水温<30℃。即使将各水平涌水全部利用起来,以 8℃温差计算,可利用冷量仅为 1256 kW,不能满足两个工作面及四个掘进头的冷量需求。

表 9.3　夹河矿各水平矿井涌水量统计

序号	开拓水平/m	涌水量/(m³/h)	平均水温/℃
1	−280	40	24
2	−450	15	25
3	−600	50	26～30
4	−800	30	29～30
总计		135	—

2) 水质

夹河矿−600m 水平矿井水水质检测见表 9.4，可以看出，夹河矿水质存在下列几个方面问题：

表 9.4　夹河矿−600m 水平矿井水水质检测表

项目	徐矿检测	地大检测
pH	8.28	8.37
COD_{Cr}/(mg/L)	9.74	32.77
BOD_5/(mg/L)	未检出	—
NH_3-N/(mg/L)	—	<0.02
SS/(mg/L)	19	49
浊度/NTU	90	114
总碱度/(mg/L)	491	537.6
总硬度/(mg/L)	146	113.4
溶解性总固体/(mg/L)	862	833

（1）pH 较高，属于碱性水，在溶解氧的情况下，将形成氧浓差电池，导致金属的电化学腐蚀，通常现象为金属表面鼓包，并导致管路堵塞。

（2）属于典型"负硬度水"，总碱度远高于总硬度，水中的 HCO_3^- 受热易分解，并与水中 Ca^{2+}、Mg^{2+} 等离子结合，形成沉淀，易导致管路结垢。

（3）悬浮物含量不高但浊度较高，说明水中胶体物质含量较高，一方面容易沉降或附着于管路或构件上直接导致垢塞；另一方面易为硬度析出提供晶核，加剧管路结垢。

由以上分析可知，此处水体不能直接利用，在设计中必须考虑防垢、防堵和防腐问题，应采取必要的技术措施。

9.2　热害治理方案设计

基于高差循环冷源技术的深井热害控制系统是在以矿井涌水为冷源的 HEMS 降温技术的基础上提出的，是专门针对矿井涌水量不足的矿井高温热害问题所研发，其工作原理是以高差循环的矿井涌水为冷源，通过能量提取系统从中提取冷量,然后以水为载体运用提取出的冷量与工作面高温空气进行换热作用,降低工作面的环境温度及湿度,工作原理见图 9.3[4~7]。

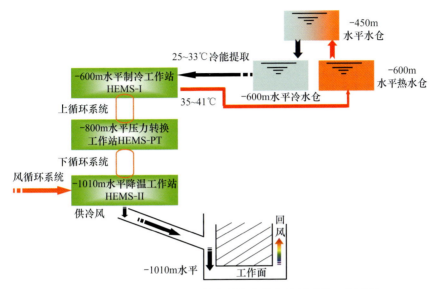

图 9.3 基于高差循环冷源技术的深井热害控制系统工作原理

整个工艺系统由上循环系统、下循环系统及风循环系统组成,其中,上、下循环系统是闭路循环,循环介质是水体,而风循环系统则是开路循环。整个工艺系统从功能上又分为三部分:HEMS-Ⅰ制冷工作站、HEMS-PT 压力转换工作站及 HEMS-Ⅱ降温工作站。该系统的冷源采用高差循环的矿井涌水,冷源工程原理及设计见第 2、3 章。

1) HEMS-Ⅰ制冷工作站

HEMS-Ⅰ工作站[8]是制冷工作站,其主要功能是从井下冷源中提取冷量,供应给压力转换工作站 HEMS-PT 系统。主体设备是 HEMS-Ⅰ制冷器,它利用"卡诺"循环原理,通过消耗少量高品位能量,将土壤里、地下水中或空气大量不可直接利用的低品位热能变成可直接利用的高品位热能。根据热力学第二定律,热量从低温传到中温是不能自发进行的,必须消耗机械功,但热泵的供热量远大于消耗的机械功。热泵的供热量来自两部分,一部分是从低温热源吸取热量,一般占总供热量的70%~75%,另一部分热量则由机械功转变而来,一般占总供热量的25%~30%。

在工程中,首先根据降温对象计算的冷负荷,进行 HEMS-Ⅰ制冷工作站的设计,合理选择机组型号并进行有机组合,要充分发挥机组性能,满足系统循环的要求,在设计中要考虑系统运行过程中能量的损失,考虑一定的安全储备,要求 HEMS-Ⅰ工作站必须能够提供足够的冷量。

2) HEMS-PT 压力转换工作站

HEMS-PT 压力转换工作站[9]在系统中主要起压力转换也就是降低设备承压的作用,因为 HEMS-Ⅰ 与 HEMS-Ⅱ 两个工作站布置在两个不同的开拓水平,当两个水平间高差很大时,会产生高压,这对于下水平布置的管道及相关设备的承压性能提出很高的要求,导致在设备及相应材料的选择上存在很难克服的难题。在两者之间设置 HEMS-PT 工作站后,将系统分为上循环和下循环两个闭路循环,这样就将上、下两个循环均控制在常规设备可以承受的压力范围内。

该工作站主要设备包括压力转换器、冷冻水泵及排污过滤器(见图 9.4)。压力转换器上设有冷却水进水口、冷却水出水口、冷冻水出水口和冷冻水出水口,压力转换器的冷却水进水口和出水口上分别设有与制冷系统连接的管路,压力转换器的冷冻水出水口和出水口上分别设有与降温工作站连接的管路,压力转换器的出水口通过管路、冷冻水泵及排污过滤器与降温工作站相连。该压力转换工作站克服了矿井埋深大、压力大的难题;将高压循环系统转换为设备和管道可以承受的低压闭路循环系统;减小系统的造价,缩短了建设工期。

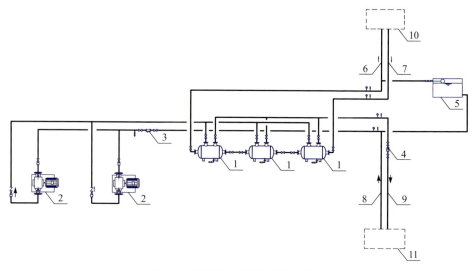

图 9.4　HEMS-PT 压力转换工作站

1. 压力转换器; 2. 冷冻水泵; 3. 排污过滤器; 4. 压力表; 5. 补水箱; 6. 冷却水出水管;
7. 冷却水进水管; 8. 冷冻水出水管; 9. 冷冻水出水管; 10. 制冷工作站; 11. 降温工作站

3) HEMS-Ⅱ 降温工作站

HMES-Ⅱ 降温工作站[10]是深井热害控制 HEMS 系统中的末端设备,是矿井专用降温器,其工作原理是根据 HEMS-Ⅰ 提供的冷量,通过冷量载体与风流的热交换,将工作面的热量置换后达到降温的效果。在系统运行中,其一次侧参与由水体闭路循环所形成的下循环,二次侧由于巷道风流的介入,主要完成冷冻水循环水体与热风的换热作用,也就是说,二次侧是参与了气液两相换热的开路循环。根据工作站功能需求,选取不同数量的 HEMS-Ⅱ 模块进行组装,对工作面高温、高湿空气进行冷却和降湿处理。用 HMES-Ⅱ 降温器处理空气时,降温器中冷媒的温度低于空气的露点温度,空气中的水蒸气被冷却凝结出来,空气温度和含湿量同时降低,从而达到降温、降湿的目的。

　　HEMS-Ⅱ 工作站布置在工作面进风巷道一侧的专用降温巷道中,工作面上顺槽入风口设置风门,使得风流只能从降温专用巷道进入,这样就保证只有经过热交换后的纯冷风流经工作面,有效地解决了以往降温系统存在的混风问题,可以大大提高降温换热效率。

9.3 高差冷却效果分析方法

9.3.1 计算模型的建立

计算模型的建立做以下基本假设:

(1) 涉及流体均为不可压缩流体,忽略由流体黏性力做功引起的耗散热。

(2) 流体的湍流黏性具有各向同性。

(3) 涉及流体均为三维定常流动。

(4) 忽略壁面间的热辐射。

(5) 计算区域围岩参数概化为均质、各向同性。

(6) 巷道内空气为理想气体,空气性质不随温度的变化而变化。

(7) 整条巷道的壁面轴向、纵向换热条件都一样。

物理模型的建立:

(1) 管道模型如图 9.5 所示,管道布置在巷道中,管道直径 300mm,长 2600m;巷道断面宽 3.6m,高 3m,围岩壁厚 5m。

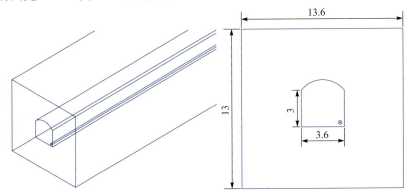

图 9.5 管道物理模型示意图(单位:m)

（2）水沟模型如图 9.6 所示，水沟位于巷道底部，水沟宽 1.5m，深 0.8m，水沟中水面深 0.75m，总长度为 1200m，围岩壁厚 5m。

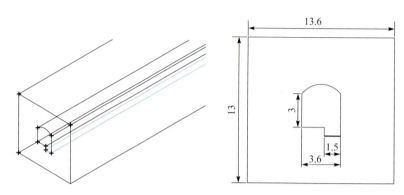

图 9.6　水沟物理模型示意图（单位：m）

1. 控制方程

研究水在管道和水沟中冷却的过程及矿井围岩与风流间的热交换过程，所涉及的基本内容就是流体流动和传热的问题，将控制流体的流动、传热传质及其他过程表示成微分方程的形式，称为控制方程。流体流动要受到物理守恒定律的支配，即流动要满足质量守恒方程、动量守恒方程、能量守恒方程。

1）质量守恒方程

任何流动问题都要满足质量守恒方程，即连续性方程。其定律表述为：在流场中任取一个封闭区域，此区域称为控制体，其表面称为控制面，单位时间内从控制面流进和流出控制体的流体质量之差，等于单位时间该控制体质量增量，其积分形式为

$$\frac{\partial}{\partial t}\iiint_{\text{Vol}}\rho\mathrm{d}x\mathrm{d}y\mathrm{d}z + \oiint_{A}\rho\mathrm{d}A = 0 \tag{9.1}$$

式中，Vol 为控制体；A 为控制面；第一项为控制体内部质量的增量；第二项为通过控制面的净通量。式（9.1）在直角坐标系中的微分形式如下：

$$\frac{\partial\rho}{\partial t} + \frac{\partial(\rho u)}{\partial x} + \frac{\partial(\rho v)}{\partial y} + \frac{\partial(\rho w)}{\partial z} = 0 \tag{9.2}$$

连续性方程的适用范围没有限制，无论是可压缩或不可压缩流体、黏性或无黏性流体，定常或非定常流动都适用。

对于定常流动，密度 ρ 不随时间的变化而变化，式（9.2）变为

$$\frac{\partial(\rho u)}{\partial x} + \frac{\partial(\rho v)}{\partial y} + \frac{\partial(\rho w)}{\partial z} = 0 \tag{9.3}$$

对于定常不可压缩流动，密度 ρ 为常数，式（9.3）变为

$$\frac{\partial u}{\partial x} + \frac{\partial v}{\partial y} + \frac{\partial w}{\partial z} = 0 \tag{9.4}$$

式中,u 为 x 方向空气速度分量,m/s;v 为 y 方向空气速度分量,m/s;w 为 z 方向空气速度分量,m/s。

2) 动量守恒方程

动量守恒方程(N-S 方程)也是任何流动系统都必须满足的基本定律。其定律表述为:任何控制微元中流体动量对时间的变化率等于外界作用在微元上各种力之和,用数学式表示为

$$\delta_F = \delta_m \frac{\mathrm{d}v}{\mathrm{d}t} \tag{9.5}$$

由流体的黏性本构方程得到直角坐标系下的动量守恒方程,即 N-S 方程:

$$\begin{cases} \rho \dfrac{\mathrm{d}u}{\mathrm{d}t} = \rho F_x - \dfrac{\partial p}{\partial x} + \dfrac{\partial}{\partial x}\left(\mu \dfrac{\partial u}{\partial x}\right) + \dfrac{\partial}{\partial y}\left(\mu \dfrac{\partial u}{\partial y}\right) + \dfrac{\partial}{\partial z}\left(\mu \dfrac{\partial u}{\partial z}\right) + \dfrac{\partial}{\partial x}\left[\dfrac{\mu}{3}\left(\dfrac{\partial u}{\partial x} + \dfrac{\partial v}{\partial y} + \dfrac{\partial w}{\partial z}\right)\right] \\[3mm] \rho \dfrac{\mathrm{d}v}{\mathrm{d}t} = \rho F_y - \dfrac{\partial p}{\partial y} + \dfrac{\partial}{\partial x}\left(\mu \dfrac{\partial v}{\partial x}\right) + \dfrac{\partial}{\partial y}\left(\mu \dfrac{\partial v}{\partial y}\right) + \dfrac{\partial}{\partial z}\left(\mu \dfrac{\partial v}{\partial z}\right) + \dfrac{\partial}{\partial y}\left[\dfrac{\mu}{3}\left(\dfrac{\partial u}{\partial x} + \dfrac{\partial v}{\partial y} + \dfrac{\partial w}{\partial z}\right)\right] \\[3mm] \rho \dfrac{\mathrm{d}w}{\mathrm{d}t} = \rho F_z - \dfrac{\partial p}{\partial z} + \dfrac{\partial}{\partial x}\left(\mu \dfrac{\partial w}{\partial x}\right) + \dfrac{\partial}{\partial y}\left(\mu \dfrac{\partial w}{\partial y}\right) + \dfrac{\partial}{\partial z}\left(\mu \dfrac{\partial w}{\partial z}\right) + \dfrac{\partial}{\partial z}\left[\dfrac{\mu}{3}\left(\dfrac{\partial u}{\partial x} + \dfrac{\partial v}{\partial y} + \dfrac{\partial w}{\partial z}\right)\right] \end{cases} \tag{9.6}$$

对于不可压缩常黏度的流体,则式(9.6)可转化为

$$\begin{cases} \rho\left(\dfrac{\partial u}{\partial t} + u\dfrac{\partial u}{\partial x} + v\dfrac{\partial u}{\partial y} + w\dfrac{\partial u}{\partial z}\right) = \rho F_x - \dfrac{\partial p}{\partial x} + \mu\left(\dfrac{\partial^2 u}{\partial x^2} + \dfrac{\partial^2 u}{\partial y^2} + \dfrac{\partial^2 u}{\partial z^2}\right) \\[3mm] \rho\left(\dfrac{\partial v}{\partial t} + u\dfrac{\partial v}{\partial x} + v\dfrac{\partial v}{\partial y} + w\dfrac{\partial v}{\partial z}\right) = \rho F_y - \dfrac{\partial p}{\partial y} + \mu\left(\dfrac{\partial^2 v}{\partial x^2} + \dfrac{\partial^2 v}{\partial y^2} + \dfrac{\partial^2 v}{\partial z^2}\right) \\[3mm] \rho\left(\dfrac{\partial w}{\partial t} + u\dfrac{\partial w}{\partial x} + v\dfrac{\partial w}{\partial y} + w\dfrac{\partial w}{\partial z}\right) = \rho F_z - \dfrac{\partial p}{\partial z} + \mu\left(\dfrac{\partial^2 w}{\partial x^2} + \dfrac{\partial^2 w}{\partial y^2} + \dfrac{\partial^2 w}{\partial z^2}\right) \end{cases} \tag{9.7}$$

在不考虑流体黏性的情况下,则由式(9.7)可得出欧拉方程:

$$\begin{cases} \dfrac{\mathrm{d}u}{\mathrm{d}t} = \dfrac{\partial u}{\partial t} + u\dfrac{\partial u}{\partial x} + v\dfrac{\partial u}{\partial y} + w\dfrac{\partial u}{\partial z} = F_x - \dfrac{\partial \rho}{\rho \partial x} \\[3mm] \dfrac{\mathrm{d}v}{\mathrm{d}t} = \dfrac{\partial v}{\partial t} + u\dfrac{\partial v}{\partial x} + v\dfrac{\partial v}{\partial y} + w\dfrac{\partial v}{\partial z} = F_y - \dfrac{\partial \rho}{\rho \partial y} \\[3mm] \dfrac{\mathrm{d}w}{\mathrm{d}t} = \dfrac{\partial w}{\partial t} + u\dfrac{\partial w}{\partial x} + v\dfrac{\partial w}{\partial y} + w\dfrac{\partial w}{\partial z} = F_z - \dfrac{\partial \rho}{\rho \partial z} \end{cases} \tag{9.8}$$

N-S 方程比较准确地描述了实际的流动,黏性流体的流动分析可归结为对此方程的求解。N-S 方程有三个分式,加上不可压缩流体连续性方程式,共 4 个方程式,有 4 个未知数 u、v、w 和 ρ,方程组是封闭的,加上适当的边界条件和初始条件原则上可以求解。但由于 N-S 方程存在非线性项,求一般解析解非常困难,只有在

边界条件比较简单的情况下，才能求得解析解。

3) 能量方程与导热方程

描述固体内部温度分布的控制方程为导热方程，直角坐标系下三维非稳态导热微分方程的一般形式为

$$\rho c \frac{\partial t}{\partial \tau} = \frac{\partial}{\partial x}\left(\lambda \frac{\partial t}{\partial x}\right) + \frac{\partial}{\partial y}\left(\lambda \frac{\partial t}{\partial y}\right) + \frac{\partial}{\partial z}\left(\lambda \frac{\partial t}{\partial z}\right) + q_v \tag{9.9}$$

式中，t、ρ、c、q_v 和 τ 分别为微元体的温度、密度、比热容、单位时间单位体积的内热源生成热和时间；λ 为导热系数。

用来求解对流换热的能量方程为

$$\frac{\partial t}{\partial \tau} + u \frac{\partial t}{\partial x} + v \frac{\partial t}{\partial y} + w \frac{\partial t}{\partial z} = \alpha\left(\frac{\partial^2 u}{\partial x^2} + \frac{\partial^2 u}{\partial y^2} + \frac{\partial^2 u}{\partial z^2}\right) \tag{9.10}$$

式中，$\alpha = \dfrac{\lambda}{\rho c_p}$，称为热扩散率。对于固体介质，$u = v = w = 0$，此时式(9.10)即为求解固体内部温度场的导热方程。

2. 控制方程的离散

由于应变量在节点之间的分布假设及推导离散方程的方法不同，微分方程的离散可分为有限差分法、有限元法、有限体积法、谱方法等。目前大多数商用 CFD 软件都采用有限体积法(finite volume method，FVM)，本章所采用的 FLUENT 软件就是基于有限体积法来实现微分方程的离散。有限体积法又称为控制体积法，其基本思路是：将计算区域划分为网格，并使每个网格点周围有一个互不重复的控制体积，将待解的微分方程对每个控制体积积分，从而得出一组离散方程，其中未知数是网格点上的因变量 ϕ。为了求出控制体积的积分，必须假定 ϕ 值在网格点之间的变化规律。离散方程的物理意义，就是因变量 ϕ 在有限大小的控制体积中的守恒原理。有限体积法得出的离散方程，要求因变量的积分守恒对任意一组控制体积都得到满足，对整个计算区域也得到满足。

9.3.2 求解模型的建立

1. 流体流动性质的判定

在流体力学中，以 Re 作为流动性质的特征参数，其计算表达式为

$$Re = \frac{\rho v d}{\mu} = \frac{v d}{\nu} \tag{9.11}$$

式中，ρ 为流体的密度；μ 为流体的动力黏度系数；ν 为流体的运动黏滞系数；v 为线速度；d 为管径。

Re 的物理意义是流体流动时的惯性力和黏性力的比值。试验证明，当 Re 超

过临界值时,流动性质将由层流转变到湍流状态。

对圆管而言,流态的判别条件为

$$层流：\qquad Re=\frac{vd}{\nu}<2000$$

$$湍流：\qquad Re=\frac{vd}{\nu}>2000$$

对 DN300 的管道,$d=0.3\text{m}$,$v=1.79\text{m/s}$,30℃ 时水的运动黏滞系数 $\nu=0.804\times10^{-6}\text{m}^2/\text{s}$,计算得 $Re=667910>10^5$,此时流体处于旺盛湍流状态。

对水沟而言,过流断面为矩形,当量直径为 $d_e=\dfrac{2ab}{a+b}$,用当量直径 d_e 代替式中的 d,即 $Re=\dfrac{vd_e}{\nu}$,其临界 Re 仍取 2000。取 $d_e\approx0.1$,$v=1.79\text{m/s}$,30℃ 时水的运动黏滞系数 $\nu=0.804\times10^{-6}\text{m}^2/\text{s}$,$Re=222637>10^5$,此时流体处于旺盛湍流状态。

2. 湍流流动模型

湍流流动模型很多,但大致可以归纳为以下三类:

第一类是湍流输运系数模型,是 Boussinesq 于 1877 年针对二维流动提出的,将速度脉动的二阶关联量表示成平均速度梯度与湍流黏性系数的乘积[11]。即

$$-\rho\overline{u_1 u_2}=\mu_t\frac{\partial u_1}{\partial u_2} \tag{9.12}$$

第二类是直接建立湍流应力和其他二阶关联量的输运方程。

第三类是大涡模拟。前两类是以湍流的统计结构为基础,对所有涡旋进行统计平均。大涡模拟把湍流分成大尺度湍流和小尺度湍流,通过求解三维经过修正的 Navier-Stokes 方程,得到大涡旋的运动特性,而对小涡旋运动还采用上述的模型。

3. 标准 $k\text{-}\varepsilon$ 模型

标准 $k\text{-}\varepsilon$ 模型需要求解湍动能及其耗散率方程。湍动能输运方程是通过精确的方程推导得到,但耗散率方程是通过物理推理,数学上模拟相似原形方程得到的。该模型假设流动为旺盛湍流,分子黏性的影响可以忽略。因此,标准 $k\text{-}\varepsilon$ 模型只适合完全湍流的流动过程模拟。由上述计算可知,水在管道及水沟中的流动处于旺盛湍流状态,可以采用标准 $k\text{-}\varepsilon$ 模型求解。

标准 $k\text{-}\varepsilon$ 模型的湍动能 k 和耗散率 ε 方程为

$$\rho\frac{\mathrm{d}k}{\mathrm{d}t}=\frac{\partial}{\partial x_i}\left[\left(\mu+\frac{\mu_t}{\sigma_k}\right)\frac{\partial k}{\partial x_i}\right]+G_k+G_b-\rho\varepsilon-Y_M \tag{9.13}$$

$$\rho \frac{\mathrm{d}\varepsilon}{\mathrm{d}t} = \frac{\partial}{\partial x_i}\left[\left(\mu+\frac{\mu_t}{\sigma_k}\right)\frac{\partial\varepsilon}{\partial x_i}\right] + G_{1\varepsilon}\frac{\varepsilon}{k}(G_{bk}+G_{3\varepsilon}G_b) - G_{2\varepsilon}\rho\frac{\varepsilon^2}{k} \tag{9.14}$$

式中,G_k表示由于平均速度梯度引起的湍动能k的产生项;G_b是由于浮力引起的湍动能k的产生项;Y_M代表可压缩湍流中脉动扩张对总的耗散率的影响。湍流黏性系数$\mu_t = \rho G_\mu\dfrac{k^2}{\varepsilon}$。

在 Fluent 中,作为默认值常数,$G_{1\varepsilon}=1.44$,$G_{2\varepsilon}=1.92$,$G_\mu=0.09$,湍动能与耗散率的湍流普朗特数分别为$\sigma_k=1.0$,$\sigma_\varepsilon=1.3$。可以通过调节"黏性模型"面板来调节这些常数值。

9.3.3 边界条件

1. 管道模型

(1) 风流入口边界条件。巷道内压强低于大气压,空气的压缩性不明显,可以按不可压缩性流体来处理,给定风流进口的流速和风温。风速按 4m/s 计算,风温按夏季平均风温 30℃计算。

(2) 风流出口边界条件。由于出口风流速度及温度未知,给定出口为outflow。

(3) 水流入口边界条件。水流速度方向垂直于边界,给定水流速度及温度大小。

(4) 水流出口边界条件。由于出口水流速度及温度未知,给定出口为 outflow。

(5) 管壁边界条件。耦合热边界,无滑移壁面,给定管壁材料及厚度。

(6) 岩壁边界条件。围岩厚 5m,内壁为耦合热边界,外壁给定壁面温度,均为无滑移壁面,材质为砂岩,给定砂岩热物理性质。

2. 水沟模型

(1) 风流入口边界条件。设为速度入口,给定风速(4m/s)、风温及水蒸气浓度。

(2) 风流出口边界条件。由于出口风流速度及温度未知,给定出口为outflow。

(3) 水面边界条件。水面与空气之间存在传热传质,因此,水面表层水膜与空气之间的边界属于传热传质耦合的热边界。但对于水膜表面存在蒸发这一特定具体的边界,FLUENT 边界类型中并不存在,因此需要将这一类边界条件进行特别的定义,然后添加到 FLUENT 默认的耦合边界中。本章利用 FLUENT 中用户自定义平台 UDF,对水蒸发的边界条件进行了自定义,把由相变产生的质量源项和能量源项加入到边界条件中。

(4) 岩壁边界条件。围岩厚 5m,内壁为耦合热边界,外壁给定壁面温度,均为无滑移壁面,材质为砂岩,给定砂岩热物理性质。

9.3.4　计算参数的确定

计算参数的确定是模型建立的重要组成部分,其正确性直接关系到数值模拟的准确性和可信度。为使模拟结果具有可比性,各种工况温度场模拟中使用的热分析参数固定不变。根据有关文献中的试验数据及公式,参数确定如表 9.5 和表 9.6 所示。

表 9.5　热物理参数

物性	密度/(kg/m³)	导热系数/[W/(m·K)]	比热容/[J/(kg·K)]	运动黏度/[kg/(m·s)]
风流	1.225	0.0242	1006.43	1.79×10^{-5}
水	998.2	0.6	4182	1.003×10^{-3}
管道	7850	70	434	—
砂岩	2440	855	2.56	—

表 9.6　管道水力计算

管径	流量/(m³/h)	流速/(m/s)	比摩阻/(Pa/m)
$\phi300$	470	1.79	156.85

9.3.5　数值计算方法

采用 SIMPLE(semi-implicit method for pressure-linked equations)算法,该算法是由 Patankar 和 Spalding 在 1972 年提出,是指求解压力耦合方程组的半隐式方法。其基本思想是:首先使用一个猜测的压力场来求解动量方程,得到速度场;接着求解通过连续性方程所建立的压力修正方程,得到压力场的修正值;然后利用压力修正值更新速度场和压力场;最后检查结果是否收敛,若不收敛,以得到的压力场作为新的猜测的压力场,重复该过程。为了启动该迭代过程,需要提供初始的、带有猜测性的压力场与速度场。随着迭代的进行,这些猜测的压力场与速度场不断改善,使得到的压力与速度分量逐渐逼近真解。

9.4　冷却效果分析

9.4.1　700m 管道冷却效果分析

为使 HEMS-Ⅰ 机组能够提供足够的冷量,冷却水进出水温度应保持 8℃温差,由于机组进水温度低于 33℃时机组性能较高,取出水温度为 41℃,即 700m 管道进口水温 41℃。根据夹河矿地温场测试数据,−600m 水平围岩温度为 27℃。图 9.7 为冷却水流经 700m 管道的轴截面温度场等值线图,可以看出:

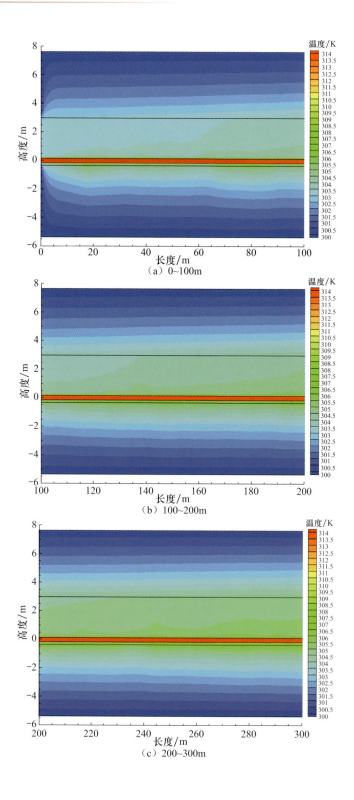

（a）0~100m

（b）100~200m

（c）200~300m

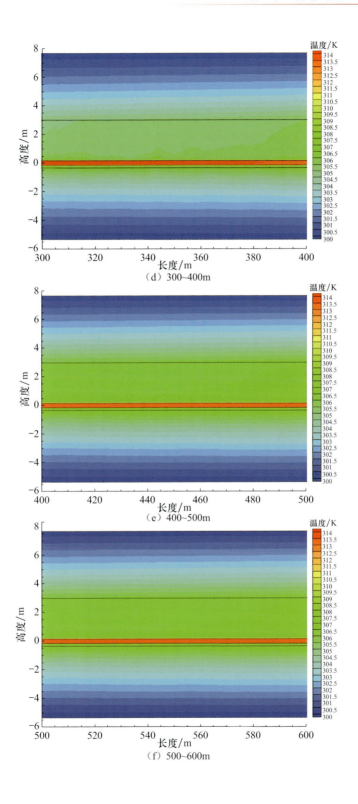

（d）300~400m

（e）400~500m

（f）500~600m

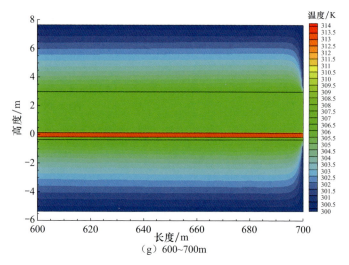

(g) 600~700m

图 9.7 700m 管道纵向温度场等值线图

(1) 管道进口水温 41℃,沿管长方向温度逐渐降低,但降幅较小,出口水温为 39.5℃,整个管段的总温降为 1.5℃,温降率约为 0.002℃/100m。

(2) 巷道进口风温为 30℃,出口风温 33℃,总温升为 3℃。

(3) 围岩初始温度为 27℃,由于围岩与空气间的热交换,靠近岩壁处围岩与空气温度基本持平,在进口处壁面温度达到 30℃,出口处达到 33℃,并且在巷道径向的围岩体内,靠近壁面处温度高、远离壁面处温度低,接近于原始岩温,在巷道周围岩体内形成一个调热圈。同时,由于延管长方向空气温度逐渐升高,对围岩的温度影响范围逐渐扩大,调热圈半径逐渐增大。

700m 管道各横截面温度场等值线如图 9.8 所示,可以看出,延管长方向调热

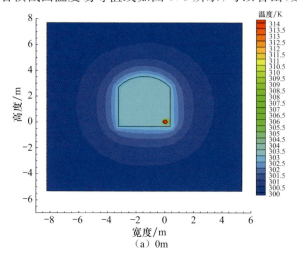

(a) 0m

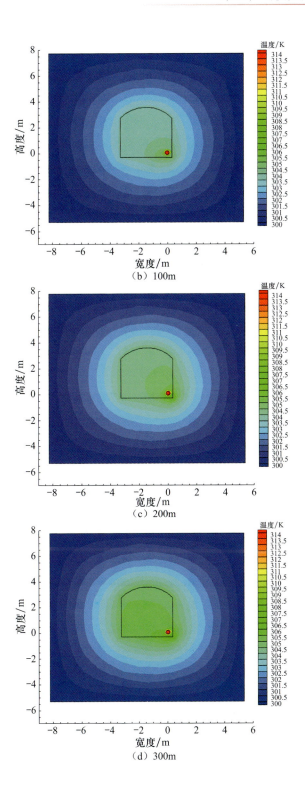

（b）100m

（c）200m

（d）300m

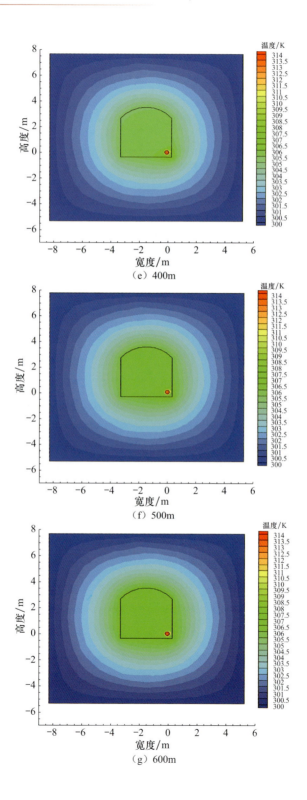

（e）400m

（f）500m

（g）600m

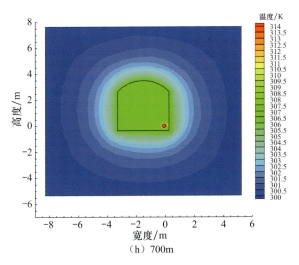

图 9.8　700m 管道横向温度场等值线图

圈半径逐渐增大,在管道出口处考虑到水从管道排至敞开的水沟中,与空气的换热面积突然增大,调热圈半径略有减小。

　　700m 管道横断面上观测点分布如图 9.9 所示,从图中读取各点的温度值,统计于表 9.7 中,绘制 700m 管道各观测点温度变化曲线,如图 9.10 所示。可以看出:

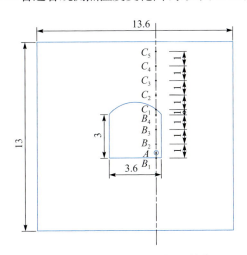

图 9.9　700m 管道观测点分布图(单位:m)

A. 管道轴心;B_1. 底板;B_2. 底板上 1m;B_3. 底板上 2m;B_4. 底板上 3m;C_1. 顶板;C_2. 顶板上 1m;C_3. 顶板上 2m;C_4. 顶板上 3m;C_5. 顶板上 4m

　　(1)水温延管长方向呈下降趋势。

　　(2)空气各观测点温度呈上升趋势,且底板上 1～3m 处曲线基本重合,说明空

表 9.7　700m 管道模型各观测点温度统计表　　　　（单位:℃）

长度/m	水	空气				围岩				
	A	B_1	B_2	B_3	B_4	C_1	C_2	C_3	C_4	C_5
0	41.00	30.13	30.02	30.00	29.92	29.79	28.24	27.63	27.32	27.00
100	40.81	31.72	31.03	30.74	30.62	30.59	29.53	28.71	28.04	27.00
200	40.63	32.41	31.78	31.44	31.28	31.25	30.00	29.03	28.23	27.00
300	40.47	33.08	32.26	31.85	31.78	31.75	30.35	29.27	28.38	27.00
400	40.33	33.73	32.75	32.47	32.39	32.35	30.77	29.58	28.55	27.00
500	40.20	33.86	33.27	33.05	33.00	32.92	31.17	29.83	28.73	27.00
600	39.96	34.25	33.59	33.46	33.39	33.34	31.44	30.03	28.85	27.00
700	39.50	34.62	34.22	33.95	33.75	33.61	29.94	28.44	27.74	27.00

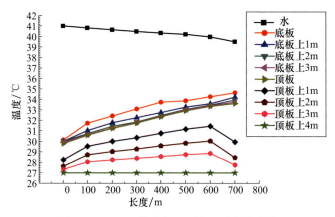

图 9.10　700m 管道各观测点温度变化曲线

气与水充分换热,在相同长度处巷道断面内空气温度基本一致,空气与水的换热已达到饱和。

（3）由于空气不足以提供冷却水所需的冷量,大量冷量来自于围岩中,在顶板上 4m 处岩温为初始温度 27℃,说明围岩换热厚度 $d \leqslant 4$m。

9.4.2　1200m 水沟冷却效果分析

水沟处于−450m 水平大巷中,管道所在的−600m 水平轨道上山巷道及另一条−450m 水平巷道中的风流同时汇聚于此,产生混风效果。根据 700m 管道的模拟结果,−600m 水平轨道上山出口风温为 33℃,而根据实测数据,−450m 水平巷道的风温为 29℃,两者风量相同,因此,混风后−450m 水平大巷的进口风温取 31℃。根据夹河矿的地温场测试数据,−450m 水平围岩温度为 24℃。冷却水流经 1200m 水沟的轴截面温度场等值线如图 9.11 所示,可以看出:

（1）水沟进口水温 39.5℃,沿长度方向温度逐渐降低,且降幅较大,出口水温为 34℃,整个水沟的总温降为 5.5℃,温降率约为 0.005℃/100m,这是由于水与空气之间同时存在热交换和质交换,换热效果与管道相比大大增强。同时,沿长度方

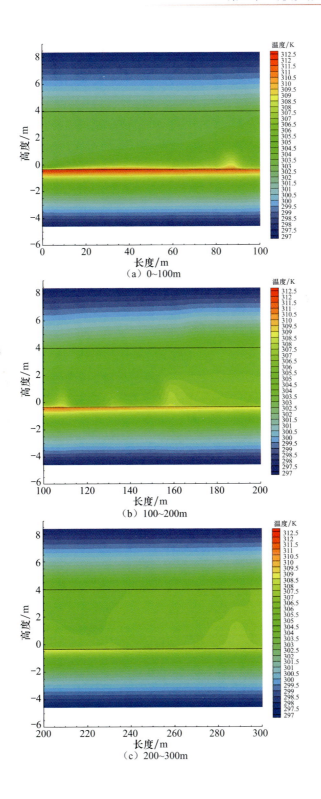

（a）0~100m

（b）100~200m

（c）200~300m

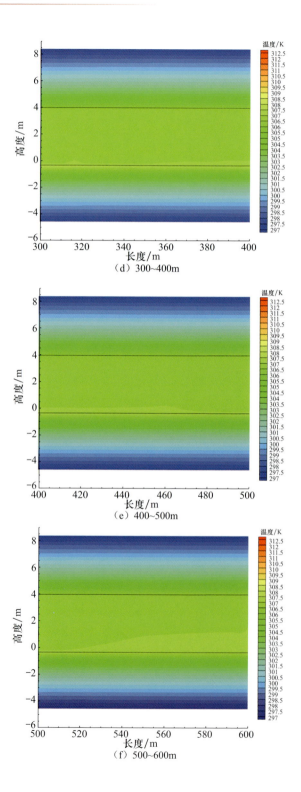

（d）300~400m

（e）400~500m

（f）500~600m

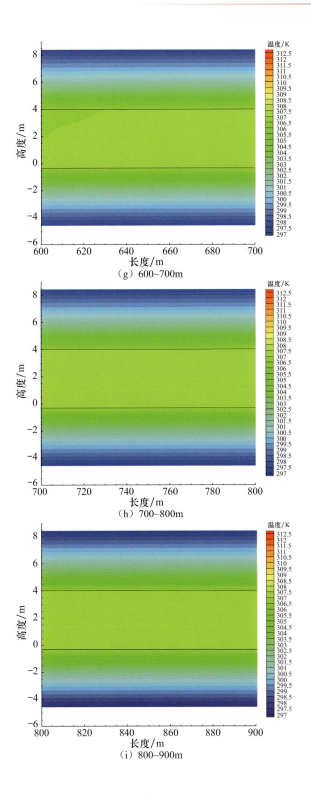

（g）600~700m

（h）700~800m

（i）800~900m

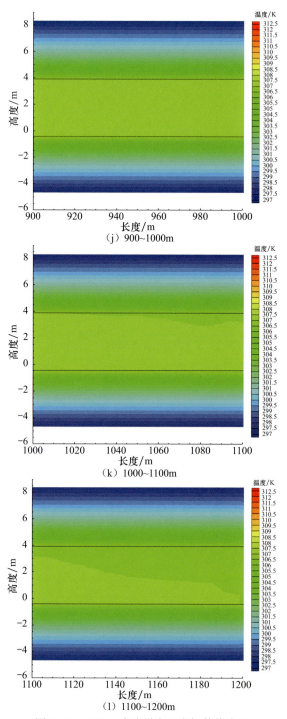

（j）900~1000m

（k）1000~1100m

（l）1100~1200m

图 9.11　1200m 水沟纵向温度场等值线图

向 0～300m 内,水温有明显变化,说明水与空气的换热主要集中在进口段,之后水流与风流温差逐渐变小,最后趋于一致。

(2) 巷道进口风温 31℃,出口风温 34℃,总温升为 3℃。在出口处风温与水温持平,说明水与空气换热充分,水沟段的冷却效果明显。

(3) 围岩初始温度为 24℃,由于围岩与空气间的热交换,靠近岩壁处围岩与空气温度基本持平,在进口处壁面温度达到 31℃,出口处达到 34℃,并且在巷道径向的围岩体内靠近壁面处温度高、远离壁面处温度低,接近于原始岩温,在巷道周围岩体内形成一个调热圈。同时还可以看出,沿长度方向 0～300m 内调热圈半径增大较明显,300m 之后调热圈半径变化较小。

1200m 水沟各横截面温度场等值线如图 9.12 所示,可以看出,沿长度方向水温逐渐降低,风温逐渐升高,调热圈半径逐渐增大。

1200m 水沟横断面上观测点分布如图 9.13 所示,从图中读取各点的温度值,统计于表 9.8 中。从 1200m 水沟各观测点温度变化曲线(见图 9.14)可以看出:

(1) 水温延水沟长度方向呈下降趋势。

(2) 空气各观测点温度呈上升趋势,且底板上 0～3m 处曲线基本重合,说明空气与水充分换热,在相同长度处巷道断面内空气温度基本一致,空气与水的换热已达到饱和。

(3) 由于空气不足以提供冷却水所需的冷量,大量冷量来自于围岩中,在围岩厚度为 5m 处岩温保持初始温度 24℃,说明围岩换热厚度 $d \leqslant 5m$。

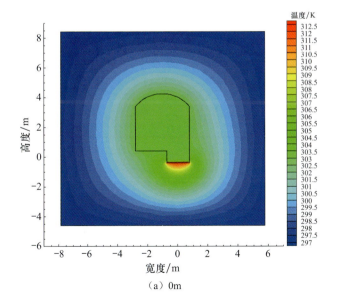

(a) 0m

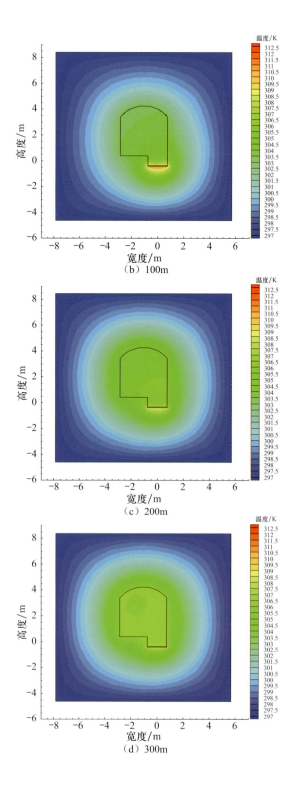

（b）100m

（c）200m

（d）300m

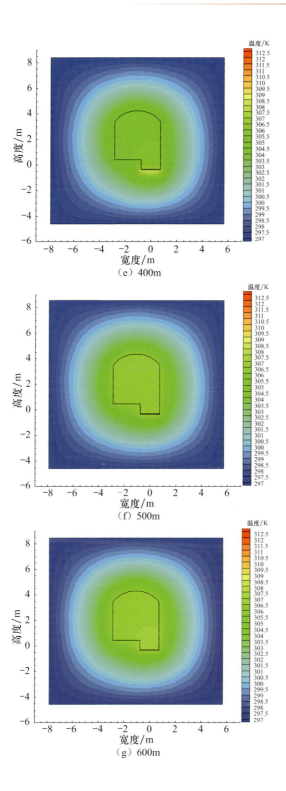

（e）400m

（f）500m

（g）600m

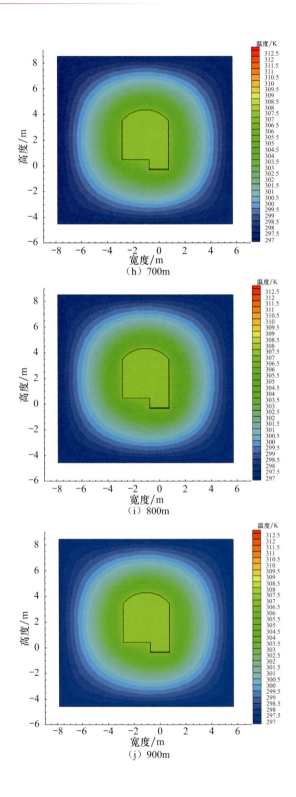

（h）700m

（i）800m

（j）900m

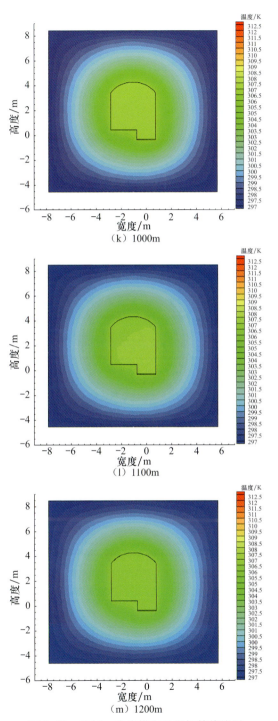

（k）1000m

（l）1100m

（m）1200m

图 9.12　1200m 水沟横向温度场等值线图

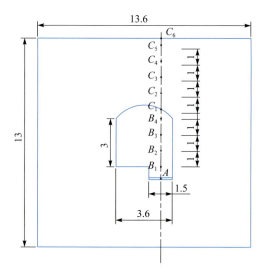

图 9.13 1200m 水沟观测点分布图(单位:m)

A. 水;B_1. 底板;B_2. 底板上 1m;B_3. 底板上 2m;B_4. 底板上 3m;C_1. 顶板;C_2. 顶板上 1m;
C_3. 顶板上 2m;C_4. 顶板上 3m;C_5. 顶板上 4m;C_6. 围岩 5m 厚处

表 9.8 1200m 水沟各观测点温度统计表 (单位:℃)

长度 /m	水	空气				围岩					
	A	B_1	B_2	B_3	B_4	C_1	C_2	C_3	C_4	C_5	C_6
0	39.35	30.00	30.00	30.00	30.00	29.94	28.17	26.75	25.57	24.55	24.00
100	38.35	32.21	31.13	30.68	30.41	30.33	28.44	26.91	25.67	24.59	24.00
200	37.85	33.07	32.92	32.78	32.71	32.70	30.14	28.00	26.34	24.80	24.00
300	36.35	33.30	33.64	33.50	33.42	33.42	30.56	28.32	26.47	24.86	24.00
400	35.75	33.72	33.67	33.63	33.62	33.61	30.70	28.40	26.60	24.87	24.00
500	35.15	33.77	33.73	33.70	33.68	33.59	30.83	28.43	26.62	24.89	24.00
600	34.68	33.77	33.86	33.78	33.75	33.74	30.84	28.47	26.65	24.90	24.00
700	34.20	33.95	33.86	33.86	33.86	33.85	30.89	28.48	26.65	24.91	24.00
800	34.13	33.86	33.87	33.86	33.87	33.82	30.90	28.49	26.65	24.91	24.00
900	34.05	33.88	33.87	33.86	33.87	33.87	30.91	28.50	26.65	24.91	24.00
1000	34.03	33.88	33.88	33.86	33.86	33.87	30.92	28.51	26.65	24.92	24.00
1100	34.02	33.87	33.89	33.86	33.87	33.88	30.93	28.52	26.66	24.92	24.00
1200	34.00	33.96	33.91	33.90	33.88	33.89	30.94	28.52	26.66	24.93	24.00

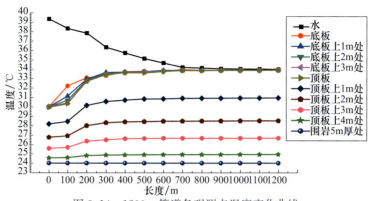

图 9.14　1200m 管道各观测点温度变化曲线

9.4.3　1900m 管道冷却效果分析

　　循环水经水沟冷却后,经由 1900m 管道送回到-600m 水平冷却水工作站,水与空气逆向流动,管道的进口水温为 34℃,巷道的进口风温为 30℃,围岩原始温度为 27℃。图 9.15 为冷却水流经 1900m 管道的轴截面温度场等值线图,可以看出:

　　(1) 管道进口水温 34℃,沿管长方向温度逐渐降低,但由于空气与水的温差较小,仅为 4℃,水温降幅较小,整个管段的总温降约为 1℃,温降率约为 0.001℃/100m,出口水温约为 33℃,低于控制温度(34℃),达到 HEMS-I 机组进水温度要求。

　　(2) 巷道进口风温 30℃,出口风温 34℃,总温升 4℃。由于水与空气逆向流动,风温的变化主要集中在风流入口即水流出口处,在距离风流入口 500m 之后,温度几乎不再变化。

　　(3) 围岩初始温度 27℃,与 700m 管道一样,由于围岩与空气间的热交换,在巷道周围岩体内形成一个调热圈,且在距离风流入口 500m 之内调热圈半径增大较明显,500m 之后调热圈半径几乎不再变化,围岩温度基本稳定。

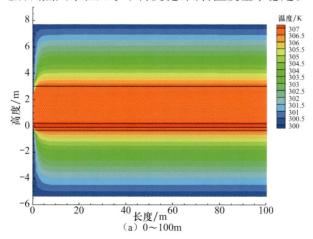

(a) 0~100m

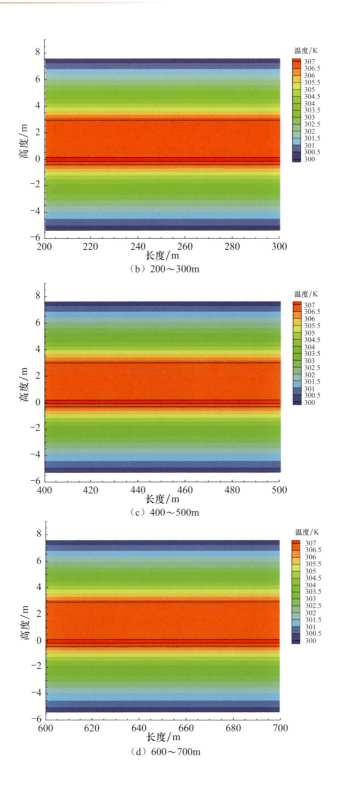

（b）200～300m

（c）400～500m

（d）600～700m

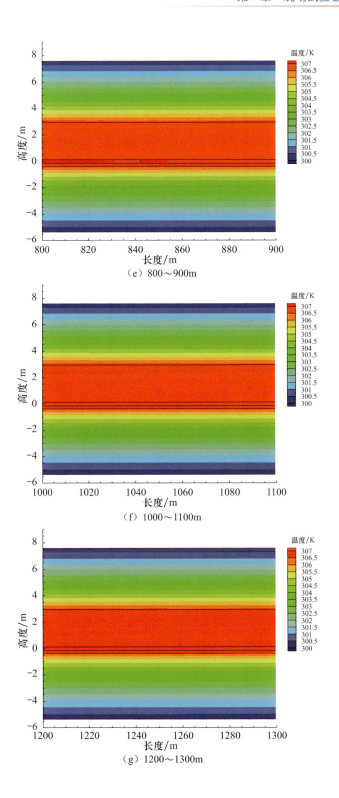

（e）800～900m

（f）1000～1100m

（g）1200～1300m

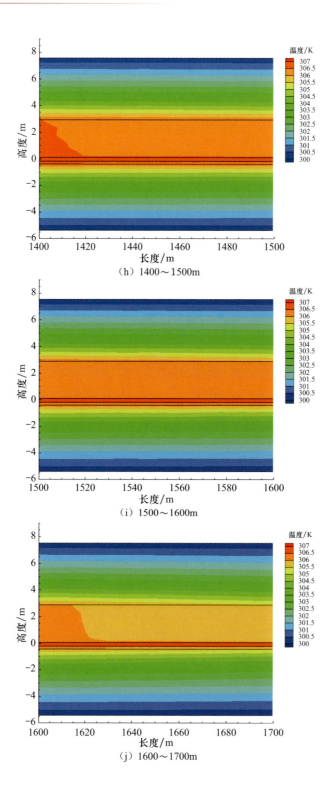

（h）1400～1500m

（i）1500～1600m

（j）1600～1700m

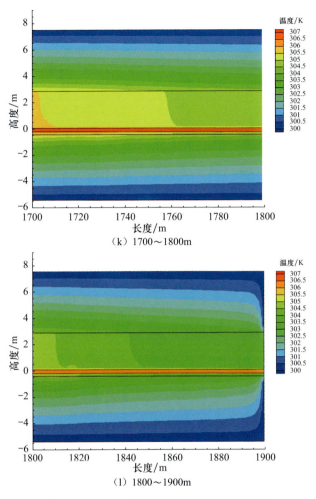

图 9.15　1900m 管道轴截面温度场等值线图

9.5　效 果 评 价

9.5.1　系统运行状态分析

　　2008 年 7 月下旬完成了对系统的调试工作,系统运行趋于稳定,选取典型工作日(7 月 26 日)的监测数据进行系统运行状态分析,图 9.16 为 HEMS 机组运行参数及工作面温度监测数据,该数据是 26 日实时监测值的算术平均值,以综合评价系统性能。

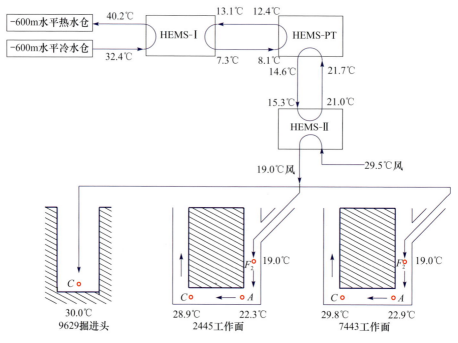

图 9.16　HEMS 机组运行参数及工作面温度

1）－600m 水平 HEMS-I 工作站运行数据分析

图 9.17 为 HEMS-I 机组 7 月 26 日的运行状态曲线。机组于 10：00 停机检修，12：30 恢复运转。从图 9.17 可以看出，HEMS-I 机组运行基本平稳，HEMS-I 机组冷却水进出水温差为 6.9～8.5℃，冷冻水进出水温差为 4.6～6.9℃。冷却水

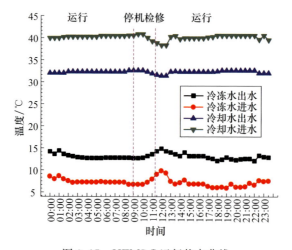

图 9.17　HEMS-I 运行状态曲线

平均流量为 543.5m³/h,冷冻水平均流量为 613.4m³/h。HEMS-Ⅰ 机组冷却水进水温度为 31.5~32.7℃,达到机组冷却水进水要求,说明冷却水系统运行状况良好,与数值模拟结果吻合,验证了数值模拟的可靠性。

图 9.18 为 HEMS-Ⅰ 机组的运行参数,图中数据是 26 日实时监测值的算术平均值。

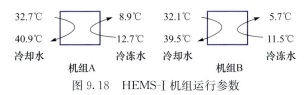

图 9.18　HEMS-Ⅰ 机组运行参数

2)—800m 水平 HEMS-PT 工作站运行数据分析

HEMS-PT 工作站在系统中具有承上启下的功能,图 9.19 为 HEMS-PT 运行参数,同时给出了上、下循环管路水温变化值,温升均在 1℃左右。

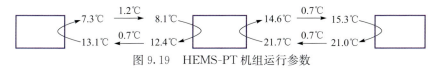

图 9.19　HEMS-PT 机组运行参数

3)—1010m 水平 HEMS-Ⅱ 工作站运行数据分析

HEMS-Ⅱ 是系统的末端设备,其一次侧为水循环,二次侧为风循环,图 9.20 为 HEMS-Ⅱ 运行状态曲线,机组 7 月 26 日 10:00 停机,12:00 重新开机。从图 9.20 可以看出,机组重新开机后,经 0.5~1h 机组运行基本平稳。

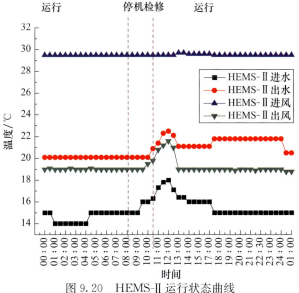

图 9.20　HEMS-Ⅱ 运行状态曲线

图 9.21 为 HEMS-II 机组运行参数,图中数据是 26 日实时监测值的算术平均值。可以看出,HEMS-II 下循环供水温度 15.3℃,出水温度 21.0℃,进出水温差为5.7℃;进风温度 29.5℃,出风温度 19.0℃,进出风温差为 10.5℃,运行状况良好。

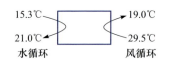

图 9.21　HEMS-II 机组运行参数

9.5.2　生产效果

1) 7443 工作面[11]

7443 工作面监测系统测点布置见图 9.22。

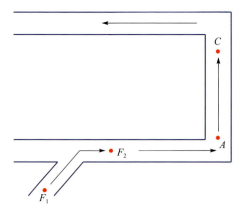

图 9.22　7443 工作面监测系统示意图

F_1. HEMS-II 进风;F_2. 风筒出风;A. 皮带机道里;C. 工作面下角点

7443 工作面各监测点 26 日温度监测曲线见图 9.23,可以看出,系统运行时,HEMS-II 进风温度大约为 29.5℃,连接 HEMS-II 的风筒出风温度为 26.8～29.1℃,皮带机道里 A 点温度为 28.5～29.9℃,而工作面控制点 C 的温度则为29.7～30.5℃,与系统运行前工作面的平均温度(36℃)比较,系统运行后工作面控制温度降低 5.3～6.3℃。

工作面降温效果如图 9.24 所示,图中数据为各监测点温度全天的算术平均值,可以看出,与上年同期相比,沿送风方向控制点 C 的温度平均降低 6.2℃。

2) 2445 工作面[11]

2445 工作面监测系统测点布置与 7443 工作面相同。2445 工作面各监测点 26 日

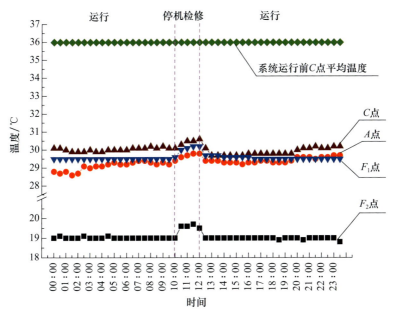

图 9.23　7443 工作面各测点温度监测曲线

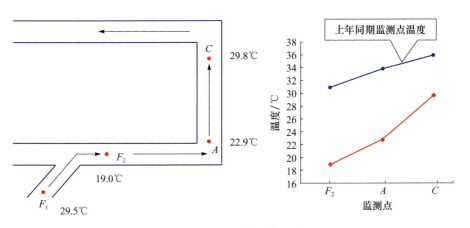

图 9.24　7443 工作面降温效果

温度监测曲线见图 9.25，可以看出，系统运行时皮带机道里 A 点温度为 19.3～26.3℃，而工作面控制温度 C 点则为 28.1～29.6℃，与系统运行前工作面的平均温度（36℃）比较，系统运行后工作面控制温度降低 6.4～7.9℃。

工作面降温效果如图 9.26 所示，图中数据为各监测点温度全天的算术平均值，可以看出，与上年同期相比，沿送风方向，控制点 C 的温度平均降低 7.1℃。

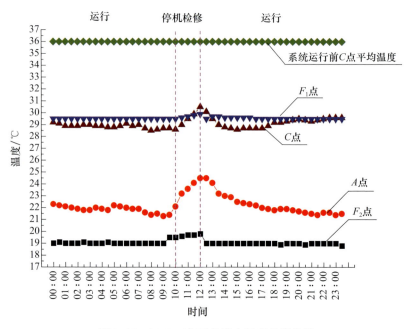

图 9.25　2445 工作面各测点温度监测曲线

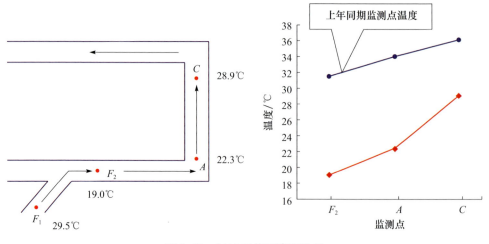

图 9.26　2445 工作面降温效果

3）9629 掘进头温度[11]

9629 掘进头温度监测曲线如图 9.27 所示,可以看出,系统运行时 9629 掘进头的温度控制在 29.6~30.7℃,与上年同期相比,降低 6.3~8.1℃。

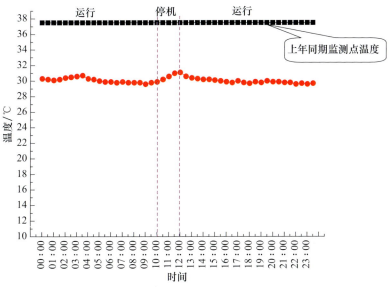

图 9.27 9629 掘进头温度监测曲线

参 考 文 献

[1] 张毅.夹河矿深部热害发生机理及其控制对策.北京:中国矿业大学(北京)博士学位论文, 2006.

[2] 许云良,张雷.夹河矿深井开采岩体温度场特征与热害控制研究.能源技术与管理,2009, (3):82—84.

[3] 何满潮,徐敏.HEMS 深井降温系统研发及热害控制对策.岩石力学与工程学报,2008,27 (7):1353—1361.

[4] He M C. Application of HEMS cooling technology in deep mine heat hazard control. Mining Science and Technology(China),2009,19(3):269—275.

[5] 张树生.矿井热害解决方案的研究.煤炭工程,2007,(12):105—107.

[6] 田景.夹河矿高差循环冷源技术及其热害控制效果分析.北京:中国矿业大学(北京)硕士 学位论文,2010.

[7] 杨生彬.矿井涌水为冷源的夹河矿深井热害控制技术.北京:中国地质大学(北京)博士学 位论文,2008.

[8] Zhang Y,Guo D M,He M C,et al. Characterization of deep ground geothermal field in Jiahe Coal Mine. Mining Science and Technology(China),2011,21(3):371—374.

[9] 曹秀玲,张毅,郭东明,等.矿井涌水在深井 HEMS 降温技术中的应用研究.中国矿业, 2010,(2):104—106.

[10] 齐平.夹河矿 HEMS 深井降温系统热能交换分析.北京:中国矿业大学(北京)博士学位论文, 2011.

[11] 孙守金.夹河煤矿深部 HEMS-Ⅲ 期降温工程及应用效果.煤炭科技,2013,(1):73—74.

第10章 现场试验Ⅳ——张小楼矿

张小楼煤矿是我国东部典型的热害矿井。张小楼矿井涌水不足,地表也无合适水体作为冷源。因此,张小楼矿降温采用井下涌水和井下回风两种混合冷源,本章详细阐述张小楼矿试验情况。

10.1 热害特征及冷源分析

10.1.1 热害特征

通过对井田深部16个钻孔测温资料整理分析,各钻孔地温曲线均为简单增温型曲线,即地温随深度增加而增加,且基本呈线性关系,但各钻孔相同深度点的温度不同,地温梯度和地温率也不同,详见表10.1和表10.2。

表 10.1 各钻孔相同深度温度对比表 （单位:℃）

孔号	深度/m			
	500	800	1000	1200
13-14	26.0	32.4	37.4	42.4
14-2	25.1	30.5	34.1	—
14-5	26.9	33.6	38.3	42.9
14-6	26.9	34.4	38.5	43.6
15-29	27.5	34.7	39.9	45.0
15-30	27.1	33.3	39.1	44.7
16-13	27.3	34.2	38.8	43.3
16-21	27.8	34.9	39.7	44.5
16-23	27.1	35.0	40.5	46.1
16-25	28.7	36.5	41.8	47.2
16-26	28.7	36.6	41.9	47.3
17-17	26.9	33.8	39.3	44.8
17-20	27.7	35.2	40.5	45.8
17-21	28.9	36.3	40.0	45.7
18-12	26.6	33.0	—	—
18-14	27.0	33.6	38.0	42.3
平 均	25.1~28.9	30.5~36.6	34.1~41.9	42.3~47.3
	27.3	34.2	39.2	44.8

表 10.2　各钻孔地温梯度、地温率统计表

钻孔编号	孔号	地温梯度/(℃/100m)	地温率/(m/℃)
1	13-14	2.21	45.2
2	14-2	1.80	55.4
3	14-5	2.25	44.5
4	14-6	2.34	42.7
5	15-29	2.43	41.2
6	15-30	2.44	41.1
7	16-13	2.28	43.8
8	16-21	2.38	42.0
9	16-23	2.56	39.1
10	16-25	2.77	36.1
11	16-26	2.67	37.4
12	17-17	2.45	40.9
13	17-20	2.51	39.8
14	17-21	2.48	40.3
15	18-12	2.13	46.9
16	18-14	2.19	45.7
平均		1.80~2.77	36.1~55.4
		2.38	42.6

张小楼矿−750m 水平巷道气温达 28℃,最高可达 32℃;−1000m 水平巷道气温 31℃,最高可达 37℃。随着新大井的建成投产,矿井开采深度不断增加,热害问题将更加突出。

根据中国科学院地质与地球物理研究所地热资料,综合徐州地区地面温度和井田内测温孔的观测数据,分析表明:井田恒温带深度为 25~30m,恒温值为 16.7℃,这与其他矿区基本一致。

1) 地温随深度变化规律

根据表 10.1 的数据,可绘出各钻孔−1200~−500m 张小楼深井热害地温变化曲线图(见图 10.1~图 10.7)。

从图 10.1~图 10.7 可以看出,庞庄煤矿张小楼井热害地温是随深度的增加而增加的,且从大部分曲线的走势可以较明显地看出,越往深部走,深井热害地温的增加幅度越大,即深井热害地温变化曲线呈线性增加的特征。

根据表 10.1 中的数据,可绘出庞庄煤矿张小楼井−1200~−500m 不同深度地温横向变化曲线图(见图 10.8)。

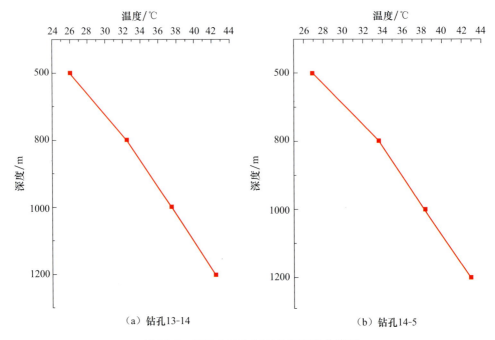

（a）钻孔13-14　　　　　　　　　　（b）钻孔14-5

图 10.1　钻孔 13-14、14-5 地温变化曲线图

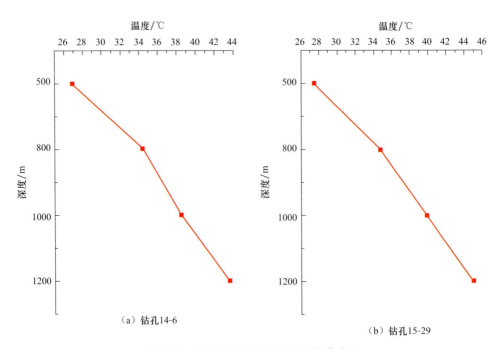

（a）钻孔14-6　　　　　　　　　　（b）钻孔15-29

图 10.2　钻孔 14-6、15-29 地温变化曲线图

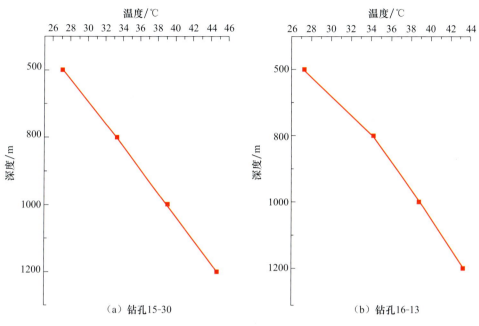

图 10.3　钻孔 15-30、16-13 地温变化曲线图

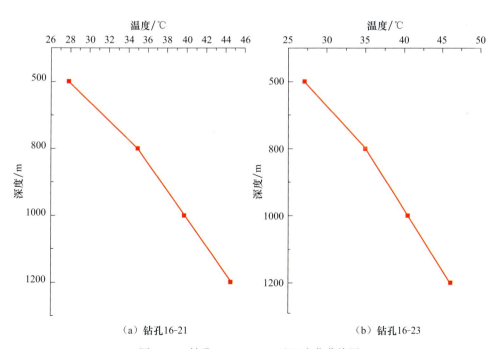

图 10.4　钻孔 16-21、16-23 地温变化曲线图

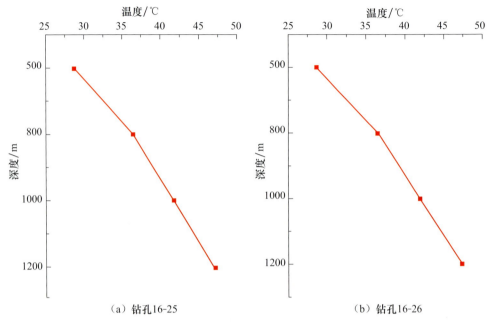

（a）钻孔16-25   （b）钻孔16-26

图 10.5　钻孔 16-25、16-26 地温变化曲线图

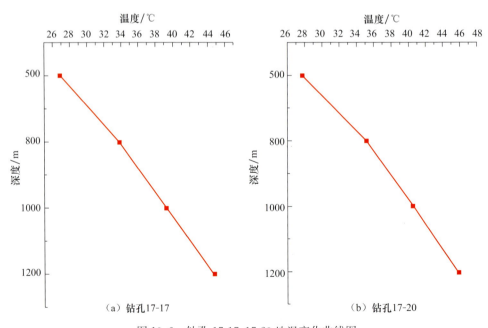

（a）钻孔17-17   （b）钻孔17-20

图 10.6　钻孔 17-17、17-20 地温变化曲线图

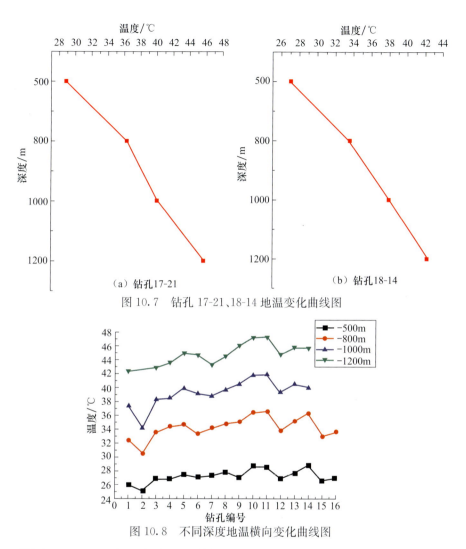

(a) 钻孔 17-21　　　　　　(b) 钻孔 18-14

图 10.7　钻孔 17-21、18-14 地温变化曲线图

图 10.8　不同深度地温横向变化曲线图

从图 10.8 可以看出,在张小楼井井田,深井热害地温说明,每一岩层内的地温呈较为均匀的分布状态。每一固定深度的地温曲线变化呈振荡的趋势,且随着深度的加大,振荡的幅度越大,这说明,越往深处走,地温增加的幅度越大。

2）地温梯度随深度变化规律

根据表 10.2 中的数据,可绘出张小楼井各钻孔不同深度地温梯度横向变化曲线（见图 10.9）。

通过测温孔和井下地温实测数据可知,张小楼深井热害地温场特征为:本井田深部地温梯度为 1.8～2.77℃/100m,属地温正常区,除局部受断层影响外,大部分地区的地温梯度值在垂向和横向上变化都较平稳,井田地温场处于热动态平衡状态。以 15 勘探线为界,东西两区地温变化明显不同,东区地温平均梯度比西区低；

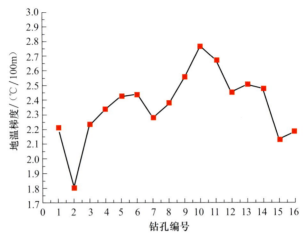

图 10.9　不同深度地温梯度横向变化曲线图

各地层地温梯度变化也存在差异,第四系恒温带向下地温梯度达 4℃/100m,二叠系地温梯度值最小,太原组岩石地温梯度值稍大。全井田煤系地层平均地温梯度为 2.15℃/100m。

10.1.2　冷源分析

1) 张小楼矿井涌水冷源分析

目前矿井年平均涌水量为 39.5m³/h,正常涌水量为 37.5m³/h,最大涌水量为 48m³/h。水温为 30℃。经过计算,可以从矿井涌水中提取 523.35kW 冷量。

2) 庞庄矿井涌水冷源分析

庞庄矿可借调矿井涌水量 65m³/h,水温为 30℃,可提取 1200kW 冷量。

3) 矿井回风冷源分析

矿井回风为 4000m³/min,风温为 32℃,相对湿度为 96%,根据最后升高至 36℃、37℃ 和 38℃ 计算得到的可以获取的冷量如表 10.3 所示。当回风温度升高至 38℃ 时,可提取 3056kW 冷量。

计算公式为

$$Q = (i_{进} - i_{出}) = \frac{Q_{风} \times 1.2}{60}(i_{进} - i_{出}) \tag{10.1}$$

表 10.3　矿井风流冷源分析表

相对湿度	回风温度/℃	升高后温度/℃								
		36			37			38		
		$i_{进}$	$i_{出}$	冷量/kW	$i_{进}$	$i_{出}$	冷量/kW	$i_{进}$	$i_{出}$	冷量/kW
96%	31	102.5	132.1	2368	102.5	139.2	2936	102.5	146.3	3504
	32	108.1	132.1	1920	108.1	139.2	2488	108.1	146.3	3056
	33	113.7	132.1	1472	113.7	139.2	2040	113.7	146.3	2608
	34	119.4	132.1	1016	119.4	139.2	1584	119.4	146.3	2152
	35	125.1	132.1	560	125.1	139.2	1128	125.1	146.3	1696

续表

相对湿度	回风温度/℃	升高后温度/℃								
		36			37			38		
		$i_进$	$i_出$	冷量/kW	$i_进$	$i_出$	冷量/kW	$i_进$	$i_出$	冷量/kW
100%	31	105.6	136.4	2464	105.6	143.7	3048	105.6	151.1	3640
	32	111.4	136.4	2000	111.4	143.7	2584	111.4	151.1	3176
	33	117.3	136.4	1528	117.3	143.7	2112	117.3	151.1	2704
	34	123.2	136.4	1056	123.2	143.7	1640	123.2	151.1	2232
	35	129.1	136.4	584	129.1	143.7	1168	129.1	151.1	1760
风量/(m³/min)		4000								

10.2　热害治理方案

10.2.1　系统工艺总设计

庞庄煤矿张小楼井降温工程的设计是针对两个回采工作面和两个掘进头进行的,设计冷负荷为 4000kW。矿井涌水中可提取的冷量仅为 523.35kW,远远满足不了井下的降温需求。因此,本设计在提取了矿井涌水中冷量的同时,也将回风中的冷量提取出来,进行降温[1~3]。系统工艺总设计如图 10.10 所示。降温工程包括三个水循环:冷却水循环、主机硐室内循环和冷冻水循环。

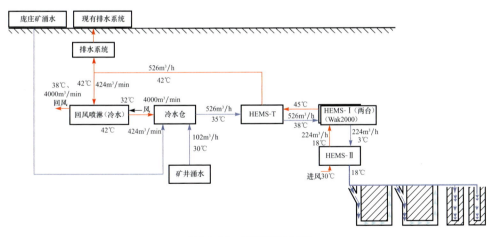

图 10.10　系统设计框图

（1）冷却水循环:设置一个冷水仓,从冷水仓提取矿井涌水,进入 HEMS-T 一次侧,经过换热后,通过回风大巷进行喷淋漫流冷却,提取回风中的冷量。冷却后的水排入冷水仓,与庞庄的矿井涌水混合后重新进入 HEMS-T 一次侧循环使用。

（2）主机硐室内循环:HEMS-T 二次侧从矿井涌水中提取冷能,然后进入 HEMS-I

制冷机组的冷凝侧,经过换热后,重新再次回到HEMS-T二次侧进行提取冷能。

(3) 冷冻水循环:HEMS-I(Wak2000)通过提取矿井涌水中的冷量,将蒸发侧的出水温度降低到3℃,冷水经过 HEMS-II 用来给矿井的工作面降温后,重新再次回到 HEMS-I 的蒸发侧。为了避免冷量的损失,HEMS-I 和 HEMS-II 的距离要求很小。通过 HEMS-II 的换热作用,将工作面或掘进头 30℃的风流降为 18℃,通入工作面和掘进头进行降温。

系统的工艺流程如图 10.11 所示。

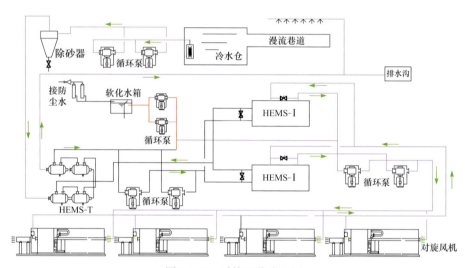

图 10.11　系统工艺流程图

10.2.2　回风冷源计算方法

1) 回风喷淋冷源设计

张小楼井深井降温工程的回风冷源设计是从矿井回风大巷的回风中提取冷能,用来冷却制冷主机冷凝侧高温出水。

具体冷源方案:在原来老猴车上滑板的出水管道上布满喷淋口,让出水从管道中流出,经过与回风的直接交换换热,冷却后的水在经过原老猴车的斜巷漫流至冷却水仓,这个漫流过程再次换热,最终达到冷却水仓的水温降低明显的效果,方案如图 10.12 和图 10.13 所示。

如图 10.13 所示,喷淋管道布置在巷道中,管道直径 300mm,喷淋巷道长 20000mm;巷道断面宽 4m,高 5m,巷道断面面积 24.56m²,巷道周长 22.56m,喷淋段长度 12m;喷淋口的尺寸为孔径 10mm,成三叠排列,水平间距 200mm,共 90 个孔。

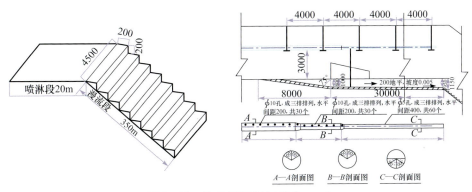

图 10.12 冷却方案设计(单位:mm)

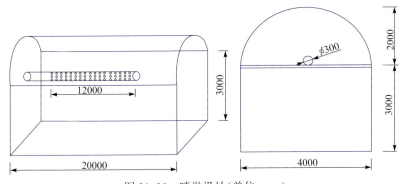

图 10.13 喷淋设计(单位:mm)

方案设计后,通过对现场测量点温度的监测,来分析出喷淋漫流的效果,各测量点的具体位置如图 10.14 所示。

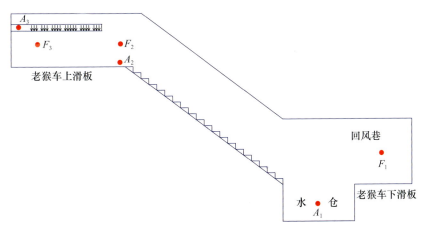

图 10.14 喷淋漫流效果测量点

A_1. 冷水仓水温;A_2. 喷淋后的水温;A_3. 未喷淋前的管道内水温;

F_1. 漫流前的回风巷风温;F_2. 喷淋前(漫流后)的风温;F_3. 喷淋后的回风温

2）喷淋理论计算分析

喷淋的原理就是通过空气与水的换热，其中涉及的理论和计算公式如下。

空气与水直接接触交换换热公式原理：

当空气与水在一微元面积 δA 上接触时，空气与水之间发生热湿交换，空气与水的状态都将发生变化。空气温度变化为 δt，含湿量变化为 δd。

显热交换量：

$$\delta Q_x = mc_p\delta t = -a(t-t_w)\delta F \tag{10.2}$$

式中，m 为与水接触的空气流量，kg/s；c_p 为空气的比定压热容，$kJ/(kg \cdot K)$；t 为湿空气的干球温度，$℃$；t_w 为水温，$℃$。

湿交换量：

$$\delta W = m\delta d = b(d-d_s)\delta F \tag{10.3}$$

式中，δW 为蒸发或冷凝的水量（湿交换量），kg/s；d_s 为饱和边界层空气含湿量，g/kg；d 为主流空气含湿量，g/kg。

潜热交换量：

$$\delta Q_q = r\delta W = rb(d_s-d)\delta F \tag{10.4}$$

式中，r 为温度为 t_w 时水的汽化潜热，kJ/kg。

总换热量：

$$\delta Q_z = \delta Q_x + \delta Q_q = a(t-t_w)\delta F + rb(d_s-d)\delta F \tag{10.5}$$

对水而言，若水温变化为 δt_w，则总热交换量为

$$\delta Q_z = m_w c_{pw}\delta t_w \tag{10.6}$$

式中，m_w 为与空气接触的水量，kg/s；c_{pw} 为水的比定压热容，$kJ/(kg \cdot K)$。

在稳定工况下，空气与水之间的热交换量是平衡的，即

$$\delta Q_z = \delta Q_x + \delta Q_q = m_w c_{pw}\delta t_w \tag{10.7}$$

针对张小楼井降温工程的喷淋设计参数见表 10.4。

表 10.4　计算参数

测量点	计算参数
喷淋前回风温度/℃	34.4
HEMS-T 一次侧出水温度/℃	38.2
巷道周长/m	18
巷道高/m	5
巷道底板宽/m	4
喷淋段长度/m	12

整个巷道的周长 12m，喷淋长度 12m，巷道宽 4m，高 5m，带入上述公式，根据热力学原理，整个系统的热量守恒，利用喷淋前后的热量相等，最后得到喷淋时冷

却水可降低 2℃。

3）漫流理论分析计算

冷却水由老猴车上滑板至冷水仓内高差漫流降温计算：

$$Q_w = aA(t_w - t_f) + bA(p_s - p_w) \qquad (10.8)$$

式中，t_w 为巷道水的平均温度，℃；t_f 为风流平均温度，可取 31℃；A 为巷道换热面积，m²；p_s 为对应水温的饱和水蒸气分压，mmHg；p_w 为空气水蒸气分压，mmHg；a 为水面对空气的对流传热系数，$a = \dfrac{2.3G^{0.8}U^{0.2}}{S} = 10.95$，其中，$S$ 为巷道断面积，m²；G 为质量风速，kg/s；U 为巷道周长，14m。

通过计算得到张小楼井的降温工程的漫流的设计参数，详见表 10.5。

表 10.5　设计计算参数

测量点	计算参数
漫流前出风温度/℃	33.4
冷水仓水温度/℃	34.5
巷道周长/m	18
巷道高/m	4
巷道底板宽/m	4
漫流段长度/m	470

解得高差漫流时冷却水可降低 2℃。

4）喷淋数值模拟[3]

边界条件：

（1）风流入口边界条件。巷道内压强低于大气压，空气的压缩性不明显，可以按不可压缩性流体来处理，给定风流进口的流速和风温。风量为 4000m³/min，即风速按 2.7m/s 计算，风温按夏季平均风温 32℃ 计算。

（2）风流出口边界条件。由于出口风流速度及温度未知，给定出口为 outflow。

（3）水流入口边界条件。水流速度方向垂直于边界，给定水流速度及温度大小（水量 420m³/h，即 7m/s；温度 38℃）。

（4）水流出口边界条件。由于出口水流速度及温度未知，给定出口为 outflow。

（5）管壁边界条件。耦合热边界，无滑移壁面，给定管壁材料及厚度。

（6）岩壁边界条件。围岩内壁为耦合热边界，外壁给定壁面温度，均为无滑移壁面。

模拟效果：

结合现场的实际情况，利用 CFD 数值模拟软件，对喷淋段的冷却效果进行数值模拟，经过 CFD 数值模拟后，得到如图 10.15 所示的效果图。

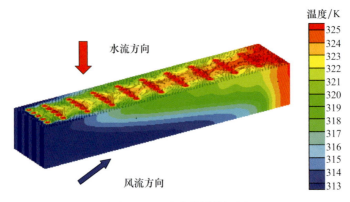

图 10.15　喷淋效果模拟图

　　HEMS-T 一次侧的出水温度经过喷淋口的喷淋，向巷道的四周喷射，热水喷到巷道的四壁后，由巷道壁流落到巷道底板，在这个过程中，高温水和回风巷道的风充分接触换热，致使冷却水的温度下降，起到了冷却水的效果。

　　从图 10.15 可以看出，水沿巷道的垂直方向的冷却效果为温度逐步降低，沿巷道的水平方向，风流逐步地被管道喷淋的水换热最终升高温度，从而喷淋的水沿巷道底板逐渐冷却，整个喷淋的冷却效果在 2℃。

　　5）漫流数值模拟

　　漫流模型如图 10.16 所示，漫流巷道设置在斜巷中，漫流巷道长 350m，倾角16°；巷道断面宽 4m，高 4m，巷道断面面积 16m²，巷道周长 16m，漫流段台阶高89mm，长 3000mm。

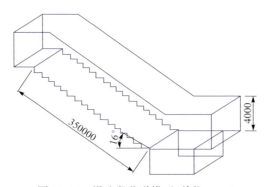

图 10.16　漫流段巷道模型（单位：mm）

　　边界条件：

　　（1）风流入口边界条件。巷道内压强低于大气压，空气的压缩性不明显，可以按不可压缩性流体来处理，给定风流进口的流速和风温。风量为 4000m³/min，即风速按 2.7m/s 计算,风温按夏季平均风温 32℃计算。

(2) 风流出口边界条件。由于出口风流速度及温度未知,给定出口为 out-flow。

(3) 水流入口边界条件。水流速度方向垂直于边界,给定水流速度及温度大小(水量 420m³/h,即 7m/s;温度为喷淋后的水温,即喷淋段模拟出的水温)。

(4) 水流出口边界条件。由于出口水流速度及温度未知,给定出口为 out-flow。

(5) 管壁边界条件。耦合热边界,无滑移壁面,给定管壁材料及厚度。

(6) 岩壁边界条件。围岩内壁为耦合热边界,外壁给定壁面温度,均为无滑移壁面。

模拟效果:

结合现场的实际情况,利用 CFD 数值模拟软件,对漫流段的冷却效果进行数值模拟,经过 CFD 数值模拟后,得到如图 10.17 所示的效果图。

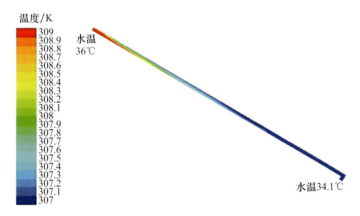

图 10.17　漫流效果模拟

喷淋过后的水,将沿着斜巷的底板流到冷水仓,沿着斜巷的底板,热水温度逐渐降低,同时矿井回风温度沿着斜巷逐渐升高,从图中可以看出,整个漫流的冷却效果在 2℃。

10.3　现场试验参数分析

依据张小楼煤矿现场系统运行数据对矿井涌水冷源不足型矿井热害治理热力平衡参数进行分析,测试参数期间降温区域为 95206 工作面,测试时间为 2011 年 8 月 13 日～30 日,主要测试点及测试内容见表 10.6[4~6]。

表 10.6 系统运行参数测试点

序号	监测点	监测内容
1	−1000m 水平冷却泵站	冷却水温、水量
2	−1000m 水平喷淋段	喷淋前后水温、风温和湿度
3	−1000m 水平制冷站	HEMS-T、HEMS-I 运行工况
4	−1200m 水平降温站	工作面 HEMS-II 运行工况

各个具体的温度测量点见图 10.18。

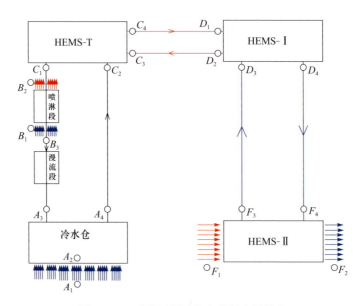

图 10.18 系统运行平衡参数温度测量点

A_1. 冷水仓进风温度；A_2. 冷水仓出风温度；A_3. 冷水仓出水温度；A_4. 冷水仓进水温度；
B_1. 喷淋前回风温度；B_2. 喷淋后回风温度；B_3. 喷淋后水温；C_1. HEMS-T 一次侧出水温度；
C_2. HEMS-T 一次侧进水温度；C_3. HEMS-T 二次侧进水温度；C_4. HEMS-T 二次侧出水温度；
D_1. HEMS-I 一次侧进水温度；D_2. HEMS-I 一次侧出水温度；D_3. HEMS-I 二次侧进水温度；
D_4. HEMS-I 二次侧出水温度；F_1. HEMS-II 进风温度；F_2. HEMS-II 出风温度；
F_3. HEMS-II 出水温度；F_4. HEMS-II 进水温度

1. 制冷主机未开启之前热力学平衡

（1）制冷主机未开启 A 点冷水仓温度平衡曲线参数见表 10.7、图 10.19 和图 10.20。

表 10.7　A 点冷水仓温度平衡曲线参数　　　　　（单位：℃）

时间	A_1 冷水仓进风温度	A_2 冷水仓出风温度	A_3 冷水仓出水温度	A_4 冷水仓进水温度
16：00	32.0	32.0	30.0	30.0
16：20	32.1	32.0	30.1	30.0
16：40	32.2	32.1	30.1	30.1
17：00	32.2	32.1	30.2	30.3
17：20	32.4	32.2	30.4	30.5
17：40	32.3	32.2	30.6	30.7
18：00	32.5	32.3	30.8	30.9
18：20	32.4	32.3	30.9	31.1
18：40	32.5	32.4	30.8	31.3
19：00	32.5	32.4	31.0	31.5
19：20	32.5	32.4	31.1	31.7
19：40	32.5	32.4	31.3	31.8
20：00	32.5	32.4	31.4	31.8
20：20	32.5	32.4	31.5	31.9
20：40	32.5	32.4	31.5	31.9
21：00	32.5	32.4	31.5	32.0
21：20	32.5	32.4	31.5	32.0
21：40	32.5	32.4	31.5	32.0
22：00	32.5	32.4	31.5	32.0

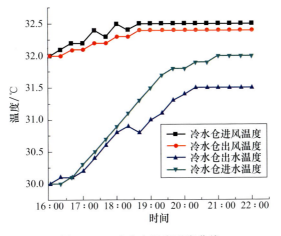

图 10.19　冷水仓温度平衡曲线

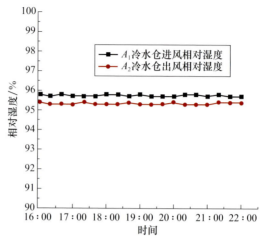

图 10.20 冷水仓进出风相对湿度平衡曲线

（2）制冷主机未开启 B 点喷淋漫流段温度平衡曲线参数见表 10.8、图 10.21 和图 10.22。

表 10.8 B 点喷淋漫流段温度平衡曲线参数 （单位：℃）

B_1（喷淋前出风）	B_2（喷淋后出风）	B_3（喷淋后水温）	C_1（HEMS-T 一次侧出水温度）
30.9	31.8	29.9	30.0
30.9	31.7	30.0	30.0
30.9	31.7	30.1	30.0
31.0	31.6	30.2	30.2
31.0	31.6	30.3	30.2
31.0	31.5	30.5	30.4
31.0	31.5	30.7	30.6
31.1	31.4	30.9	30.7
31.1	31.4	31.0	30.8
31.2	31.3	31.0	30.9
31.2	31.3	31.2	31.0
31.3	31.2	31.4	31.0
31.3	31.2	31.5	31.0
31.4	31.0	31.5	31.1
31.4	31.0	31.6	31.1
31.5	31.0	31.6	31.2
31.5	31.0	31.6	31.2
31.5	31.0	31.6	31.2
31.5	31.0	31.6	31.2

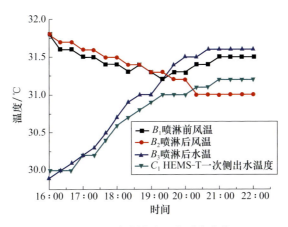

图 10.21　喷淋漫流温度平衡曲线

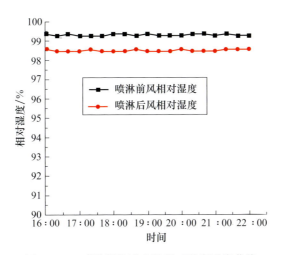

图 10.22　喷淋漫流进出风相对湿度平衡曲线

（3）制冷主机未开启 C 点 HEMS-T 进出口温度平衡曲线参数见表 10.9、图 10.23和图 10.24。

表 10.9　C 点 HEMS-T 进出口温度平衡曲线参数　　（单位：℃）

时间	C_1（HEMS-T 一次侧出水）	C_2（HEMS-T 一次侧进水）	C_3（HEMS-T 二次侧进水）	C_4（HEMS-T 二次侧出水）
16：00	30.0	30.0	31.1	31.1
16：20	30.0	30.1	31.1	31.2
16：40	30.0	30.I	31.3	31.4
17：00	30.2	30.2	31.4	31.5
17：20	30.2	30.3	31.7	31.8

续表

时间	C_1（HEMS-T 一次侧出水）	C_2（HEMS-T 一次侧进水）	C_3（HEMS-T 二次侧进水）	C_4（HEMS-T 二次侧出水）
17:40	30.4	30.5	32.1	32.4
18:00	30.6	30.7	32.2	32.5
18:20	30.7	30.8	32.3	32.6
18:40	30.8	30.9	32.2	32.7
19:00	30.9	31.0	32.2	32.9
19:20	31.0	31.2	32.2	33.2
19:40	31.0	31.4	32.2	33.4
20:00	31.0	31.5	32.3	33.3
20:20	31.1	31.5	32.2	33.4
20:40	31.1	31.6	32.2	33.4
21:00	31.2	31.6	32.2	33.4
21:20	31.2	31.5	32.2	33.4
21:40	31.2	31.6	32.2	33.4
22:00	31.2	31.6	32.2	33.4

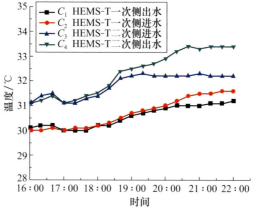

图 10.23　HEMS-T 进出口温度平衡曲线

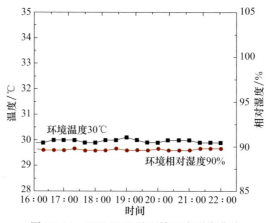

图 10.24　HEMS-T 处环境温度平衡曲线

（4）制冷主机未开启 D 点 HEMS-Ⅰ进出口温度平衡曲线参数见表 10.10、图 10.25 和图 10.26。

表 10.10　D 点 HEMS-Ⅰ进出口温度平衡曲线参数　（单位：℃）

时间	D_1（HEMS-Ⅰ一次侧进水）	D_2（HEMS-Ⅰ一次侧出水）	D_3（HEMS-Ⅰ二次侧进水）	D_4（HEMS-Ⅰ二次侧出水）
16：00	31.1	31.1	31.1	31.1
16：20	31.5	31.4	31.0	30.9
16：40	31.6	31.5	31.0	30.7
17：00	32.0	31.9	30.7	30.5
17：20	32.1	31.8	30.5	30.3
17：40	32.4	32.1	30.4	30.2
18：00	32.5	32.2	30.2	30.0
18：20	32.6	32.3	30.1	29.9
18：40	32.7	32.2	29.9	29.7
19：00	32.9	32.2	29.7	29.5
19：20	33.2	32.1	29.5	29.4
19：40	33.4	32.2	29.3	28.1
20：00	33.3	32.3	29.2	29.0
20：20	33.4	32.2	29.1	29.0
20：40	33.4	32.2	28.9	28.8
21：00	33.4	32.2	28.9	28.8
21：20	33.4	32.2	29.1	28.8
21：40	33.4	32.2	28.9	28.7
22：00	33.4	32.2	28.9	28.7

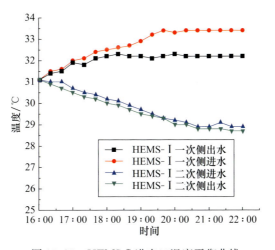

图 10.25　HEMS-Ⅰ进出口温度平衡曲线

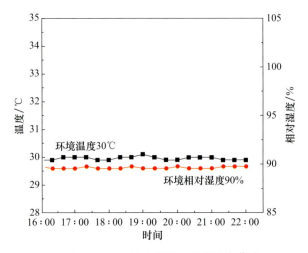

图 10.26　HEMS-I 进出口温度平衡曲线

（5）制冷主机未开启 *F* 点 HEMS-II 进出口温度平衡曲线参数见表 10.11、图 10.27 和图 10.28。

表 10.11　*F* 点 HEMS-II 进出口温度平衡曲线参数　　（单位：℃）

时间	F_1(HEMS-II 进风)	F_2(HEMS-II 出风)	F_3(HEMS-II 出水)	F_4(HEMS-II 进水)
16：00	29.0	29.0	31.1	31.1
16：20	29.1	29.2	31.0	31.1
16：40	29.1	29.2	31.0	31.0
17：00	29.2	29.3	30.7	30.9
17：20	28.9	29.0	30.5	30.7
17：40	28.9	29.0	30.4	30.6
18：00	29.0	29.1	30.2	30.4
18：20	29.0	29.1	30.1	30.3
18：40	29.1	29.2	29.9	30.1
19：00	29.1	29.2	29.7	30.0
19：20	29.0	29.1	29.5	29.8
19：40	29.0	29.1	29.3	29.7
20：00	29.2	29.3	29.2	29.4
20：20	29.1	29.2	29.1	29.2
20：40	29.0	29.1	28.9	29.1
21：00	28.9	29.1	28.9	29.0
21：20	29.0	29.1	28.8	28.9
21：40	29.0	29.1	28.8	28.9
22：00	28.9	29.1	28.8	28.9

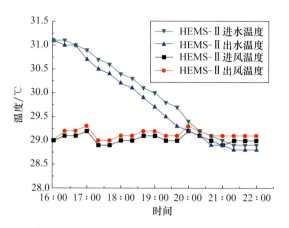

图 10.27　HEMS-Ⅱ 进出口温度平衡曲线

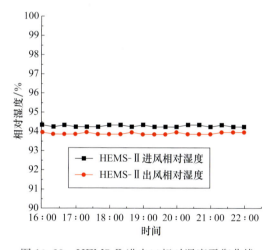

图 10.28　HEMS-Ⅱ 进出口相对湿度平衡曲线

　　综合以上各个曲线图,根据 A、B、C、D、F 各个测量点数据监测,可以得到在无荷载运行情况下的系统平衡参数(见图 10.29)。

　　(1) HEMS-Ⅰ。

　　机组冷凝器负荷:

$$Q_1 = Cm\Delta t = 4.187 \times \frac{370 \times 1000}{3600} \times (33.4 - 32.2) \approx 516 (\text{kW})$$

　　机组制冷量:

$$Q_2 = Cm\Delta t = 4.187 \times \frac{130 \times 1000}{3600} \times (28.9 - 28.2) \approx 15 (\text{kW})$$

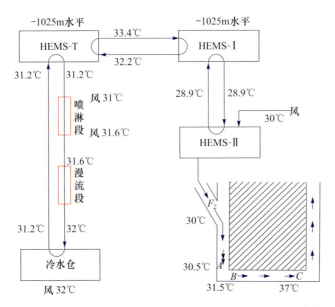

图 10.29　制冷主机未开启之前 HEMS 系统运行热平衡参数

（2）喷淋段。

水循环冷量：

$$Q_3 = Cm\Delta t = 4.187 \times \frac{420 \times 1000}{3600} \times (31.6 - 31.2) \approx 195(kW)$$

风冷量：

$$Q = G\Delta i = 1.2 \times \frac{4000}{60} \times (111.7 - 109.1) \approx 208(kW)$$

（3）漫流段。

水循环冷量：

$$Q_水 = Cm\Delta t = 4.187 \times \frac{420 \times 1000}{3600} \times (32 - 31.6) \approx 195(kW)$$

风冷量：

$$Q = G\Delta i = 1.2 \times \frac{4000}{60} \times (109.1 - 106.3) \approx 224(kW)$$

（1）冷却水的进水温度约 33.4℃，出水温度约 32.2℃，进出水温差约 1.2℃。冷冻水的进出水温度都约为 28.9℃，且维持在一个较稳定的状态。冷却水进出口的温升是由于主机硐室的温度高和泵开启时水压的冲击产生的热量；冷冻水的进出口温度差较小，是由于管道外的环境温度和管道内的水温度相差无几，导致温度变化很小。

（2）喷淋漫流段：

系统经过喷淋得到的冷负荷 $Q \approx 195\text{kW}$；

系统经过漫流得到的冷负荷 $Q \approx 195\text{kW}$；

系统经过喷淋导致风温升高产生的负荷 $Q \approx 208\text{kW}$；

系统经过漫流导致风温升高产生的负荷 $Q \approx 224\text{kW}$。

通过上面的负荷比较,可以看出空气和水换热的效率很高,但还是不完全换热。

2. 制冷主机开启之后平衡

系统在制冷机组开启之后,分为两个阶段,开启后 4～6h 系统趋于稳定阶段和系统运行稳定后阶段,两个阶段分别是温度变化和温度稳定的过程。

1) －1025m 水平 HEMS-Ⅰ 工作站运行数据分析

HEMS-Ⅰ 机组的运行参数见表 10.12,图中数据是每天实时监测值的算术平均值,以综合评价机组运行性能。

表 10.12　HEMS-Ⅰ 机组运行参数

时间	冷却水进口温度 /℃	冷却水出口温度 /℃	流量 /(m³/h)	冷冻水进口温度 /℃	冷冻水出口温度 /℃	流量 /(m³/h)
16:00	32.4	32.2	370～400	28.9	31.0	130～132
16:20	34.0	39.1	370～400	21.4	31.2	130～132
16:40	34.4	39.7	370～400	21.3	31.2	130～132
17:00	35.4	41.2	370～400	21.1	31.1	130～132
17:20	35.5	40.5	370～400	21.8	30.8	130～132
17:40	35.8	41.1	370～400	21.3	31.1	130～132
18:00	36.7	42.2	370～400	18.1	30.6	130～132
18:20	37.1	42.9	370～400	16.5	27.5	130～132
18:40	37.8	43.2	370～400	14.7	27.1	130～132
19:00	37.8	43.3	370～400	15.9	26.6	130～132
19:20	37.6	43.5	370～400	12.7	24.9	130～132
19:40	37.8	43.4	370～400	12.3	24.0	130～132
20:00	38.6	43.5	370～400	11.7	23.1	130～132
20:20	38.3	43.7	370～400	11.0	23.6	130～132
20:40	38.5	43.9	370～400	10.9	21.0	130～132
21:00	39.1	43.7	370～400	11.2	21.1	130～132

从图 10.30 和图 10.31 可以看出,机组冷却水进出水温差为 3～4℃,冷冻水进出水温差为 9～10℃。冷却水平均流量为 370～400m³/h,冷冻水平均流量为 130～132m³/h。

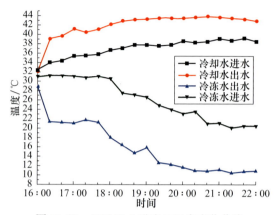

图 10.30　HEMS-I 进出口温度变化曲线

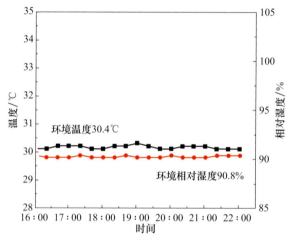

图 10.31　HEMS-I 处环境温度变化曲线

2）－1025m 水平主机硐室 HEMS-T 工作站运行数据分析

HEMS-T 工作站在系统中发挥着承上启下的作用，表 10.13 为 HEMS-T 运行参数。

表 10.13　HEMS-T 运行参数

时间	一次侧进水温度/℃	一次侧出水温度/℃	流量/(m³/h)	二次侧出水温度/℃	二次侧进水温度/℃	流量/(m³/h)
16:00	31.2	31.2	420	32.4	32.2	370～400
16:20	31.2	32.2	420	34.0	39.1	370～400
16:40	32.3	33.0	420	34.4	39.7	370～400
17:00	32.6	33.9	420	35.4	41.2	370～400
17:20	32.7	35.5	420	35.5	40.5	370～400
17:40	33.0	35.4	420	35.8	41.1	370～400

续表

时间	一次侧进水温度/℃	一次侧出水温度/℃	流量/(m³/h)	二次侧出水温度/℃	二次侧进水温度/℃	流量/(m³/h)
18:00	33.2	36.2	420	36.7	42.2	370~400
18:20	33.3	36.3	420	37.1	42.9	370~400
18:40	33.2	36.3	420	37.8	43.2	370~400
19:00	33.5	36.5	420	37.8	43.3	370~400
19:20	33.6	36.9	420	37.6	43.5	370~400
19:40	34.0	37.3	420	37.8	43.4	370~400
20:00	34.2	37.5	420	38.6	43.5	370~400
20:20	34.3	37.8	420	38.3	43.7	370~400
20:40	34.2	38.1	420	38.5	43.9	370~400
21:00	34.4	38.2	420	39.1	43.7	370~400

从图 10.32 和图 10.33 可以看出,HEMS-T 一次侧进出水温差为 3.8℃,二次侧进出水温差为 3.6℃。HEMS-T 一次侧平均流量为 420m³/h,二次侧平均流量为 370~400m³/h。

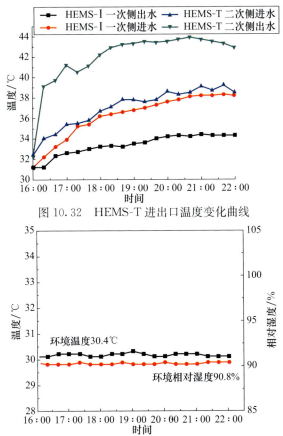

图 10.32　HEMS-T 进出口温度变化曲线

图 10.33　HEMS-T 处环境温度变化曲线

3) HEMS-Ⅱ工作站运行数据分析

HEMS-Ⅱ是系统的末端设备,其一次侧为水循环,二次侧为风循环,运行参数见表 10.14、图 10.34 和图 10.35。

表 10.14　HEMS-Ⅱ 运行参数

时间	HEMS-Ⅱ进水温度/℃	HEMS-Ⅱ出水温度/℃	HEMS-Ⅱ进风温度/℃	HEMS-Ⅱ出风温度/℃
16:00	31.0	31.0	31.0	31.0
16:20	31.0	31.2	31.0	31.0
16:40	25.0	31.0	31.1	26.4
17:00	23.0	31.0	31.0	25.3
17:20	23.0	30.8	31.1	25.3
17:40	22.0	30.0	31.0	24.4
18:00	20.0	29.0	31.0	24.3
18:20	19.0	27.0	30.9	24.2
18:40	16.0	26.5	31.0	24.0
19:00	16.0	26.0	31.0	23.9
19:20	14.0	24.0	30.8	23.9
19:40	14.0	23.5	30.9	23.8
20:00	13.0	22.5	30.8	23.8
20:20	13.0	22.5	30.8	23.2
20:40	12.0	20.0	30.9	23.0
21:00	12.0	20.0	30.9	22.0
21:20	12.0	19.5	30.9	21.3
21:40	12.0	19.5	30.8	21.2
22:00	12.0	19.5	30.9	21.3

从表 10.14 可以看出,HEMS-Ⅱ 下循环进水温度 12~13℃,出水温度 19.5~23℃,进出水温差为 9~10℃,下循环水流量 132m³/h;进风温度 30~31℃,出风温度 21.2~23℃,进出风温差 8~9℃,风量 1600m³/min。进风温度升高会明显影响系统运行效果。

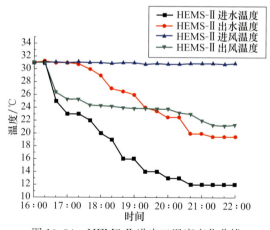

图 10.34　HEMS-Ⅱ 进出口温度变化曲线

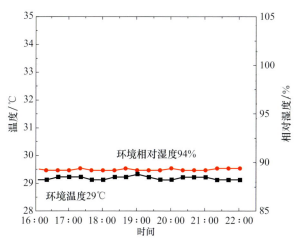

图 10.35　HEMS-Ⅱ 环境温度变化曲线

4）系统运行曲线状态分析

从 HEMS 系统连续运行状态曲线可以得出：在整个系统试运行过程中，上、下循环的水循环和风循环子系统应持续运行 4～6h，系统便可达到稳定的状态，工作面的降温效果明显。开机经过几天的运行后各个测量点的热力学参数都趋于稳定平衡过程，以下是 8 月 17 日～20 日机组运行后稳定的曲线。

综上各个曲线图，根据 A、B、C、D、F 各个测量点数据监测，可以得出在有荷载运行情况下的系统平衡参数（见图 10.36）。

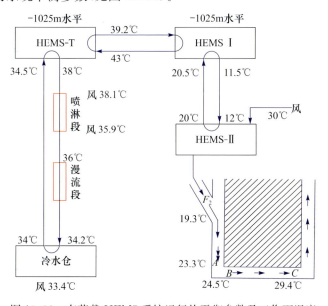

图 10.36　有荷载 HEMS 系统运行热平衡参数及工作面温度

（1）HEMS-Ⅰ。

机组冷凝器吸热负荷：

$$Q_1 = Cm\Delta t = 4.187 \times \frac{385 \times 1000}{3600} \times (43 - 39.2) \approx 1702(\text{kW})$$

机组制冷量：

$$Q_2 = Cm\Delta t = 4.187 \times \frac{130 \times 1000}{3600} \times (20.5 - 11.5) \approx 1360(\text{kW})$$

（2）HEMS-Ⅱ。

水循环冷量：

$$Q_水 = Cm\Delta t = 4.187 \times \frac{130 \times 1000}{3600} \times (20 - 12) \approx 1209(\text{kW})$$

风冷量：

$$Q = G\Delta i = 1.2 \times \frac{1600}{60} \times (90.37 - 55.06) \approx 1130(\text{kW})$$

（3）HEMS-T。

HEMS-T 一次侧：

$$Q_{一次侧} = Cm\Delta t = 4.187 \times \frac{420 \times 1000}{3600} \times (38 - 3) \approx 1709(\text{kW})$$

HEMS-T 二次侧：

$$Q_{二次侧} = Cm\Delta t = 4.187 \times \frac{385 \times 1000}{3600} \times (43 - 39.2) \approx 1702(\text{kW})$$

（4）喷淋段。

水冷量：

$$Q_水 = Cm\Delta t = 4.187 \times \frac{420 \times 1000}{3600} \times (38 - 36) \approx 977(\text{kW})$$

风冷量：

$$Q = G\Delta i = 1.2 \times \frac{4000}{60} \times (152.6 - 136.5) \approx 1288(\text{kW})$$

（5）漫流段。

水冷量：

$$Q_水 = Cm\Delta t = 4.187 \times \frac{420 \times 1000}{3600} \times (36 - 34.2) \approx 879(\text{kW})$$

风冷量：

$$Q = G\Delta i = 1.2 \times \frac{4000}{60} \times (136.5 - 120.1) \approx 1312(\text{kW})$$

降温系统各部分热力学平衡如下：

（1）冷却水的进水温度在 39.2℃左右，出水温度在 43℃左右，进出水温差约

3.8℃。冷冻水进水温度 11.5℃左右,出水温度 20.5℃左右,且维持在一个较稳定的状态,热力学平衡方程为

$$Q_{冷凝侧} = Q_{蒸发侧} + P_{电机}$$

即电机运行实际功率为

$$1702 - 1360 = 342(kW)$$

(2)冷冻水循环管路,由于环境温度在 29℃左右,冷冻水的进出水管路在循环过程中,均受外界环境温度的影响,导致冷冻水的温升,根据实际测得的数据,进出两趟管路的温升均在 0.5℃,热力学平衡方程为

$$Q_{蒸发侧} = Q_{HEMS-Ⅱ} + Q_{沿程冷损失}$$

即沿程冷损失为

$$1360 - 1209 = 151(kW)$$

(3)HEMS-T 进出口的热力学平衡:

$$Q_{一次侧} = Q_{二次侧}$$

(4)喷淋漫流段的热力学平衡:

系统经过喷淋段冷却的负荷 $Q_{喷淋} = 976kW$;

系统经过漫流段冷却的负荷 $Q_{漫流} = 859kW$。

由于温升导致的进水管道增加负荷为

$$Q_{水} = Cm\Delta t = 4.187 \times \frac{420 \times 1000}{3600} \times (34.5 - 34) \approx 244(kW)$$

则目前矿井涌水补充的冷负荷为

$$1709 + 244 - 976 - 859 = 133(kW)$$

即每小时往冷水仓内补水 13.3m³。

(5)系统经过喷淋导致温升产生的负荷:

$$Q = 1288kW$$

系统经过漫流段导致温升产生的负荷:

$$Q = 1312kW$$

可见,系统经过喷淋漫流的过程,出水和出风没有充分的热交换,出风中的冷量没有完全的交换出来。

3. 系统运行稳定

图 10.37~图 10.39 是系统稳定后,系统各个环节的水系统和风系统的稳定平衡曲线。

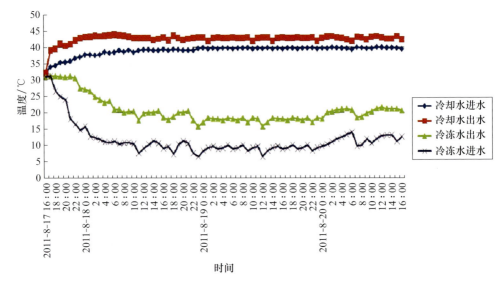

图 10.37　HEMS-I 进出口温度变化稳定曲线

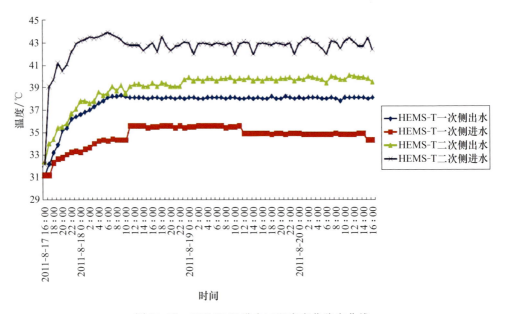

图 10.38　HEMS-T 进出口温度变化稳定曲线

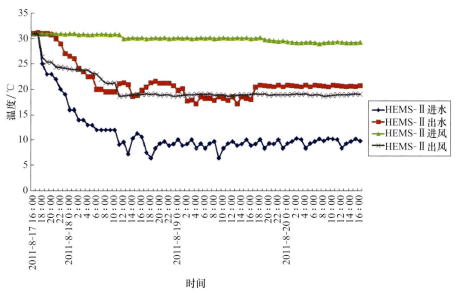

图 10.39　HEMS-Ⅱ进出口温度变化稳定曲线

10.4　效果评价

本节主要以工作面温度和湿度两个指标进行分析,95206 工作面温度测点布置见图 10.40,工作面降温效果见图 10.41,工作面降湿效果见图 10.42。

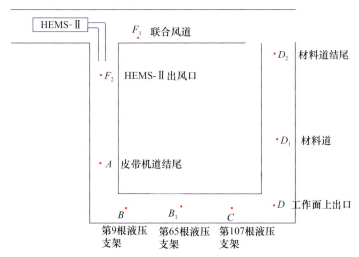

图 10.40　95206 工作面温度测量示意图

F_1. HEMS-Ⅱ进风;F_2. HEMS-Ⅱ出风;A. 皮带机结尾;B. 第 9 根液压支架;B_1. 第 65 根液压支架;
C. 第 106 根液压支架;D. 工作面上出口;D_1. 材料道;D_2. 材料道结尾

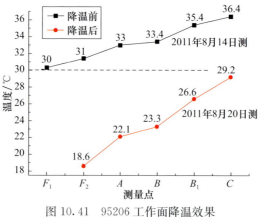

图 10.41　95206 工作面降温效果

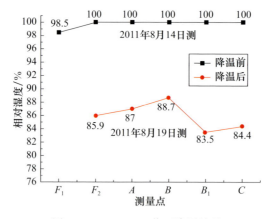

图 10.42　95206 工作面降湿效果

从图 10.41 可以看出，HEMS-II 进风温度为 30℃，HEMS-II 出风温度为 18～22℃，而工作面控制温度即 C 点温度则为 29～30℃，与系统运行前工作面的平均温度(36.4℃)比较，系统运行后工作面控制温度降低 5～6℃。

降温后工作面控制点 C 点的相对湿度为 84.4%，工作面入风口即 B 点的相对湿度为 88.7%，在系统运行前工作面的相对湿度均为 100%，所以系统运行后工作面相对湿度降低 15.6%。

参 考 文 献

[1]　何满潮，徐敏. HEMS 深井降温系统研发及热害控制对策. 岩石力学与工程学报，2008，27(7)：1353—1361.

[2]　Qi P，He M C，Li M，et al. Working principle and application of HEMS with lack of a cold

source. Mining Science and Technology(China),2011,21(3):433—438.

［3］ 陈晨.庞庄煤矿张小楼深井降温系统研究.北京:中国矿业大学(北京)硕士学位论文,2012.

［4］ 雷晓军.HEMS 深井降温系统在张小楼井的应用.中州煤炭,2012,(8):88—90.

［5］ 蒋正君.井下回风冷却站在矿井降温工程中的应用.煤炭工程,2013,(1):19—21.

［6］ Guo P Y,Chen C. Field experimental study on the cooling effect of mine cooling system acquiring cold source from return air. International Journal of Mining Science and Technology,2013,23(3):453—456.